著者　山田　和司（やまだ　かずし）

　　一般財団法人　日本緑化センター　常務理事を経て現在参与
　　工学博士、技術士（建設部門・都市及び地方計画）
　　筑波大学非常勤講師、和歌山大学非常勤講師、東京農業大学客員教授

　　1952 年　高知県生まれ
　　1976 年　東京農業大学農学部造園学科卒業
　　2011 年　和歌山大学院システム工学研究科博士課程修了
　　2022 年　北村賞受賞

主な著書:『これからの工場計画』（共著・産業技術サービスセンター）、『公園緑地の芝生』（共著・ソフトサイエンス社）、『工場立地法の解説』（共著・日本立地センター）、『自然再生と人にやさしいエンジニアリング』（共著・技報堂出版）、『緑の環境設計』（共著・エヌジーティー）、『農業技術体系　花卉編』（共著・㈳農山漁村文化協会）他

本書の文責はすべて著者に帰属します。

緑と緑化　緑の基礎知識と緑化の技術

令和 6 年 1 月 3 日　初版第 1 刷発行

発行人　加來　正年
発行所　一般財団法人 日本緑化センター
　　　　〒 162-0842　東京都新宿区市谷砂土原町 1-2-29
　　　　K,I,H ビルディング
　　　　電話（03）6457-5215　　FAX（03）6457-5219
　　　　ホームページ　https://www.jpgreen.or.jp/

無断転載・複写・複製を禁じます。

あとがき

　緑の話を、皆さんとともに進めてきて、改めて二つの事柄が確認できました。

　緑は、日本人の精神性に深くかかわっている存在であると再認識するとともに、私たちと緑の関係は、時代の変化や居住する都市の成熟度によって「緑の意味や求める緑の質」も変わってきたといえます。つまり、緑の価値や緑への要望は、その時代時代により、経済及び生活の形態により、社会の情勢や地域により、また情報によって大きく変わってきたのです。都市において、緑の価値が評価されるのは、都市化による高密度な都市の出現に伴い、人々が緑に求める役割や期待する内容も多種多様になってきたからにほかなりません。この都市化の流れの中で、多くの自然が失われながらも、人々の要請に応じてさまざまな緑が生み出され、私たちはそれを享受してきました。これは、都市の人工化によって、人々が緑に関心を持ち始め、それに呼応するように新しい価値としての営造物の緑が創出されてきたのです。このように、都市にさまざまな緑が生まれそれを私たちが利用・活用するのは、その時代の人々が緑に何を求めるのかに起因します。このことは、新たな時代に向かって緑豊かな都市づくりを推進していくためには、私たちがその時代の「緑に求める関係」を見つける必要があるといえます。そして、人と緑との間にある新しい解釈を確認して、改めて明日の緑の都市像を構築する使命が求められます。

　もう一つは、緑が都市の中に存在し有効に機能するためには、私たち一人ひとりが緑の必要性を認識し、そのうえで「目的に対応した適切な管理」を分担する覚悟が必要です。都市の中には、営造物の緑とは別に、鎮守の森やため池等の緑が野性味を残したまま存在しています。私たちの先祖は、この鎮守の森等を、共同体を統合する中核としての役割を担い人々の紐帯になる共有物として管理してきました。緑は、適切な管理がなされなければ阻害要因ともなる生きた素材です。緑が都市の中に存在し有効に機能するためには、適切な管理が必要です。しかし、今の私たちには都市の緑が、「私たちの緑・共有の緑」という意識や概念が欠落しています。これは、営造物としての緑への公による政策が、市民を共同体から切り離してしまい、それが市民を緑から遠ざける風潮を助長してしまいました。「人々に愛され、親しまれる緑」は、地域の固有の文化や風土を構成する緑として人々の心の中に刻みこまれ、地域の人々にアイデンティティをもたらす大きな役割をもつ緑となります。このような緑を都市の中に確保するためには、人々に緑が魅力ある「豊かな生活に不可欠な存在」と認識していただくこととともに「育てる」意識を共有する熱意が大切です。

　私たちが、都市の中で安定してその生命を維持し世代を交代していくためには、複雑で重層化された都市構造の中に明日の都市像を構築する緑の価値を位置付け、エコロジーとアメニティ両面から個々の都市に適合した緑のシステムを構築・再生し、これを私たちの緑として育成していかなければなりません。

　都市に美しい緑を定着させるのは、ひとえに私たち人間の選択の問題です。その選択により、都市や街をつくるための「緑の思想」が確立され、自然に感応し緑とともに豊かに生きる喜びを感じ、そこから新たな文化の誕生を望みたいと思います。造園家は、緑を扱う専門家として皆さんに緑の役割や緑との接し方を説明する責任があると思っています。私たちは、皆さんの心の中の「緑」が、「新たなライフスタイルの緑」と一致するように、これからも緑の話をわかりやすい言葉で伝えていきたいと思います。

　最後になりましたが、本書が出来上がるまでに、多くの文献を参考・引用させていただきました。この場で厚く御礼申し上げます。そして、ご助言や内容の確認を快く引き受けてくれた多くの友人たちに感謝します。とくに、文章のタイプや作画を担当してくれた妻には、ただただ感謝しかありません。また、出版を快諾し応援してくれた日本緑化センターの仲間たちに改めて謝意を表します。

2024 年　春

第 4 章　引用・参考文献

1. 建設省関東地方建設局：公共用緑化樹木植栽適正化調査報告書（1988）
2. 国土交通省：都市公園の樹木の点検・診断に関する指針（案）、2017.9
3. 最新・樹木医の手引き（改訂4版）、2014.6、(一財)日本緑化センター
4. ㈶日本緑化センター：(仮称) 環境共生公園管理運営委員会報告書（2001）
5. 小澤知雄・近藤光雄：グラウンドカバープランツ、1987.7、誠文堂新光社
6. 丸田頼一・島田正文：ランドスケープ計画・設計論、2012.8、技報堂出版㈱

市民参加の促進を図っていくためには、多様な課題に柔軟に対応できるシステムの構築が大切である。
パートナーシップのシステムの構築にあたっては、以下の事項に留意することが大切である。

①多様な意見の集約を図るシステムとする。
　市民参加の管理には、多くの人々の参加・協力が不可欠であり、そのためには多くの意見を調整してまとめていく組織やシステムが必要である。それには、いかによい関係で市民参加が図れるか、共通の意識やレベルの違いをいかに克服して限られた時間に成果を上げられるか、といったことが重要である。また、いつでも誰でも参加できて、二者択一を迫ったり強制したりせずに限られた時間の中で共感と理解を得られるような、緩やかな合意形成を作るためのシステムの構築が必要である。

②継続していくシステムの構築が大切。
　当初の目的や考え方、方法等を次世代にまで継続していくようにしなければ長続きしない。それには、社会的弱者の視点をもち、ほめ合いながら参加意欲を高めて、幅広い人々の参加を促し、活動継続への意識を高めていくシステムが必要である。

③運営費をいかに捻出していくかにも配慮する。
　行政の支援とともに、住民自らも民間から資金の提供を受け、あるいは資金の提供を求めるシステムの構築が必要で、パートナーシップの考え方にもとづいた進め方が大切である。
　市民参加組織の活動が安定軌道に乗った段階で、管理組織の一部の役割を代わって担うNPO法人（特定非営利活動法人）への移行も一つの方法である。NPO法人は、市民活動組織とは違って報酬を受け取る専属スタッフが中心になって活動し、それを市民が支援する体制をとる場合が多い。このため、市民参加組織のような不安定さがなくなり、行政と市民との中間に入り、市民の多様な活動ニーズについての調整を担うとともに、一層利用者サービスの充実が期待される。

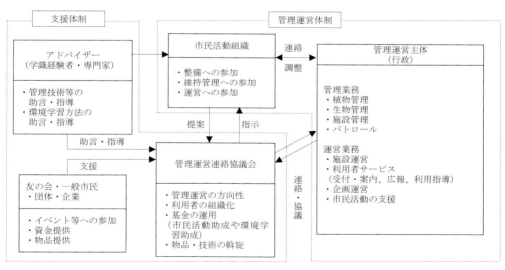

図4-13　パートナーシップ体制（参考）

5．市民参加による緑の管理

　自由時間の増大により、人々の欲求も物質から精神へと価値観の多様化がみられ、市民が積極的に公園や緑地の管理に参加する事例が増えている。

　緑の管理は、生きものである植物を扱う管理が中心となるため、日常的に緑地を利用する人々や身近に接している人々による管理参加は、大きな成果を生むものである。

　市民参加による管理運営体制は、大きく分けて、市民参加型と市民単独型に分けられる。

　更に、市民参加型については、「行政主導型」・「行政・市民協働型」・「市民主導型」の3タイプに分けられる。

　これらのタイプは、公園や緑地に対する市民のニーズの強さ、市民の自治意識の強さ、地域コミュニティの強さ、公園や緑地の設立経緯や環境特性などによって分けられる。市民サイドが、組織的に確立し、管理運営のノウハウをもっている場合は、行政・市民協働型、市民主導型になる傾向が強い。また、当初は行政主導型であったものが、年を重ねるにしたがって、組織的に確立し運営や管理作業のノウハウをもつと、行政・市民協働型へ移行する場合もある。

表4-21　市民参加のタイプ区分とその特徴

タイプ	特　徴
行政主導型	基本的に行政サイドが主となる管理を担い、その一部の主として手作業でできる管理を市民がレクリエーション活動と併せて行う。
行政・市民協働型	行政と市民グループとの間で、業務委託等を結び、市民サイドが対応できる維持管理内容を明確に定め、作業が行われる。
市民主導型	市民グループが維持管理のほとんどを主体的に取り決めて行う。

表4-22　パートナーシップにおける市民活動の種類

活動の種類	特　徴
直接参加型活動	市民が直接管理運営に参加し、活動をするもの。
間接参加型活動	市民が直接的に参加することはできないが、資金や物品の寄付により管理運営に参加するもの。

表4-23　パートナーシップにおける市民活動の例（参考）

	活動の種類	特　徴
直接参加型活動	管理活動	樹林地や生きものを保全・育成するための管理作業を行う。
	環境学習活動	環境学習の実施及びそのアシスタントをする。
	プレイリーダー活動	子どもたちが冒険遊び等を安全に楽しくできるように補助する。
	マネジメント活動	受付・ガイド等の運営アシスタントを行う。
間接参加型活動	友の会活動	友の会に入会し、会費の一部で運営への支援を行う。
	寄付活動	管理運営のために資金・物品を寄付する。

表4-24　NPO法人のメリットとデメリット

法人化のメリット	法人化のデメリット
・契約の主体になれる。 ・所有の主体になれる。 ・個人より信用が作りやすい。 ・団体資産と個人の資産を明確に分けられる。 ・従業員を雇いやすくなる。 ・助成金や補助金などを受ける場合にも信用が作りやすい。 ・事務所が借りやすい。 ・情報公開されるので、一般の人のアクセスがしやすくなる。 ・団体として法的なルールを持って活動できる。	・官公庁への届け出や保険などの支払いなどの管理・運営に手間とコストがかかる。 ・課税対象としてきちんと捕捉される。 ・法人住民税がかかる。 ・情報公開などをきちんとしなければならない。 ・若干行政の監督を受ける。 ・残余財産が戻ってこない。 ・ルールに則った運営をしなければならない。

写真4-28　市民参加による緑の管理

4－3　追跡調査

　追跡調査は、管理対象である植物や緑の空間が、計画・設計で意図された形態に形成されているか、また意図した機能や効果が果たされているか等の計画・設計及び管理の有効性を確認するための資料を得るとともに、今後の管理作業の基礎資料の整備を目的として、継続的な調査を行い植物等の経年変化を把握・確認するものである。

　調査は、管理区分ごとに標準的な「標本木」を設定して、これを代表植物として定期的な調査を行っていく標本木調査と、植栽管理台帳の更新を図るために、植栽地全体の植物の成長状況や数量を調査する管理台帳調査に分けて行う。

(1) 標本木調査

　植栽地及び管理区分ごとに標準的な標本木を設定して、これを代表植物として年毎に継続的調査を行うことにより、個々の管理区分内の植物の生育状況及び経年変化の状態を想定・把握するものである。

　標本木の選定は、植栽地及び管理区の標準的な環境条件に立地する樹木等で、植栽地を代表する樹種・樹形・規格をもつ樹木を設定する。そして、設定された標本木に表示ラベルを付けるとともに、年度ごとに活力調査と、成長量調査を行い、これを整理・分析することにより管理区分内の経年変化の把握とともに、管理目標の達成状況の確認を行う。

　また、これらの調査結果をデータベース化することにより管理資料として活用するものである。

(2) 管理台帳調査

　管理台帳調査は、植栽管理台帳に記載してある内容について、定期的に調査を行い、その更新を図る目的で行うものである。

　調査の標準的頻度は、5年ないし長くても10年毎の実施が望ましい。

　調査内容は、基本的に台帳に記載してある項目とし、数量及び成長量等の調査を行う。その際に、できれば各植栽樹種別に写真撮影用の樹木等を2本程度決めて、調査を実施するごとに継続的に撮影しておく（撮影時期は7月～8月頃が望ましい）。また、管理区全景や部分の写真を継続的に同一角度から撮影しておくと、空間の経年変化の把握に役立つ。

写真 4-26　管理区を代表する標準的な「標本木」により管理区分内の生育状況の経年変化を確認する。

写真 4-27　管理対象地を同一角度から継続的に撮影して、管理空間の経年変化を把握する。

対応処置は、病虫害等の急性でかつ伝染性のあるものや枝折れ・倒伏の危険性の高いものについては、早期の処置が不可欠であるが、緩性（慢性）なものについては継続して定期的観察を行い、樹木及び樹林の今後の生育状態の方向性を見定めたうえで対応を判断することが望ましい。

表4-20　生育障害の要因別対策方針と処置（参考）

要因	対策方針	処置
風害	常風または季節風の風上側に障害が多く出る場合は、防風ネットの設置を検討する。または樹種選定を見直す。	専門家による再調査
風害	台風等による被害では、折損部の切戻しを行うほか、塩害を受けやすい部分については強風中にスプリンクラー等による散水を行う。	管理作業の実施
凍害・寒風害	凍害を受けた樹木等の剪除または枯損木撤去等の作業を行う。	管理作業の実施
凍害・寒風害	寒風害によるものは、剪除または枯損木撤去を行うほかあらかじめ防風ネット・雪囲等の設置を検討する。	管理作業又は予防作業の実施
雪害	雪害を受けた樹木等の引き起こし・植え直し等の作業を行う。雪害の可能性がある所について、雪囲い等の養生施設を設ける。	管理作業の実施
土壌	干害等土壌中の含水率が低下している時は、速やかに灌水を検討する。	予防作業の実施
土壌	栄養障害を起こしている時は、施肥を検討するが、時期等の検討など専門的分野からの検討を必要とする。	専門家による再調査
土壌	含水率が極めて高く、時により帯水が見られる場合には、専門的分野からの検討を必要とする。湛水等の湿害による土壌の酸素不足要因が多い。	専門家による再調査
土壌	水質汚濁または土壌汚染等による障害は、原因を除くとともに必要に応じ専門的分野からの検討を行う。	専門家による再調査
土壌	土壌硬度が著しく高い場合は、中耕作業等により硬度を低める。また、土壌改良材等の使用を検討する。	管理作業の実施
土壌	土壌が樹木の生育基盤として適さない場合は、専門的分野からの検討を行い、土壌を改良するか、樹種の選定を見直す。	専門家による再調査
病害	小規模被害なら切除して焼却、大規模なら薬剤散布による防除。	防除作業の実施
腐朽菌害	腐朽菌によるキノコ等の枝への発生は、剪定等で対処する。ベッコウタケ・コフキサルノコシカケ等の大型のキノコが幹の下部や地際部に発生している場合には、樹体内で腐朽がかなり進行しており倒伏の危険性がある。樹体内部調査を検討する。	管理作業の実施　専門家による再調査
虫害	小規模被害なら切除して焼却、大規模なら薬剤散布による防除。虫害により病気の併発も起こりやすいので注意する。なお、穿孔害虫（侵入口からオガクズ状等の虫糞が出ている）の食害箇所は折損・枯死を誘発することが多いので、枝・幹折れへの対応に留意する。	防除作業の実施
競合	植物による被圧、または環境になじまない劣勢木の発生によるもので、原因を除去する。	除草。間伐対応は専門家による再調査
樹木の品質	施工直後の障害は、苗木の不良か施工上の問題であり、通常枯れ補償の対象となる。	施工業者へ植替請求
樹木の品質	他要因からの関連で障害を生じた場合は、樹種選定の誤りまたは養生施設の不適当であり、専門的分野からの検討を必要とする。	専門家による再調査

生育障害樹木を判別するための調査は、主に樹木等の「葉色」及び「樹姿」による相対的かつ経時的な生育診断を行う。葉色は、観察の時期や葉の位置などにより変化するので、基本的には一枚ごとの葉ではなく樹冠全体から受ける感じを捉えて、隣接する樹木と比較して葉色の異常を判定する。樹姿の変化は、新梢部から始まって樹幹に及んでいくようになる。そして、ある程度障害が進行した段階では、葉が落ちる等により枝先ばかり目立つなど、樹形にくずれが見られるようになり樹姿が変化する。この葉色及び樹姿の調査結果を総合し、植栽地における樹木等相互の比較を基礎として生育障害木及び樹林が判別される。そして、判別された生育障害樹木や樹林の障害要因を、障害の発生パターンやその障害状況等から推定する。とくに菌類による樹木の幹・枝の腐朽は、心材腐朽と辺材腐朽に分けられる。心材腐朽は、心材である髄や木部に腐朽が入り空洞が発生するが、辺材部の通導組織である師部等は生きているため、表面的には健全な樹姿に見える。心材腐朽の発見は、大型キノコの発生や樹幹の隆起（内部の腐朽や空洞を自力で力学的に補強しようとしている）により見つけられる。辺材腐朽は、樹幹表皮の亀裂や障害により辺材部腐朽が発生するものであり、腐朽部が露出しているから発見しやすい。また、土壌障害や病虫害のような細かな要因の確認が必要な原因に対しては、個別の要因調査を行って、生育障害要因の判定を行う。

　一般に、生育障害の要因は相互に関連して、三つ以上の要因が重なって障害を起こす場合も珍しくない。要は、継続的な観察を続け、今後の生育状態の変化予測が大切である。

(2) 生育障害への対応の検討

　樹木が衰弱し、枯れる主な要因は、気象・土壌を原因とする害や病気や害虫等の自然的要因と、施工や人為的損傷及び管理ミス等の人為的要因に分けられる。生育障害への対応は、これらの障害要因を推定し、これを取り除くための処置を検討するものである。

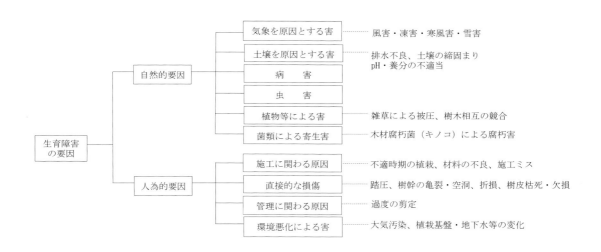

図 4-12　樹木の生育障害の主な要因

4－2　生育診断調査

生育診断調査は、植栽された植物の成長の停滞、腐朽・変色等の形態変化、異常な紅（黄）葉・落葉などの生活サイクルの乱れなどの生育障害の発見と、その要因及び程度の分析・判定により、生育障害要因除去の対策を検討するものである。

（1）生育障害の発見と要因の推定

生育診断を行うには、樹木等の生育障害がどのような場所にどのように表れてくるか、その要因はどのようなものがあるのかを認識しておくことが重要である。この要因は、単独で起こされる障害は少なく、複数の要因が複合的に作用する場合が多い。

一般に、樹木の生育状態が悪くなってきた場合、最初に「葉」、次に「枝」の部分に兆候が表れて、それが樹姿の変化（樹形の乱れ）へとつながっていく。そして、その後樹木全体の樹勢の衰えに表れていく。

〔葉の変化〕
①葉の色が悪くなる。
　（緑が褪せたり、ムラになる）
②葉が小さくなったり、歪んでくる。
③不時落葉する。
④特徴的な斑紋（ネクロシス）等が表れる。
⑤病気・害虫による被害が目立ち始める。

〔枝の変化〕
⑥葉・枝の密度が低下する。
⑦新しい枝の伸びや肥大が抑制される。
⑧幹の下の方から新しい枝が出る。
⑨枝先が枯れる。

〔全体の変化〕
⑩樹皮が変色して生気がなくなる。
⑪樹高成長、幹の肥大が抑制される。
⑫樹木本来の形が失われる。
⑬全体に樹勢が衰える。

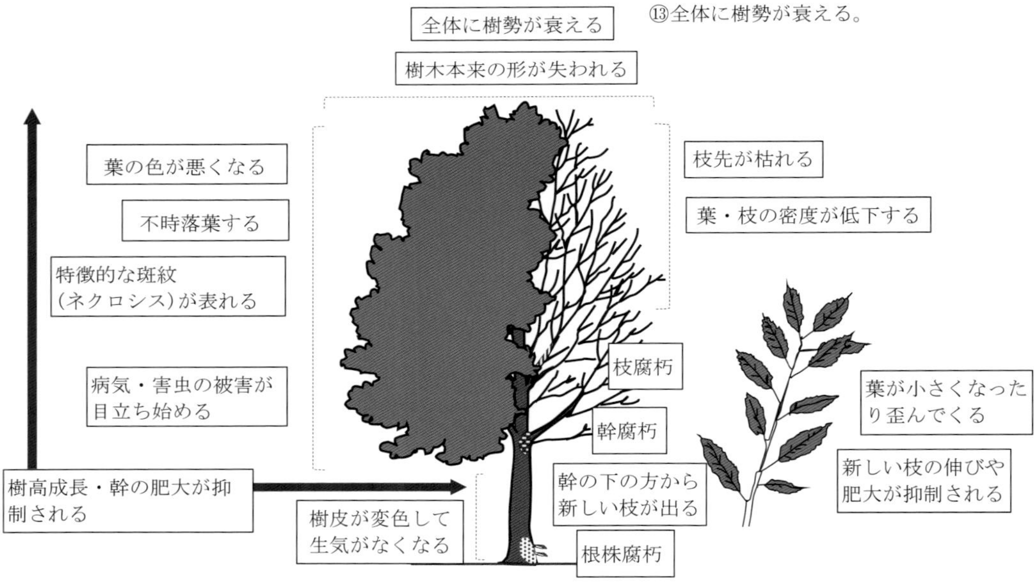

図4-11　樹木の生育障害の表れ方

4．緑の管理調査

　緑の管理調査は、植栽された植物が適切な管理のもとで、健全な生育をしているか、植栽目的及び管理目標をどの程度達成しているか、その状況を定期的に確認するため、管理対象である植物及び植栽地の状況を調査しそれを分析・評価するとともに、問題がある場合はその対応処置を検討するものである。

4－1　管理調査の考え方

　植栽樹木等に対する適正な管理は、植栽の目的及び形態がそれぞれ異なったものであっても、管理対象物に対して「生きもの」としての対応が必要である。つまり、今その植物が生きものとしてどのような生育状況であり、どのように管理されなければならないかを常時把握しておくことが大切である。

　植物は、長い生育過程において正常な成長が何らかの要因によって停滞したり、腐朽・変色等で形態が変化したり、害虫等による食傷害を受けるなどの生育障害が起こる。これらの状況に対しては、できるだけ迅速にその障害の程度及び原因を確認し、その対応処置を図る。このように、緑の管理においては、生育障害等を発見するための生育診断や、一定期間ごとに植物の生育状況とその成長の過程を把握して、計画・設計の意図をどの程度満足しているかを確認する追跡が重要である。

　緑の管理調査の、種別とその構成を示すと図4-10のようになる。

　調査は、植物の生育状況を調査し、生育不良植物の判別を行い、その障害要因を推定して生育不良の対応処置を検討する「生育診断調査」と、植栽地の植物の数量の変化や成長状況を確認するための「追跡調査」に大きく分けられる。そして、追跡調査は、管理区分ごとに管理区を代表する標準的な標本木を設定し、年毎にその生育状況を確認する「標本木調査」と、何年かに一度の割合で調査を行い植栽管理台帳の再整理を図るための「管理台帳調査」に分けられる。

　これらの調査は、その目的・内容から考えて、突発的な原因による調査を除き、管理計画において調査計画を策定しておくことが望ましい。

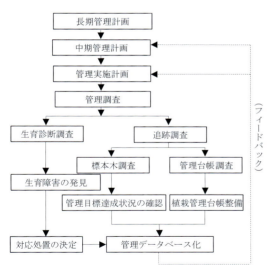

図4-10　緑の管理調査の構成

写真4-25　緑の管理調査

このように、計画・設計時に立地条件や立地の周辺環境の保全水準等に配慮した目標形態が決められているため、その計画・設計趣旨を十分理解し管理にあたらなければならない。

また、のり面植生は、一般に時間の経過とともに周辺の野生植物が侵入し、のり面はその地域の気象や立地条件に適応した植生等に移行していくものである。このような植生の遷移の過程を踏まえて、個々の植栽地の目標とする植生形態に適応した管理を行うことが大切である。

(1) 施肥

施肥作業は、植物の健全な生育を目的として行うものであり、主として導入された植物が年々の成長に応ずる養分の自給ができるまでの数年間及び生育不良時に追肥として行うものである。

植物は、十分に成長するまでに養分欠乏が起こると枯死する場合が多い。また草本植物は、養分欠乏の状態では、越冬できない場合もあり、越冬前に養分を与え、活力を付けておく。

一般に盛土のり面は、比較的良質の基盤土壌である場合が多く、肥料切れは少ない。これに対して、切土のり面は、基盤土壌の物理性が不良であるのに加えて、斜面が急な場合が多く、播種時に施した肥料は地表面の崩落と流水で消失しやすい。このように、のり面の形態や植物の生育状態に留意して、人為的に養分補給することが大切である。

(2) 草刈り

草刈り作業は、目標とした植生がほかの侵入植物などのために被圧され、存立が危ぶまれる場合などに、競合する雑草木を除くために行うものである。

とくに、葉の長いイネ科の草本は、冬季に火の不始末等により延焼するおそれがあるため、必要に応じて草刈りを行う。

草刈りにより、刈り取った草は、土壌の痩悪化を防止するため、できるだけのり面に残すことが望ましい。ただし、火災防止のために草刈りを行う場合は、全て搬出する。

なお、雨期直前及び雨期の草刈りは、のり面侵食を受けるおそれがあるため避けることが望ましい。

(3) 病害虫防除

病害虫防除作業は、植生のり面の健全な育成を目的として、病虫害の発生源となるおそれのある場合や、発生した場合に、その対応について検討を行い適切な処置を行うものである。

病害虫防除は、病虫害が蔓延してからでは防除の手数がかかるだけではなく、被害も大きくなるため、発生初期に行うことが最も効果的である。そのためには、日常の巡回・点検を怠りなく行うとともに、異常を発見した場合には直ちに防除できる体制を整えておくことが大切である。

(4) 灌水

灌水作業は、主として導入植物の生育初期に乾燥が続き、植物の生育に障害がある場合に養生を目的として行うものである。

一般に植物の種子は、乾燥に対して抵抗力があり、土中に在る場合にはかなり長期に渡って乾燥が続いても枯死しないが、一旦発芽すると乾燥には極めて弱く多くは枯死する。したがって、播種後発芽前の乾燥には灌水の必要はないが、発芽直後の乾燥に対して灌水が大切である。

のり面の灌水は、多量の水を短時間に灌水してもほとんど地表面流水となるため、少量の水を長時間に渡って灌水することが望ましい。また、灌水は、一度行ったら降雨があるまで続ける必要がある。途中で中止した場合は、かえって乾燥害がひどくなることが多い。

自然植生タイプは、施工時において実施した外来草本や郷土種の播種等による植生を年月の経過とともに、のり面周辺の在来植生に遷移させようとするものであり、その在来植生等によって構成される植物社会が目標形態である。修景植栽タイプは、芝生や樹林地の造成のように人為的に導入された植物を育成・維持しようとするものであり、芝草等や樹木等の主として単独の植物社会が目標形態である。

表4-18　のり面植生の目標形態と管理の留意点（参考）

	目標形態	管理の留意点
自然植生タイプ	草地タイプ	外来草本や郷土種等により、主として草本植生を育成・維持する。草本としての美観維持を主目的として、大型雑草や侵入木本類を除去し、とくに火災の延焼防止に留意して草丈の低い自然草地として管理する。主に、年2～3回の草刈りを必要とするとともに、切土のり面においては肥料切れが生じやすいので、定期的な施肥を行う必要がある。
	自然林タイプ	植栽木や侵入木本類により、自然林の形態に育成・維持する。主として自然の遷移に任せて樹林地を形成するものであるが、のり面安定上支障をきたす植生状態になった場合は、必要な抑制的管理を行う。このタイプは、目標形態の完成までに長い年月を要し、その間の荒廃感をなくすため下刈り程度の管理を行うことが望ましい。樹林が育ち始めたら、密度管理を行なって健全な樹林に育成していく。
修景植栽タイプ	地被タイプ	芝草や矮性の地被植物により、芝生状態を育成・維持する。美観等にも十分配慮して、芝生地として育成・維持し、侵入植物は除去または刈込み抑制するなど密度の高い管理を行う。このタイプの管理作業は、主として芝生管理作業及び地被植物管理を参照。
	植栽林タイプ	植栽木により、低木林及び高木林の形態を育成・維持する。なお、風などによる障害に十分配慮する。このタイプの管理作業は、主として樹木管理作業を参照。

表4-19　のり面植生の管理作業の経年別管理の留意点（参考）

管理段階	管理の留意点
養生期間	のり面に導入した植生を活着させ、その植生ののり面保護機能を安定させるための保護的な管理を主として行う。一般に、種子吹付工は2～3ヶ月、筋工は6ヶ月程度で発芽→生育→定着して被覆が完成する。
育成期間	植生被覆が完成した植物を、目標形態に育成する段階の作業である。導入植物のみにより完成を目標とする場合は、導入植物を育成するとともに、ほかの侵入植物を抑制する必要があり、密度の高い管理となる。侵入植物を含み自然の遷移により完成させようとする場合は、粗放な密度の管理となる。
維持（抑制）期間	目標形態が完成した植生の形態及び遷移の速度を人為的にコントロールし、その目的とする機能の向上・持続を行うための管理を行う。
更新期間	侵食や崩壊または植生の経過時間により、のり面保護植生としての効果がなくなった時、またはそのおそれがある時は、その状況に応じて補植及び更新等の管理を行う。

写真4-23　自然植生タイプのり面

写真4-24　修景植栽タイプのり面

3−9. のり面植生の管理

　のり面植生の管理作業とは、植生工・植栽工によってのり面に導入された植物を、緑の計画・設計の意図に基づき、目標とする植生形態に導くために育成しこれを維持するものである。

　のり面植生管理の役割は、導入した植物と自然に侵入してくる植物の双方を、緑の計画・設計の意図に基づき育成・抑制・維持の管理作業を行い、その目的・機能を十分発揮させようとするものである。

　のり面植生管理を行うにあたっては、植栽の目的が表土の侵食防止・修景などにあることから、まず導入植物の正常な生育を助け全面被覆の育成・維持に努めなければならない。そして、保全機能の高い植生・修景機能の高い植生・自然度の高い植生に遷移または育成・維持に努めることが大切である。

　のり面植生の導入植物を、どのような形態に育成、または遷移させるかは、植栽地に与えられた目的・機能にもよるが、その目標形態を大別すると自然の植生遷移を尊重する自然植生タイプと、修景的な植栽形態を育成・維持する修景植栽タイプに分けられる。

　この目標形態は、計画・設計時に想定された完成目標であり、最終的な植物社会である。

表 4-17　のり面の植生管理目標

基本タイプ		管理目標
自然植生タイプ	草地タイプ	のり面保護効果のある植生被覆の完成を主な目標とする。早期緑化を図るため、一次植生として外来草本を導入し、その後は周辺地からの自然の植生の侵入・遷移に任せるもので、主として草地的景観を形成する。
	自然林タイプ	のり面保護と合わせて、自然環境の保全や周囲の景観との調和を図るため、できるだけ周囲に類似した植生の実現を目標とする。外来草本と同時に、郷土植物の導入を図り、なるべく早く周囲の植生と調和する景観を形成させようとするもので、対象地の周辺が自然地のような地域で要求されるタイプである。
修景植栽タイプ	地被タイプ	のり面保護と合わせて、修景的な植生の実現を目標とする。芝草を導入し刈り込むか、または矮性の地被植物を導入して、草地的修景景観を形成する。
	植栽林タイプ	のり面保護と合わせて、修景的な植生の実現を目標とする。樹木等の根株や苗木・さし木等の植栽や生育基盤の造成による樹木の植栽により、樹林的修景景観を形成する。

施肥作業は、花壇床の整地の際に地力を付けるため、元肥として遅効性で肥効が長続きする有機質肥料の施用が望ましい。また、長期的に開花を続けさせる場合には、草花の生育状況に応じて、追肥を施すと効果的である。なお、肥料は、床土とよく混合して施すことが大切である。

(4) 病害虫防除

草花は、その種類によっていろいろな病虫害が発生する。

よって、まず予防として、発生期には早めに薬剤を散布して、被害を未然に防ぐ。また、被害が発見された場合、手遅れにならないよう病虫害等の種類に適合した薬剤を用いて、早期駆除に努めることが大切である。

(5) 除草

雑草が生えると、花壇の美観を著しく損ねるとともに、通風を悪くして草花の生育を害するので、除草を適切に行うことは大切である。

除草作業は、天候や土壌の状態に注意して、花苗を傷めないよう除草器具等を活用して、雑草を根より抜き取る。この際に、花苗の根が浮き上がったりしたものがあれば植え直しておく。

また、花壇の周辺に雑草が生えている所があれば、風等により種子が飛んで来るので、周囲の除草も必ず行うようにする。

(6) 中耕

中耕作業は、生育中の草花の株間の地表面を、浅く耕起して土壌を柔らかくする作業である。

中耕により、土壌の物理的性質が改変され、草花の根を伸びやすくするとともに、空気や水の流通を良好にして土壌中の養分の分解を促し、肥料等に対する根の吸収作用を旺盛にするものである。

(7) 摘心・摘枝

草花の中に徒長したものがあると、花壇全体の色彩や模様が乱されて見苦しくなるので、摘心・摘枝作業により草丈を統一して花壇全体を整然とさせることが大切である。

摘心・摘枝は、茎の分枝を促進し、株張りをよくする効果がある。また、摘心・摘枝により、下部のわき芽が伸びてこれに花を付けるため、草丈を低く揃えてつぼみの数を増やせる。

(8) 枯れ花取り（摘花）

草花の開花中に枯れた花の残がいがあると、種子を形成するために養分がとられ、株を弱らせたり病害のもとになったり、また美観を損なうので、速やかに除去する。

枯れた花を放置しておくと、花卉が色あせてしなびて見苦しくなり美観を損ねるだけでなく、新芽ができにくくなり全体として開花時期が短くなる。そのため、とくに大輪を付ける種類や球根類・宿根類は、開花後最盛期を過ぎて色あせてきた頃に、摘花を行い美しい花壇を維持することが大切である。

(9) 補植

植付け後、草花が枯れたり傷んだりした場合は、速やかに補植する。そのために、適当な場所に圃場を確保し、すぐ補植できるように補植用の苗を仕立てておくと便利である。

(10) その他

花が終わった後の球根類は、葉が枯れてきたら球根を掘り上げ日陰干しとし、次の植付けまで乾燥や腐れに注意しながら貯蔵する。

3-8. 草花（花壇）の管理

草花の管理作業は、草花及びその集合である花壇を常に美しく維持していくために行うものである。

花壇は、草花の集合及び調和美を鑑賞するものであり、草花一つひとつの良し悪しはもちろんであるが、花壇全体の総合美及び周辺環境との調和美に留意した管理が大切である。

また、花壇は、次の草花の植付けとの間に、長い空白の時間があるのはあまり望ましくない。

そこで、草花を花期に応じて植替えたり、春・夏・秋・冬と季節感が出るように配慮しながら、できるだけ花を絶やさないように、計画的に美しい花壇を更新・維持していく。そのためには、事前に次の花壇の草花の植付け計画と花の苗等の準備が必要となる。一般に、栽培計画にしたがって花壇材料を調達するが、とくに草花の苗を養生し、購入する準備が大切な作業となる。

（1）植付け作業

植付け作業は、草花を美しく見せるため、草花の草丈や植付け間隔等に配慮しながら、広い面積の花壇は中央部から、狭い面積のボーダー花壇などは奥から順次外側へ向かって植付けるようにする。

基本的な植え方は、正方形・千鳥・並木植えなどがあるが、後の生育のためには千鳥植えが望ましい。植付け間隔は、草花が成育した時点で葉が軽く触れる程度になるよう考えて植付ける。花を美しく咲かせるには、陽光が草花の根元までよくあたることが大切であるが、間隔をあけすぎて地面が見えすぎても花壇美を損なったりほかの雑草が侵入するので、植付け間隔をよく考えて植える。

一般に大きい苗は、花壇中央や後方に用いたり、円形花壇では外周の苗の間隔をやや密にするなどに留意すると、全体として花壇が美しく仕上がる。

正方形植え　　千鳥植え　　並木植え

図 4-9　植付け形式

表 4-16　植付け株数早見表（参考）

株間	12 cm	15 cm	18 cm	25 cm	30 cm
1 m²	70株	44株	30株	16株	11株

写真 4-22　草花の植付け作業

（2）灌水

草花は、植付け後、活着までの間と開花前には、灌水を十分に行うことが大切である。

植付け直後の灌水作業は、仕上った地面を乱さないよう全体に平均して丁寧に根元まで水が行き渡るように行う。また、開花している草花の頭上からの灌水は、開花期を縮めたり花のつぼみを傷める原因となるため、できるだけ根元部分に行うようにし、頭上からの灌水は避けるようにする。

灌水の時間帯は、日中は避け朝方に行う。

（3）施肥

花壇床は、同じ場所に大量の花苗を繰り返し植付けるため、肥料を施さないと地力が衰え、土がやせて花苗の成長や花付きが悪くなる。そして、病虫害の被害も受けやすくなる。

草本類の地被植物は、非常に被覆速度が早いものが多く、数年で株の老化や根詰まり状態を起こすものもある。このような場合には株や根分けを行い、根を透かして間引いたり、地上部を強く刈込み、株の更新を図る。

　また、休眠期に地上部が枯れる株は、根株を傷めないように注意して枯葉を除去するか、地上部を剪除する。

　木本類やつる性の地被植物は、徒長枝や強い側枝が出る場合には、剪定を行う必要がある。

　とくに、ヘデラ類やヒペリカム、ロニセラ等は強い剪定を行っても密度の高い美しい地被をつくれる。

　つる性植物は、年数を経ると古い枝のうえに新しい枝が絡み、またそのうえに枝を伸ばして混み過ぎた状態に達する。これは美観的にも好ましくなく、壁面植栽ではさまざまな理由で樹勢が弱まった時に強風が吹くと、厚く重なった植物体が付着力の衰えた古い枝ごと壁面等から剥落する場合もある。このため、早めに枝抜き剪定を行って古枝を除去し、枝の重なり過ぎを防止する。

　また、地表部を這う蔓から直立して伸びる蔓は、年月を経るにつれて網目状にしかも層状に厚く重なり好ましくないので、蔓は根元の分枝部分から間引き剪除する。

(2) 施肥

　施肥作業は、地被植物の生育を促し病虫害に対する抵抗力を高めるとともに、美観を維持するために行うものである。

　一般に地被植物は、葉の色やつやなど施肥効果が反映されやすいので、美観を維持するためにも施肥は大切である。また、剪定等を行った場合は、必ず施肥を行う。このほか、葉の色が淡くなったり、茎葉の伸びが著しく低下するなど、明らかに肥料切れの症状を呈した時は、必ず追肥を施すようにする。とくにつる性植物で、長大な壁面・のり面を緑化する場合は、一株で大きく広がる茎・葉を支えることが多いため、十分な養分の供給が必要となる。

(3) 病害虫防除

　病害虫防除作業は、地被植物の美観を維持し、健全な生育を図るために行われるものである。

　地被植物は、同一種類によって大面積を覆う場合も多く、1か所に病虫害が発生すると蔓延するおそれがある。したがって、病虫害の発生が多くみられる春先や梅雨時の予防が重要である。また、発生した病虫害に対しては、その種類や発生状況を正しく判断したうえで、最も適した薬剤を選定して散布することが大切である。

(4) 誘引

　誘引作業は、つる性植物の健全な育成と対象物の早期緑化を図るため、登攀等の誘引を行うものである。

　つる性植物には、吸着根を出して上昇するものと、ほかのものに巻き付いて上昇するものとがあるが、誘引等の補助材料が緑化のための有効な手段となるものが多い。

　つる性植物の健全な成長を図るためには、緑化の対象物や植物の種類に応じた誘引方法を選択する。

　なお、吸着根をもつ植物は、とくに誘引する必要はないが緑化対象物の表面に凸凹やあるいは誘導する目地等があれば効果的である。

3－7．地被植物の管理

ここでいう地被植物は、芝草を除くつる性植物を主体としてリュウノヒゲやササ類、その他主として多年草による草本等の植物のことである。

地被植物の管理作業とは、これらの地被植物の成長を促し美観を保持し、活力を維持する目的で行うものである。

地被植物の活着を高め、その後の健全な成長を助け、その形態を充実したものにするためには、植栽後1～2年の初期管理（養生期間）が重要である。とくに、草本性の植物類は、養生期に病気や生育不良によって衰退しやすい。また、部分的に枯死・枝葉の欠落が発生しやすく維持が難しい。

一般に、地被植物は踏圧に弱いものが多く、とくに草本性の地被は人為的な踏み付けによる痛みが大きいことから、十分な配慮が必要である。

（1）剪定

剪定作業は、地被植物を健全で美しい状態に保つために、密生し過ぎた枝や伸び過ぎた枝、または病害虫の被害にあった枝等を剪除するものである。

写真 4-20　吸着型つる性植物の登攀（とうはん）補助資材の使用例

写真 4-21　地被（つる性）植物の剪定管理作業

表 4-15　つる性植物の登攀補助資材の適合性（参考）

登攀方式	つる性植物名	登攀補助資材なし	表面処理へゴ等の取り付け	ネット	目の細かい鉄線等の格子	目の粗い鉄線等の格子	柵状のポール
吸着型	イタビカズラ類	◎	◎	△	△	×	×
	ナツヅタ	◎	○	○	○	×	×
	ヘデラ・ヘリックス	○	◎	○	○	×	×
	ヘデラ・カナリエンシス	△	○	○	○	×	×
	ツルマサキ	○	◎	○	○	×	×
	テイカカズラ	○	◎	△	△	×	×
巻きツル型	アケビ	×	×	○	○	○	○
	アメリカヅタ	×	△	◎	◎	○	△
	カロライナジャスミン	×	×	◎	◎	○	○
	サネカズラ	×	×	○	○	○	○
	シナサルナシ	×	×	○	○	◎	◎
	スイカズラ	×	×	◎	◎	○	◎
	ツキヌキニンドウ	×	×	◎	◎	○	◎
	ツリガネカズラ	×	△	◎	◎	○	◎
	ツルウメモドキ	×	×	○	○	○	△
	トケイソウ	×	×	◎	◎	○	△
	ノウゼンカズラ	×	×	◎	◎	○	△
	フジ	×	×	◎	◎	◎	◎
	ブドウ類	×	×	○	○	○	○
	ムベ	×	×	○	○	○	○
下垂型	ツルニチニチソウ	×	×	×	×	×	×

注）◎：十分登攀する　○：登攀する　△：ある程度登攀する　×：登攀しない

（小澤・近藤、1989、グラウンドカバープランツを参考に作表）

芝生造成初期の養生期は、雑草の侵入が容易ではあるが根の広がりも浅いため、この時期にしっかりと防除を行っておくと後の防除に有効である。

除草には、人力除草と除草剤による薬剤除草とがあるが、一般には人力と薬剤の併用が多く行われている。

人力除草の作業は、主に梅雨期の中で後期に集中的に行うとよい。これは、翌年の発芽を防止するため、雑草の結実期前の除草が望ましく、降雨の翌日等は土壌が水を含み軟化しているので、雑草の根部が引き抜きやすい。

除草剤の散布時期としては、春先の雑草の種子が発芽・発根する前に土壌処理剤を散布し、その後発生した雑草には選択性の茎葉処理剤の散布が有効である。

(7) 灌水

灌水作業は、芝生を乾燥の害から保護し、芝草の生育を良好に保つために行うものである。

芝草の生育に必要な水分は、主として降水や土壌中の水により供給される。しかし、長期間降雨がない状況が続く場合は、灌水によりこれを補うことが必要となる。

一般に、日本芝は、乾燥に対する抵抗力が大きいので、通常の気象状態ではほとんど灌水の必要性は無いが、造成後の養生期や夏の干ばつ期（7月下旬～9月上旬）には灌水することが望ましい。西洋芝は、一般に浅根性で日本芝に比べて乾燥に弱いので、夏季の灌水は重要である。

灌水は、日中を避け、朝に行うのが最適である。日中の高温時は、芝草自体から蒸散する水分量が多いため灌水するとかえって生育障害を招き好ましくない。また、夕方の灌水は、夜間芝生を湿潤に保ち病虫害の発生を誘引するため、あまり好ましくない。

なお、芝草は、水分過剰より水分不足状態の方が害が少ないため、灌水は第一次萎凋（葉がしおれる前に葉色が変化する）の病状が現れてから始めるのがよいとされている。

(8) 更新・補植

更新・補植作業は、芝草が老化したり、踏圧・病虫害・雑草等により生育不良となり、芝生としての形態が維持できなくなった場合、その部分及び全体を再生させるために行うものである。

芝草は、年月を経ると根茎層が厚くなり老化現象をきたしたり、踏圧等により土壌が固結すると地下部の損傷や根の生育障害を受け衰弱してくることがある。このような場合、初期ならエアレーション等によって土壌の通気性をよくして、根の伸長を促し若返りを図って芝草を再生させることができるが、老化の激しい場合は、芝草を剥ぎ取り新しい芝草に更新する必要がある。

また、芝草が病虫害やそのほかの生育障害によって、生育の状態が悪くなったり枯死した場合は、その部分を除去・改善し、新しい芝草を補植する。この作業を行う場合は、補植の前に、前の芝草の障害原因を取り除くために、土壌改良材・殺菌剤・殺虫剤等を施用して適切な対応を行っておくことが大切である。

写真 4-19　老化や障害がひどい部分は、更新・補植する。

すり込み作業を容易にしてからレーキ等で土をむらなく敷き均した後、乾燥させてからホウキ等で丁寧にすり込むようにする。

目土に用いる土は、一般に黒土等の良質なものを用いるが、表層土は雑草等の種子の混入が多いのでできるだけさけて、基盤土よりやや粗粒子のものが望ましい。

目土かけの時期は、芝草の萌芽期、あるいは成長期に主に行うものとし、日本芝等の夏芝は4～7月及び9月、冬芝は3～6月及び10～11月が適期である。

目土量は、一般に3～6mmが適当である。

(4) 病害虫防除

病害虫防除作業は、芝生を病虫害から保護して、美観を維持し、健全な生育を図るために行うものである。

芝草は、ひどい病害や虫害が比較的少ない植物ではあるが、病虫害が発生すると被害範囲が広がりやすく、その結果芝生が全滅してしまう可能性がある。

芝草の病害は、カビによるものがほとんどである。このカビは、胞子が風などで運ばれて葉や茎に付き、そこから菌糸を出して芝草を犯し、全体に広がってしまう。防除のためには、主要な病害を把握し、早期に発見・予防に努める。

芝草の害虫は、芝草の地下部を食害する土壌害虫が多いため、これを発見するのは難しいが（主要害虫であるコガネムシ類は夜間にしか地上部に表れない）、防除にあたっては個々の害虫の習性を把握したうえで、効果的な対策を行う。

基本的には、病害については、芝草の生育環境を良好に保ち（①芝生地の通気や基盤土壌の排水を良好にする②施肥を行う場合は窒素過多とならないようにする③極端な深刈りを避ける）、栄養状態をよくし、とくに予防に重点を置く。虫害については、できる限り早期に発見し、被害を未然に防ぐことが大切である。

(5) エアレーション

エアレーション作業は、芝生地の土壌中の通気性を良好にし、芝草の根の活動を活発にする目的で行うものである。

芝生地は、踏圧等により次第に基盤土壌が固結してくると通気性が悪化し、芝草の根の発育が損なわれ地上部の生育も衰え、老化現象が起きてくる。エアレーションは、この現象を軽減するために、芝生地の表面に穴をあけて土壌中の通気性をよくして、芝草の老化を防止して若返りを図るものである。

エアレーションは、機械等により深さ5cm以上の穴を芝生地全体にむらなくあける（一般には10cm間隔の千鳥状とする）作業である。そしてエアレーション後に、うすく目土かけを行い穴をふさぐと同時に施肥を行い、養生を行うことが望ましい。

時期及び回数は、一般に新芽の動き出す春季か秋季に年1回程度行う。

(6) 除草

除草作業は、雑草による芝草の成長阻害や枯死からの保護と、芝生地の美観を維持するために行うものである。

雑草は、一般に生育が旺盛であり、放置しておくとやがて芝草を被圧し、さらに芝草そのものも雑草化させてしまう。

（1）刈込み

芝草の刈込み作業は、芝生を健全で美しい状態に保つために行うものである。

芝草は、刈込みにより、匍匐（ほふく）成長を旺盛にし、密度を高め、病虫害に対する抵抗力を増大する。逆に、刈込みをせずに放置すると、茎・葉は伸び過ぎて浮き上がるようになり、光線の透過や通気も悪くなり、内部は蒸れて病虫害の誘引や枯死を生じやすくなる。

刈込み回数は、芝草の種類や植栽の目的等により異なるが、一般に年3～6回程度が望ましい。

刈込みの時期は、芝草の成長が盛んな時期が望ましく、日本芝等の夏芝は6～9月、西洋芝等の冬芝は4～6月と10～11月が適期である。

刈込みの高さは、刈込み回数や芝草の成長の度合にもよるが、一般に夏芝のティフトンのように早く伸びるものは低めに、日本芝のように伸びの遅いものは高めに刈る。一般に望ましい刈り高は、20～40 mm程度である。芝草は、草丈が50 mmを超えると生理障害等が生じやすい。

（2）施肥

施肥作業は、芝草の成長を促し、病虫害に対する抵抗力を高め、美観を維持する目的として行うものである。

芝草は、元来やせ地に生育していた植物であり、養分の少ない所でも十分生育する力をもっている。しかし、刈込み等により、養分の含まれている植物体が除去されるので、これに対応・補充するため随時養分を補給する必要がある。芝草に必要な肥料の成分は、主として窒素・リン酸・カリウムの3要素である。とくに踏圧に対する抵抗性を考慮すると、窒素・リン酸・カリウムの配合比は等量比か、リン酸を多めが望ましい。

施肥の時期は、芝草の根系の活動期に合わせて行うのがよく、日本芝等の夏芝では、初春～初夏の芽の出揃う頃に、成長を促し健康な葉を育てるために、やや窒素肥料の多い有機質肥料を施す。その後は、生育状態を見て、肥料が不足しているようであれば速効性の化成肥料を施すとよい。また、刈込み後には、できるだけ施肥を行う。

秋肥は、冬の寒さへの抵抗力と春の成長をよくするため、窒素よりもリン酸とカリウムを多く含んだ遅効性の有機質肥料か緩効性の化成肥料を施すとよい。

冬芝は、基本的には夏芝と同じ方法でよいが、春（2月中旬～3月下旬）の施肥が遅れると肥効が夏まで残り、その結果病気にかかりやすくなるだけではなく、雑草の生育を助けることにもつながるため留意する必要がある。

なお、肥料の与え過ぎは芝生を軟弱にすることから、1回の施肥量は少なめにし、回数を多くする施用が有効である。

（3）目土かけ

目土かけ作業は、芝草の発根促進、芝生の凸凹の整正、表層土の物理性を改良する目的で芝生地内に良質の土壌を搬入し、敷き均すものである。

芝草は、植え付けてから年を経るにしたがい、根系である匍匐（ほふく）茎がうえへ浮き上がり露出するようになり、芝生として均一で美しい状態が望めなくなる。そこで、芝生の表面に土を入れる目土かけを行うと、芝草の匍匐茎はうえへ露出せず土の中に納まるため、根系より不定芽や不定根が発生し、芝生は密な状態になる。また、芝生地に凸凹がある場合、土入れによりこれを平坦にして、雨水排水を良好にすると、加湿による病害や害虫を誘引する原因が除去される。目土かけ作業は、あらかじめ刈込みを行い、

3-6. 芝生の管理

　芝生管理の目的は、芝草を早期に芝生に育成するとともに、目標とする芝生に導いた後、長期にわたり健全で諸害に対して強く、美しい良好な状態に維持して、植栽目的とする各種の機能を満足させることである。

　芝草は、大きく分けると日本芝と西洋芝、または暖地型芝草（夏芝：日本芝とバミューダグラスなど）と、寒地型芝草（冬芝：西洋芝の大部分）に分けられる。芝草は、それぞれの性質により要求する管理内容が異なるので、その性質をよく確認して適切な管理作業を行う。

　また、植栽の目的・機能等によっても、管理内容とその作業頻度が異なってくるので十分確認・検討のうえ管理作業を行う。

　一般に、日本芝などの夏芝は成長時期が夏であり冬は休眠するのに対し、西洋芝は冬が成長時期となる。また、成長速度などにおいても異なる点が多いので、その性質をよく確認したうえで管理作業に最も適切な時期に適正な管理の実施が重要である。西洋芝などの冬芝は、暑さに弱い種類が多く、盛夏の管理に留意する必要がある。また、草丈の伸びが早いため刈込み回数は多めになる。

　植栽の目的・機能による管理内容の要求は、例えば日本庭園や主要建築物の前庭などのように美観が強く求められる芝生地の場合、雑草がほとんど目につかず、緻密で草丈の短い芝生が要求される。また、運動場や園地のように人が集まる場所においては、踏圧の回数が多く芝生の損傷が大きいことから、施肥や目土かけ、エアレーションの回数を多くするなど、その作業内容や管理水準を適切に対応させる必要がある。

　芝生は、経過年数とともに生育状態が変化していくことから、これを考慮した管理が大切である。

表 4-14　芝生管理作業の経年別管理の留意点（参考）

管理段階	管理の留意点
養生期間	芝草は、工事施工後十分に活着し目地がふさがり芝生の形態が整うまでの間（1～2 年）、適切な保護・養生を行い活着の促進を図る。とくに、雑草対策はこの期間に適切に行っておくことがその後の管理に大きく影響する。
育成期間	活着後の芝草を、早期に安定した状態にするための段階（施工後約 3～5 年間）であり、芝草の成長を阻害する要因（とくに雑草など）の除去に重点を置いた管理作業を行う。
維持期間	芝生地が、一応安定した状態で目的とする機能を発揮している段階（施工後約 5～10 年間）においても、芝草は絶えず変化しているので、機能の低下を防ぐため、芝生の機能を阻害する要因（病虫害・雑草等）の除去に重点を置いた管理作業を行う。 なお、一般に施工後 10 年以降になると、芝草の老化防止・更新といった管理に重点を置いた管理作業（施肥・目土かけ・エアレーション等）が大切となる。

写真 4-18　芝草の刈込み作業

3-5. 既存樹林の管理

既存樹林の管理作業は、樹林地という生態的な形態を、主に人間の利用と共存させる目的で育成・維持する管理である。

その管理作業は、間伐・除伐・つる切り・枝打ち・下刈り・補植等の作業から構成される。

管理にあたっては、樹林形成の目的や管理目標を確認したうえで、樹林地の現況把握を行い、現状及び将来の利用形態や目標形態を明確化した後、管理項目やその作業内容を設定する。

(1) 間伐

間伐作業は、樹林内の樹木を健全に生育させ、樹林内を快適なレクリエーション空間とすることを目的として、樹林が適切な密度になるよう、主に被害木や不良木等を中心として選択・伐採を行う。

一般に、樹林を構成する樹木は、相互に競争関係をもちながら生育しており、競争は個体密度と密接な関係をもっている。したがって、樹林の管理目標とする密度の設定には、生育のための生態密度を優先するか、レクリエーション空間としての快適密度を優先するかの検討が重要である。

(2) 除伐・つる切り

除伐・つる切り作業は、樹林の美観の保持や病虫害の蔓延防止等を目的として、閉鎖密度の高い部分を主な対象として不良木・枯木等の伐採やつる性植物の除去を行うものである。

除伐は、樹林の修景的管理だけでなく、害虫の蔓延を防止する意味からも大切な管理作業である。また、除伐木の根は、できるだけ抜根することが望ましい。

つる性植物は、繁茂したものを放置すると樹木の樹冠を覆い、その生育に害を与えることから除去する必要がある。なお、つる切り作業にあたって、つる性植物は地上部を切取っても、その根株より再萌芽するため、抜根処理を含めた作業が望ましい。

(3) 枝打ち

枝打ち作業は、樹林の美観維持や病虫害防除、そして林床への陽光量の増加などを目的として、枯枝・繁茂している枝を取り除くものである。

枝打ちには、枯れた枝を取り除く枯枝打ちと、生枝を取り除く生枝打ちとがある。前者は病虫害の防除や修景的な目的、さらには林内利用の安全確保を目的として行うものである。後者は林床に陽光量を増加させて林床の植物の成長を促すため、さらには林内の利用空間や眺望を確保するために行うものである。

(4) 下刈り

下刈り作業は、樹林地の遷移的維持や美観の保持、または防災や林床利用への対応などを目的として、林床の下草を刈り払うことである。

作業にあたっては、下刈りの目的に即して、継続年数・時期・回数等を決定する。

また、林床の草本等に利・活用種が存在する場合においては、対象草本の保護とともにその種の成長を阻害するおそれのあるほかの植物種を刈り取る選択的下刈りを行う場合もある。

(5) 補植

補植作業は、被害木や枯損木が生じて林地内にギャップ（樹冠のすきま）が生じた場合に、その空地の樹木等を再生したり、新たな樹林に更新する目的で苗木等を植栽するものである。

作業にあたっては、全体の目標樹林像や植生構成を確認して、新たに補植する樹種がほかの既存樹木に与える影響や景観的調和について十分に留意して行うことが大切である。

支柱の取替えを行う場合には、植栽された樹木の根系が十分に発達しているか等の確認を行い、引き続き支柱を必要とするのか、しないのかの判断をしてから行う。必要とする場合は、成長した樹木の幹周や樹高に適合した支柱形式を選定して、取替えを行う。

（9）補植・更新

補植・更新作業は、枯損木の取替え、老熟過大となった樹木の交換・更新等のため、新たに樹木を植栽するものである。

植栽した樹木が、人為的や自然的加害による衰弱・枯損などにより美観を乱したりして、植栽目的とする機能を維持できなくなった場合には、速やかに更新及び補植を行う必要がある。

補植や更新を行う場合には、前の樹木の枯死・衰弱・損傷の原因を明らかにして、その原因への対策を講じたうえで行う。また、補植に使用する樹木は、周辺環境や全体としての統一美が乱されない程度の規格・品質のものを用いることが望ましい。

（10）倒木起こし

倒木起こし作業は、倒伏・傾倒・幹折れ等の被害樹木を、元の正常な形態に回復させる作業である。

台風等による風圧が強い海岸部や、市街地のビルの谷間の風の通り道等においては、強風による樹木の倒伏や傾倒または幹折れが多く発生する場合が見られる。樹木が倒伏すると、樹木自体にも生育不良や枯損が生じるとともに、植栽地利用上障害となり景観上からも好ましくないので、早期に復旧処置を行う必要がある。

作業は、幹折れ等の被害が大きい場合は、速やかに撤去し補植を検討する。しかし、被害が軽く再生が可能な場合は、根系の損傷の程度に応じて枝葉を剪定し、養水分の補給と消耗のバランスを取ったうえで、倒れた反対側の土を根が入る程度に掘り取り、樹木を垂直に立て直して埋め戻した後に支柱により補強する。

なお、倒木起こしに際しては、樹根を切断したり損傷させたりしないよう丁寧に行うよう留意する。

写真 4-16　施肥作業

写真 4-17　支柱の補修・更新作業

(5) 灌水

灌水作業は、植栽後間もない樹木や高架下等の雨水の確保が困難なところに植栽された樹木、そして干ばつなどにより降雨が長期間なく、樹木の健全な生育に支障をきたすおそれがある場合に、水分を補給するため行うものである。

樹木は、降雨等により土壌中に保持されている水分を根から吸収し、葉から蒸散させて成長している。この時、土壌中に水分が無く、吸収よりも蒸散の量が多くなると樹木の葉が萎縮したり落葉して、ついには枯れてしまう。わが国では、雨水に恵まれているので活着後の樹木に対する灌水は、一般にあまり必要ないが、降雨による水分補給が期待できない植栽地や、乾燥しやすい場所、夏季等の干ばつ時には、必要に応じて灌水を行う。

なお、干ばつ時に灌水を行う場合は、必ず次の降雨時まで一定間隔で灌水を続けることが大切で、一度だけの灌水はかえって樹勢を弱め樹木を枯らす原因ともなるので注意する。

灌水は、夏季の日中、冬季の午後はできるだけ避けるようにするとよい。

(6) 樹木の保護

樹木の保護作業は、気象の変化等による自然的損傷や環境悪化などによる人為的損傷から樹木を守り、健全な生育を維持するために行う防護作業である。

樹木が、自然的要因とくに気象害等により損傷を受けたり、植栽地の環境等の悪化で樹木の生育が衰えたりするおそれがある場合は、その障害要因に対し適切な対応・保護を行って、樹木への被害やその被害による人への被害の波及を最小限に押さえる。

作業にあたっては、障害要因を明確にするとともに、各樹木の特性を踏まえて、その障害への適切な保護処置を講ずる。

(7) 枯損木の処理

枯損木の処理作業は、植栽地の美観の維持・幹折れ等の危険防止のため、枯損木を処理する作業である（幹や枝に穴をあけて枯らす穿孔性害虫や、材を腐らせる木材腐朽病への対応も含む）。

枯損木とは、枯木と損木のことで、細胞が死んでしまった樹木を枯木、枝が折れたり幹等に傷口や空洞などの損傷がある樹木を損木という。これらの樹木の放置は、美観を損ねるだけではなく、病害虫の絶好の住家となり周辺の健全な樹木にまで害を及ぼす。また、強風時などに幹や枝が折れて傍を通行する人や車両に危険を及ぼしたり、施設などの破損を招く原因にもなる。したがって、枯損木は、発見次第早期に処理して、枯死木等については伐採撤去し、必要に応じて補植等の植え替えを行う。また損木の場合、損傷部の外科手術等を行い、これを再生・維持する方法も望ましい。

(8) 支柱の補修・更新

支柱の補修・更新作業は、強風等による樹木の倒伏を防止し、樹木の健全な生育を図るために破損した支柱等の補修を行うものである。

支柱は、主に木材を使用している場合が多いため3〜5年位経つと支柱の地際部分に腐朽が見られたり、結束材料のシュロ縄や針金も1〜2年経つと緩みが生じたり切れたりして支柱としての役割を果たさなくなる。そのため、支柱の取替えや結束直しが必要となる。

結束直しは、シュロ縄が切れたりほつれたりした場合や、樹木の成長により幹が肥大して結束部分が幹内に食い込んだりした場合に行う。

(2) 施肥

施肥作業は、樹木を健全に生育させるため、土壌中へ人為的に肥料養分の補給を行うものである。

施肥は、その目的により「元肥（寒肥）」と「追肥」に大別される。元肥（寒肥）は、その樹木の成長に必要とされる年間養分を樹木の休眠期（12～2月頃）に施すものであり、その効果は樹木成長期である3～6月頃に表れる。追肥は、生育状態が悪化しているもの及び悪化しつつある樹木を健全な状態に戻したり、花木等の開花・結実後の樹勢回復のために施すもので、根の活動の旺盛な時期（6月下旬、9月中・下旬）に行う。

養生期の施肥は、植栽に伴う活力低下の回復が主目的であり、やや控えめとし、活着した段階で適切な量を施肥する方が効果的である。育成期に入ると、樹木はわずかな養分でも耐えて生育するので、一般に中木・高木には施肥を実施しない場合が多いものの、目標樹形の早期達成のためには、冬季の元肥（寒肥）は定期的に行う方が望ましい。維持期には、生育が著しく低下したものや、老木などには定期的に施肥を行うとよい。

なお、花木や果樹は、毎年開花・結実することが目標であることから、定期的に元肥（寒肥）と開花・結実後の「お礼肥」は行うことが望ましい。また、生垣や低木類は、養分蓄積期に枝葉が刈込まれることが多くそのことにより養分蓄積が減少することから刈込み回数と合せた施肥管理が望まれる。

(3) 病害虫防除

病害虫防除の作業は、樹木の健全な生育及び美観の保持を図るとともに、周辺環境への波及を防止するために行うものである。病虫害は、健全な樹木を枯らすほどの加害力は無いが、衰弱している樹木に対しては大きな加害力を発揮する。

防除は、適切な処置を早く効果的に行うために、病虫害の早期発見に努め、被害箇所の枝葉を切取ることにより病虫害の拡散を防ぎ、被害を最小限に止める。しかし、病虫害が拡散してしまったり、被害が全体的に発生するものについては、薬剤散布等による防除方法をとる必要がある。その場合、周囲の人々や周辺環境に迷惑のかからない方法で行うよう十分留意する。

(4) 除草

除草作業は、樹木の健全な生育を図るとともに、植栽地の美観を保持し良好な緑地環境を保つために行うものである。雑草には、多くの種類があり、それぞれ生活のサイクルや発生時期などが違うため、雑草の特徴をよく確認し、それぞれの雑草や植栽地の特性に適応した除草方法を組み合わせて対応する。除草時期は、基本的に対象雑草が結実する前に行うが、草の養分転換期（7月下旬～8月）と成長停止直後（10月下旬～11月）を考慮して行うとよい。発生期（春・夏・秋）を考えると、年2～3回程度行う。

表 4-13　除草方法（参考）

除草法		方　法	注意点・留意点
人力	中耕除草	草カキ・ホー・手鎌などで植桝や植栽地の表土をうまく削りながら除草する。	樹木の幹元や上根に傷を付けぬようにする。
	手取り除草	手で、草を引き抜く（抜根除草）。	雑草の根をしっかりと抜き取る。乾燥時は抜きにくいことから、降雨後が望ましい。
機械	刈払い（草刈）	肩掛式動力下刈機（ブッシュカッター）、手動式・自走式ロータリーモア、ハンマーナイフモア等を用い、雑草の地上部のみを刈り取り除草する方法。	広い面積で植栽が込み合っていない場所に適する。傾斜地管理に向く。林地など。
除草剤	除草剤散布	植栽木に害を与えず、除草目的とする雑草のみ枯死させ除草するもの。	広い面積での除草に適するが、有用な植物に薬害を与えたり、ほかに悪影響を及ぼすおそれがあるので注意する。

表 4-12 基本樹形のタイプ別剪定・刈込みの作業ステージ（参考）

整姿型		形態	作業内容		
			養生期	育成期	維持期
自然樹形	自然整姿型（高木）	樹木本来の自然樹形の形態を基本とし、育成・維持する。	不用枝の除去 小枝の枝抜き とくに成長旺盛な枝の、枝抜きを行う。	枝おろし 不用枝の除去ならびに伸長を促す、枝抜き・枝おろしを行う。	枯枝取り 枝抜き（小枝すかし） 不用枝の除去や伸長旺盛な枝の、枝抜きを行う。
	自然整姿型（低木）	樹木本来の自然樹形を基本とする。定期的に自然樹形を崩さず間引きで枝を形成させ樹形を保つ。	立枝の地際からの間引きを行う。主に小枝を枝抜きしたり、不用枝の剪定を行う。	骨格枝の形成のための剪定（間引き・切り戻し）とくに伸長旺盛な枝を枝抜き・切り返しにより整える。また、2～3年に1回株元より枝を間引く。	間引き剪定 若返り剪定 切り詰め、切り返し等により樹形の維持・更新を行う。老木は、強度の間引き等により若返りを行う。
	規格整姿型	樹木本来の自然樹形の形態を基本とした人工樹形とするが、樹形が乱れやすい特性をもつことから、人為的に自然樹形の相似形に維持する。	不用枝の除去 小枝の枝抜き とくに成長の旺盛な枝を、枝抜きする。	枝おろし 枝抜き 基本骨格作りのための枝おろし・切り詰めを行うとともに密生枝の枝抜きを行う。	枝抜き 切り返し 樹形維持のため伸長しすぎた枝の切り返し・密生枝の枝抜きを行う。
整形樹形	抑制整姿型	自然樹形の相似形を基本とするが、全体として抑制された人工形態。	不用枝の除去 枝抜き とくに成長旺盛な枝を、枝抜きする。	枝おろし 枝抜き 基本骨格つくりのための枝おろし・切り詰めを行うとともに、密生枝の枝抜きを行う。	切り詰め 枝抜き 切り返し 樹形維持のため、切り詰め・切り返しを行うとともに、密生枝の枝抜きを行う。
	抑制整姿型（刈込形）	枝先をある一定の人工形にそろえながら維持・成長させるもの。	天端の刈込み 枝抜きを中心に実施するとともに、枝先を軽くそろえる程度に刈り込む。	伸長枝1/3を残し、刈り込むように心がけ、毎年少しずつ樹冠全体を成長させる。	天端の刈込み 一定の形状に維持しながら刈込み・枝抜きを実施、大きくなり過ぎたものは切り詰めを実施し、樹形の更新を行う。
	人工整姿型	人為的な仕立樹形	不用枝の除去 軽い刈込み 強度の刈込みは避ける。	刈込み トビ抜き 刈込み・切詰めで小枝の発生を促す。また枝の配置に留意し、必要に応じ誘引を図る。	小枝の間引き 刈込み 樹形維持のため刈込み・切詰めを行う。
	人工整姿型（刈込形）	人為的に一定の人工樹形を作り出し、その範囲の内で、育成・維持する。	天端の刈込み 仕上がり形状の線より伸び出た枝を切りそろえる。とくに、天端部にあたる枝は伸長旺盛なため、年2～3回実施する。	天端部分の刈込みは、側面の枝の密生化を図るため、定期的に刈り込む。側面は、軽く刈り込むようにする。	目標となった仕上がり形状の樹形を、常に維持するように刈り込む。また、数年に一度ふところ枝や小枝の枝抜きを行い、活力の旺盛化を図る。

2）刈込み

　刈込みは、主として中木・低木類を対象として、整形された樹木の樹幹や枝を刈り込み、整形された樹木や樹林の表面の枝葉を密に整えるものである。

　刈込みには、寄植え刈込み・玉物刈込み・生垣刈込み・仕立物刈込み等がある。

　寄植え刈込みは、複数の樹木を一群の単一体として目標とする刈込み形にあわせて刈り込む手法であり、円形・角形・シダレ形や、大規模な大刈込みを行う場合もある。

　玉物刈込みは、単木を丸く刈り込み一本（株）の単一樹木を独立した景観木に仕上げる手法で、地上に対し半球状の樹形（樹冠と樹高の比を1：1以上とする）を形づくるように刈り込むものである。

　生垣刈込みは、列植された樹木を主として角形に刈り整える手法で、天端をそろえ一定の幅を定めて両面を刈り込むものである。その際、下の方（裾）を弱く、上の方（天端）を強く刈ることにより、下枝が枯れずに保てるようにする。

表 4-11　刈込み作業の経年別管理の留意点（参考）

管理段階	管理の留意点
養生期間	植栽時は、生理調整を目的とした軽い刈込み剪定にとどめる。また、全体の樹高や枝張りをそろえるために、徒長枝（とび枝）などを取り除く。
育成期間	この時期は、樹木等も植栽地に適応し、伸長成長が盛んとなるので、刈込み作業を怠らないようにするとともに、毎年少しずつ目標形態に近づくように調整しながら刈込みを行う。 直上する枝や幹を、目的とする高さで刈り込む。側面は、この時あまり強く刈り込まず、枝先をそろえる程度に刈る。 この作業は、毎年1～2回（樹種によって年間刈込み回数は異なる）実施する。怠ると、下枝が上がって生垣や群植の機能低下などが起こる。
維持期間	毎年2～3回の刈込みを実施する。 この段階では、刈込み樹木は枝先が密となり、ふところ枝の枯れが目立つようになる。1～2年おきに、枝抜き剪定を刈込みと同時に実施して、通風・採光の改善を図り、植栽木の機能を再生・維持する作業を行う。

写真 4-14　高生垣刈込み作業

写真 4-15　寄植え刈込み作業

物質等の沈積による防御層の形成）が適切に働くように留意する。

また、大きな切り口や治癒組織（損傷被膜材）であるカルスの発達が遅い治癒力の鈍い樹種等の場合は、切り口からの腐朽防止のために腐朽防止剤の塗布を行っておくことが望ましい。

表 4-10 剪定の分類と適用標準（参考）

分類	名称	適用標準	適用樹木	年回数
整枝剪定	基本整枝剪定	樹木の健全な生育と基本となる骨格樹形の形成上、不要な枝を除く剪定（場合によっては切詰め・切返し）のことをいう。	すべての樹木	—
	養生・育成整枝剪定	自然樹形に成長させる樹木の、樹勢・樹形の養生・育成を図るための整枝を行う。	養生・育成段階の樹木	1回/3〜5年
	抑制整枝剪定	成長を抑制すべき樹木を、切詰め・枝抜き・切返しの手法を用いて基本樹形に調整する剪定を行う。	目標樹形に達して、成長を抑制する必要のある樹木	1回/年
	特殊樹の枯損枝除去剪定	ヤシ類の枯損葉等を、樹種の特性に応じて除く。	ヤシ類等	1回/年
整姿剪定	整姿剪定	新葉が伸びた夏季に、枝抜きを主体として行う剪定。風害回避・枝条の健全な発育のために、枝条が繁茂し過ぎている樹木等に対して行う。	繁茂しすぎる浅根性の樹種及び新葉が建築限界等に抵触する樹木等	1回/年
	特殊樹の剪定	切詰めを主体とする洋木等の剪定	アメリカディゴ等	1回/年
	中・低木剪定	通常、秋〜翌春萌芽前に、枝抜きを主体として行う剪定。樹木ごとの着花習性により、剪定時期・剪定方法は異なる。	樹形や花の鑑賞等の目的をもって植栽された中・低木。	1回/年

写真 4-12　整枝剪定作業

写真 4-13　整姿剪定作業

1）剪定

剪定は、「整枝剪定」と「整姿剪定」に大きく分けられる。

整枝剪定とは、樹形の「骨格をつくる」目的で行う強めの剪定で、通常は樹木の生理への負荷が少ない休眠期に行う。整枝剪定は、樹木に対して行われる基本的な剪定で、「樹高及び枝張りの統一」に留意しつつ、個々の樹木の「主枝のバランス及び密度」を調整する作業である。

剪定の基本手順は、まず頂上枝の高さを決め、それに合わせて樹木全体のバランスを見ながら、主に「枝抜き剪定（透かし）」により混み過ぎた上方枝の分かれ目から切り取り、そして主枝を構成する中間枝や下方枝の切り過ぎに注意しながら中間枝・下方枝の順に上部から下部にかけて剪定を行う。また、樹形の全体の縮小を行う場合、長い枝を短い枝に切り替える「切り返し剪定」により、対象とする枝の分枝部で短い方の枝を残して長い方を切除して、全体の樹冠をつくっていく。その際、切除する枝葉の量は、落葉樹の適期に行う場合は多少強めの剪定でもよいが、常緑樹の場合は適期であっても枝葉全体の 30％を超えない程度にすることが望ましい。

整姿剪定とは、樹木の「姿を整える」目的で、樹冠全体の乱れや枝が混み過ぎた樹姿を整えるために行う剪定作業である。主に、枝葉の成長が旺盛な樹種の樹木を対象として、本年枝が出揃った夏季に行う軽度の剪定である。

剪定作業は、整える樹冠の姿を見極めて、下方から上方へ、そして先端は最後に行うことが望ましい。具体的には、成長の旺盛な個体から徒長枝が長く伸びている場合や、前年度及び冬季に剪定した枝から萌芽した枝が繁茂し見苦しい樹姿となっている場合に、「切詰め」や「枝透かし」の剪定を行うものである。この剪定により、混み過ぎた樹冠内の風通しをよくして、病害虫の発生を軽減する。

この時期（夏季）の剪定による枝葉の減少は、樹木にとって非常に負担が大きいので必要最小限（全体枝葉の 10％以下）の剪定量とすることが望ましい。

剪定にあたっては、できるだけ早く傷の回復が図れる位置で剪定を行う。

樹木の傷の回復には、光合成により葉で作られる「養分を含む樹液」が必要なので、剪定は傷口に養分を含む樹液が供給できる位置で行うことが重要である。この養分を含む樹液は、葉と根とを結ぶ場所（道管がつながっている）でないと供給できない仕組みとなっているので、剪定による切り口の上方には、必ず十分な枝葉があるか、葉が出てくる芽がなければならない。

これを前提とすると、剪定にあたっては、細枝は傷の回復が早いので、切る位置にあまり留意する必要は無いが、できるだけ葉を残して「よい芽の真上部」で切ることが望ましい。

しかし、太枝や幹の場合は、傷の回復に時間を要するため、残された枝や幹が傷の回復が図りやすい位置で切ることを心掛ける。とくに、枝や幹の基部から切る枝抜き剪定や切返し剪定は、幹と枝、枝と枝の境界を適切に確認し「枝の襟（ブランチカラー）等を傷つけない位置」で切り（大枝の場合は二段切りで枝おろし剪定）、残された幹や枝の木材腐朽菌に対する防御機能（フェノール性

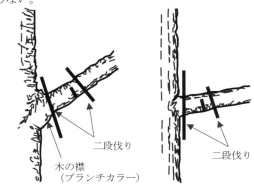

図 4-8　太枝と幹の剪定位置

樹木の管理作業は、樹木の植栽目的・機能を十分に発揮できるよう、樹木の生理機能と生活パターン（生活史）を十分認識して、それぞれの管理作業が樹木の生理や生活のパターンに反しないよう、適切な時期に効果的な作業を実施する。

管理作業の実施にあたっては、各作業の目的・効果を十分に認識して、適切な管理方法で行う。

樹木は植栽場所によっても目的とする機能が異なるため、これを考慮した管理が必要である。しかも生きものである樹木は、年月とともに絶えず変化するため、管理もこれに対応しうるものでなくてはならない。このため樹木管理にあたっては、植栽場所と経年変化を考慮した管理作業を行う。

以下、樹木管理に係る主要な作業について概説する。

（1）剪定・刈込み

剪定・刈込み作業は、樹木本来の機能を高め健全な生育を助長するため、枝葉等を切り取り枝葉の配置や樹木全体の樹形を整える作業である。

樹木は、通常自然の生育に任せて成長させると、それぞれが樹種特有の樹形になるとともに、枝葉が繁茂する。枝葉が繁茂しすぎた樹木は、美観上見苦しく、生育上支障となる枝葉が発生し樹勢が衰え、目的とする機能も低下するとともに、通風・採光も悪くなり病虫害の発生源や風害なども受けやすくなる。

剪定・刈込み作業は、これらに対する樹木の抵抗力を高めるとともに生理的なバランスを整え健全な生育を促進させ、また樹形を整えて樹木本来の美しさを発揮させるものである。

剪定の時期は、樹木への生理的な負担が少ない時期に行う。それは、樹木の成長パターンを考えると、冬季の休眠期（落葉樹の最適期）・春からの新梢の伸びが停滞する頃（常緑樹の最適期）が望ましい。花木は、花芽の分化期前などに、花芽を切り落とさないように配慮して行う。

作業にあたっては、管理目標としての整姿形態を設定して、管理ステージ（経年段階）に対応した剪定・刈込みの実施が大切である。

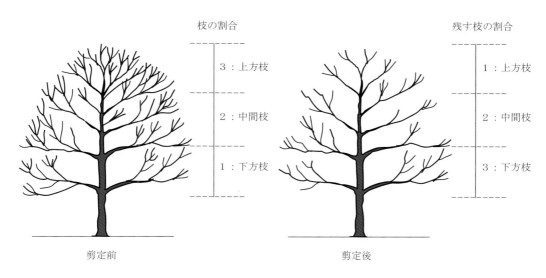

図 4-7　樹木の剪定作業のイメージ

3-4. 樹木の管理

　樹木管理の対象は、高木・低木の樹木である。樹木管理の作業は、これらの樹木の生育・成長を維持し、その機能のよりよい発揮を目的として、主として樹木の形態上・生理上の各機能の保護・育成及び維持の推進を図るものである。

　また、樹木管理の作業においては、単木の管理のみでなく、樹林として緑の空間の形成や維持にも十分に配慮することが大切である。

　樹木または緑の空間は、工事が完成した時に最高の目的・機能が発揮される建築物や工作物などの人工構築物と異なり、植栽工事完成時点にはまだ植栽した樹木自体が十分に活着しておらず目標とする形態を形成していないことから、目的とする機能を発揮するためには未熟な状態である場合が多い。しかし、生きものである樹木は、適切な管理を行うことにより、その目標とする形態に生育・成長し、その目的・機能を高めるとともに、その樹木や空間の財産価値をも増大させられるのである。

　樹木の管理作業は、このような樹木の生きものとしての管理特性を前提として、目標とする形態に育成するための養生及び育成の管理作業を行うとともに、樹木が目標とする形態に達した時点からの、その形態や機能を維持するための維持管理作業を行うものである。

表4-9　樹木の管理作業の経年別管理の留意点（参考）

管理段階	管理の留意点
養生期間	樹木は、工事施工後から十分に活着するまでの期間（2～6年）、適切な保護・養生を行い活着の促進を図る。 植栽直後の樹木は、移植作業によって根茎の多くを失うとともに、生育環境が大きく異なるため、灌水やマルチング等の水分代謝への補助作業や防寒・防風への馴化補助作業が大切である。
育成期間	活着後の樹木は、完成目標形態になるべく早く、遅くとも目標年度までに成長を促進して形態を完成・到達させる。 育成管理においては、樹木の形状を目標形態に成長させる課題に向けて、その育成（仕立て形態）に沿った整姿や施肥等の生育を促進する作業が大切である。
維持期間	完成目標形態に到達した樹木は、その形態及び機能を維持するために、立地条件等を勘案しながら必要に応じて生育を抑制するための剪定及び健全な樹形・樹姿を維持するための施肥、病害虫駆除等の管理が大切である。 また、樹木の衰退や枯損による、更新や補植のための管理作業も必要となる。

写真4-11　樹木の管理作業

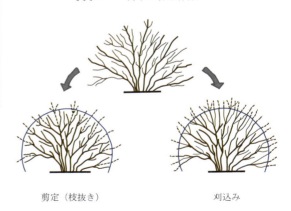

　　剪定（枝抜き）　　　　　　刈込み

図4-6　剪定と刈込みの相違

(1) 土壌硬度の改良

　土壌硬度の改良作業は、植物の生育を良好に維持するために、踏圧等により固結化した基盤土壌に対し、耕うん作業やエアレーション作業または割竹挿入作業等を行うとともに、土壌改良材を併せて施用して、土壌の膨張化を図り透水性・通気性の改善を行う。

　植栽地の土壌は、植栽後時間がたつにつれ踏圧等の影響により、固結化し土壌硬度が高くなる傾向がある。土壌が固結してくると、土壌中の水や空気の通り道となる粗間隙が少なくなってくるため、透水性・通気性の不良が多く見られる。このような状態では、植物の根による水分等の吸収に必要な酸素の供給が十分に行われないため、健全な生育が期待できなくなるので、これを早急に改善する必要がある。

　土壌硬度は、一般に山中式土壌硬度計で24mm以上、長谷川式土壌貫入計で1.0cm以下/dropになると、植物の根の伸長が抑制される。

　改良作業は、固結した土壌に対し耕うん作業（表層20cm程度）やエアレーション作業等を行い、できれば土壌改良材（約2ℓ/㎡）を併せて施用する。なお、耕うんに際しては根、とくに細根を切断しないよう留意するとともに、土壌改良材は土壌と十分に混ぜ合わせて使用する。

(2) 土壌の排水性の改良

　土壌の排水性の改良作業は、植物の生育を良好に維持するため、不透水層の存在により地表面が過湿状態になっている基盤土壌に対して、耕うん等により粗間隙を増加させ排水性の改善を行うものである。

　植栽基盤は、施工時に十分注意して造成を行っても工事中のブルドーザー等の重機による運転圧や人の歩行等による踏圧により土壌が堅密化する場合がある。この堅密化した土壌のうえに、盛土等を行って植栽した場合、基盤と盛土との間に不透水層ができやすく雨水が有効土壌中に帯水しやすくなり、植物の生育が阻害される。

　植栽後の排水性の改良は、植栽地の樹木等を一旦掘り上げて、耕うん等により不透水層の破壊を行ったうえで、透水性を向上させる土壌改良材の施用を行う。施用範囲が大規模となる場合もあり十分な検討が必要である。また、必要に応じて地中排水のための暗渠の設置等も検討する。

(3) 土壌酸度（pH）の改良

　土壌の酸度（pH）の改良作業は、植物が土壌から養分を吸収しやすい状態を維持するために、アルカリ化及び強酸性化した基盤土壌に対して、土壌改良材等を混入して、酸度（pH）を調整するものである。

　植栽地の土壌は、年数を経るにしたがってその化学性が変化していく。一般に、植栽地の土壌酸度の悪化要因は、セメント類や石灰石等からのカルシウム（Ca）の浸透、また固結化による透水性・通気性の不良によるアルカリ化と、チッソ肥料の多用等による強酸性化が想定される。

　一般に、日本産の植物は、弱酸性土を好むので、アルカリ化（pH8.0以上）においては樹勢等が悪くなり、強酸性化（pH4.5以下）においては塩類や微量要素が欠乏しアルミニウムが活性化して生育障害を起こしやすい。

　アルカリ性の改良は、客土（日本の自然土壌は一般に酸性）による混和か、少量の硝酸第一鉄の混合か酸性肥料（硫安・塩安など）の施用により中和する。

　酸性の改良は、炭酸カルシウム（アルカリの度合が低い）か、消石灰（アルカリの度合が強い）の投入により中和する。

3－3．植栽基盤の管理

　植栽基盤の管理作業は、植栽した植物の生育の場である基盤土壌を、植物の生育にとって好ましい状態に保つために行うものである。

　植栽基盤管理は、植物の生育基盤である土壌環境の状態をできるだけ植栽時の良好な状態に保ち、植物の生育を阻害する要因が発現すれば、これを取り除く作業である。

　一般的な自然地においては、植物の落葉・落枝や土壌動物や微生物の活動により土壌条件の自然的改善が行われるが、都市部の植栽地では腐植等の養分の自然的な補給が行われないばかりか、人為的な踏圧等が繰り返されるなど土壌条件は悪化の一途をたどる場合が多い。

　植栽基盤の管理作業は、植栽時の良好な土壌条件が基本となるので、その後の土壌診断等により基盤条件の不良性が発見された場合、その不良要因を改善する作業が主体となる。

　作業は主として、土壌の物理性の改良として、植物の根の伸長に影響の大きい土壌硬度の改良と、植物枯損の直接的な原因となる排水性の改良がある。また、土壌の化学性の改良として、植物の養分吸収に影響の大きい土壌酸度の改良がある。このほかに、化学性の不良要因として土壌養分の欠乏の改良があるが、この改良作業は主に個々の植物の施肥作業として別途行う場合が多い。

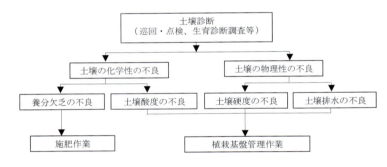

図 4-5　植栽基盤管理の作業構成

写真 4-9　土壌改良材による土壌酸度等の改良

写真 4-10　エアレーションによる土壌硬度の改良

3－2．巡回・点検

巡回・点検作業は、植栽空間の安全と個々の植物に対する効果的な管理を行うために、管理対象である植栽地や植物等の状況を定期的に確認するものである。

植栽管理において重要なのは、植栽空間としての機能の維持と倒木・落枝等の危険性への対応などの安全の確保である。これらを全うするためには、定期的な巡回・点検が必要不可欠であり、更に植栽地の状況を常時把握することにより、効率的・効果的な管理業務を遂行する。

巡回・点検の主な目的は、以下のとおりである。
①植栽地全体の現状を的確に把握する。
②植栽地内の個々の樹木の生育現状の把握。
③植栽樹木の病虫害・生育障害・損傷箇所（倒木・落枝等の発生リスクへの対応）等の早期発見。
④植栽地の損壊・危険箇所（管理区域外への影響にも留意）の発見。

巡回・点検作業を行うにあたって、主に留意しておくべき基本的事項は以下のようなものがある。
①設計内容（設計意図・植物等の種類・機能・規模・数量・植物等の位置など）及び管理目標を正確に把握しておく。
②緊急を要する事項及び重点事項と、そうでない事項とを区別し、緊急事項・重点事項の点検に遺漏の無いようにしておく。
③点検事項は、点検シートとしてできるだけ様式化しておく。
④点検結果は、日報・月報等報告書としてまとめ、管理計画に反映する。
⑤点検頻度は、植栽地の重要度により異なるが、重要なものは月1回以上巡回できるように計画する。

表 4-7　通常巡回・点検の標準的な点検項目と着眼点（参考）

点検箇所		点検項目	標準的頻度	着眼点
植栽地	樹木類	活力	6ヶ月に1回	葉色・新梢の伸長・枝色・枯葉量
		過繁茂	6ヶ月に1回	枝葉の混みすぎ、通行障害
		病・害虫	春～秋1ヶ月に1回	新梢・枝・葉の徴候の有無、幹変化、発生状況、発生量（何本・何㎡）
		損傷	6ヶ月に1回	有・無、程度、損傷位置
	地被類	活力	6ヶ月に1回	葉色、茎葉の生育度など
		過繁茂	春～秋1ヶ月に1回	茎葉の過密、雑草の発生度など
		病・害虫	春～秋1ヶ月に1回	発生量、種類（とくに芝生のコガネムシ・ヨトウムシ）
		損傷	6ヶ月に1回	過踏圧、枯死、すり切れなど
	基盤土壌	固結	6ヶ月に1回	砂土、不良土の露出など
		排水	6ヶ月に1回	水たまり、湧水、過湿・過乾など
		崩壊	6ヶ月に1回	のり面の崩壊・亀裂・陥没など
	その他	支柱	6ヶ月に1回	腐朽度、結束
		雑草状態	6ヶ月に1回	雑草の被度
		灌水	6ヶ月に1回	土壌の乾燥状態

表 4-8　緊急点検の標準的な点検項目と着眼点（参考）

災害の種類	点検対象	点検時期	点検項目及び着眼点
台風・豪雨	植物類	事前	支柱の状況、結束のゆるみ、過繁茂
		事後	倒木・樹幹の傾斜・落枝などの被害状況
	のり面	事前	土砂流出、表層の滑落、侵食亀裂、はらみ、崩壊、のり面排水設備の状況、のり肩のり尻のくぼ地の有無
地震	台風・豪雨に準ずる	事後	「台風・豪雨に準ずる」
火災	植物類	火災時及び事後	植物類の焼失・減失などの被害状況、類焼のおそれ、風向など
病・害虫（著しい）	植物類	事後	被害の範囲・程度、病害虫の種類など、とくに植物類を対象とする。
干ばつ	植物類	事後	被害の範囲・程度、枯死状況など、植物類を対象とする。

3．緑の管理作業
3－1．管理作業の考え方

　管理作業は、管理計画において設定された管理目標及び管理方針等を踏まえて、個々の管理工種を実際に作業として運用していくことである。

　管理作業は、緑の計画・設計意図あるいは植栽の目的・機能を十分に確認して取り組む必要がある。そのためには、管理計画において設定された管理目標及び管理方針を踏まえて、管理実施計画及び作業工種の管理水準にしたがって行う。

　また、管理作業を効果的に行うにあたっては、植物の生理・生態面を十分理解し、成長の生理的過程に対応した時期に適切な作業を行い、植物の営む生理機能への阻害要因をできるだけ排除し、植物の健全な成長を支援するための育成・維持の推進を図る。

　緑の管理作業は、管理を行う対象及び作業内容等により「巡回・点検作業」・「植栽基盤管理作業」・「植物管理作業」に分けられる。このうち、植物管理作業はさらにその形態・特性により「樹木管理作業」・「既存樹林管理作業」・「芝生管理作業」・「地被植物管理作業」・「草花管理作業」・「のり面植生管理作業」等に分けられる。

表 4-6　管理作業の種別

種別		内容
巡回・点検作業		植物などの現況の状況を的確に把握し、効率的・効果的な管理を行うために、植栽地を見回る。
植栽基盤管理作業		植物の生育の場である基盤土壌を、植物の生育にとって良好な状態に保つために行う。
植物管理作業	樹木管理作業	樹木の、生育の健全性や植栽の目的・機能を高めるために行う。
	既存樹林管理作業	樹林という植生的形態を、目的とする保全形態に対応して維持及び保護する。
	芝生管理作業	芝生の、美観の保持及び活力の維持を図るとともに、植栽の目的・機能を高めるために行う。
	地被植物管理作業	地被植物の、美観の保持及び活力の維持を図るとともに、植栽の目的・機能を高めるために行う。
	草花管理作業	草花の、美観の保持及び活力の維持を図るとともに、花壇等として全体を美しく維持していくために行う。
	のり面植生管理作業	のり面に導入された植物を、植栽の計画・設計意図に基づき、目標とする植栽形態に導くとともに、その美観やのり面の安定・維持を図るために行う。

写真 4-7　管理対象地の全体確認

写真 4-8　管理課題の詳細確認

2）管理方法の検討

　管理工種や水準が設定されたら、その工種・水準に対応して具体的に実施する管理内容や効果的・効率的な作業方法を検討しこれを設定する。

　管理方法を検討するにあたっては、まず管理形態（体制）、すなわち管理作業を設置者自らが直営体制で行うか、第三者への委託体制で行うかを検討する必要がある。緑の管理作業においては、作業時期が限られ一時期に作業が集中することや専門的な知識が必要となるなどの理由から委託する場合が多い。このほか、愛護会やボランティアなどの利用者参加の管理形態も考えられる。利用者参加型は、単に作業の補完だけではなく、地域の活性化、コミュニティの形成といった面でも意義深いが、導入にあたってはその適切性に留意するとともに、管理作業内容及び管理区分を明確化しておくことが大切である。

　管理方法の検討は、管理対象及び管理水準や管理形態等を踏まえて、植栽の経年変化を参考にして選定された各管理作業について、どのような方法で行っていくかを検討する。具体的には、作業効率の向上を図るために作業機器による機械化の導入の検討や、作業内容の的確性・効率性の検討を行い、個々の管理工種に対応した望ましい管理方法を設定する。

3）管理重点の検討

　管理重点の検討は、中期管理計画の経年作業工程や植栽地の現状を踏まえて、当該年度における主な管理課題を想定し、これを解決及び対応するための重点管理対象や管理工種を設定するものである。

　検討にあたっては、植栽地を十分踏査し樹木等の生育状態を確認するとともに、中期管理計画の内容を再確認し、設定された作業内容や経年工程との対応により、当該年度における管理上の問題点や課題を抽出、これを検討することにより管理重点として設定し、その管理課題をどのような管理作業により解決するかを検討・確認しておく。

写真 4-5　管理体制の役割分担（利用者の参加等）に留意した管理方法の検討

写真 4-6　管理課題の対応方法に留意した管理重点の確認とその対応方法の検討

（3）管理内容

　管理内容の検討は、管理方針を踏まえて、植栽地の管理作業をどのような工種でどのようなレベル（管理水準）で実施していくかを検討するとともに、設定した工種やそのレベルに対応した作業方法を検討するものである。

1）管理水準の検討

　管理作業の水準とは、植栽地の立地特性や植栽の目的・役割等の内容にもとづき管理工種やその作業の回数・頻度等について、高・中・低等のレベル設定を行うものである。

　例えば、都心部の道路や公園といった修景要素が高く利用密度の高い植栽地と、都市近郊部における道路や風致的公園といった環境保全的要素が高く利用密度の低い植栽地では、おのずとその管理の内容と作業頻度は異なってくる。

　また、植栽の目的・機能によって、樹木等の完成目標形態や枝葉の密度内容などが異なってくるため、これに対応する管理作業の内容や頻度も異なってくる。例えば、環境保全を主な目的・機能とした植栽の場合では、樹木等の健全な生育や良好な枝葉密度の育成を促すための病虫害防除・施肥などの管理作業に重点が置かれ、修景を主な目的・機能とした植栽の場合では、健全な生育とともに美しい樹形を整える整枝・剪定作業に重点が置かれる。

　このように、管理水準は、植栽地に求められ管理課題や植栽の目的・機能などを踏まえ、必要とされる管理工種の作業回数・頻度等の検討を行い、これを設定する。

写真4-3　都心部の公園は、利用頻度も高く修景植栽が多いため、高・中の管理レベルで樹形等を整え美しく明るい緑地空間を育成・維持する。

写真4-4　風致的公園は、郊外に位置し自然地も含まれることが多いので、中・低の管理レベルで樹林地の健全性と風致を保全・維持する。

(2) 管理方針

管理方針の検討は、管理目標を踏まえて、その空間及び植物形態を育成・維持するための管理の基本的な考え方を方針化するものである。

具体的には、植栽観点など植栽美を強調する箇所の考え方や、遮蔽が必要な区域とその程度、主要景観木や緑陰樹の目標とする大きさ・樹形、展望箇所の留意点や低木・中木等の取扱いなどの植物の成長に伴う経年変化等に対応した、管理方針の設定を行う。

方針の設定にあたっては、緑の管理上の課題に対し、これを改善・解決していくための方策の考え方を明確にしておく。

表 4-4 植栽形態別管理目標と管理方針（参考）

植栽形態		管理目標	管理方針
平面形態	単植（独立木）	目的に応じた美しい樹形を育成・維持する。	・自然樹形に仕立てる場合は、必要に応じた剪定管理を行う。 ・人工樹形に仕立てる場合は、定期的な剪定管理を行う。
	列植	目的に応じた樹形で、しかも全体としての目標とする形がそろうように育成・維持する。	・自然樹形に仕立てる場合は、必要に応じた剪定を行う（全体の樹形調整、不要な枝の除去など）。 ・人工樹形に仕立てる場合は、目標とする樹形・形態が形成できるように定期的な管理を行う。
	群植	目的・機能を発揮する形態及び植栽密度を育成・維持する。	・個々の樹木の枝葉分布は、なるべく均等になるように全体の密度などを調整する。 ・樹形の形態は、求められる機能に対応する形態に育成する。 ・低木の群植は、全体の形が良好な形態になるように調整する。 ・枝が重なる場合は、必要に応じて枝抜き剪定をする。 ・過密な場合は、必要に応じて間引きを行う。 ・低木の群植は、定期的な剪定を行う。
立面形態	一層（単層）	目的・機能に応じた樹形・形態を育成・維持する。	・自然樹形に仕立てる高木は、ひこばえや徒長枝など、不要な枝の除去を必要に応じて行う。 ・人工樹形に仕立てる高木・中木・低木は、定期的に樹形や枝葉のコントロールを行う。
	多層（2層以上）	目的・機能に応じた樹形・形態を形成し、各層の樹木が適正な大きさや枝葉の分布をもつように育成・維持する。	・修景・鑑賞・緑陰・景観形成などの機能を目的とするものは、各層の樹形が良好で、全体の配植が調和するように育成・維持する。 ・環境保全などのように環境圧緩和を目的とするものは、樹高・立木密度・枝葉密度などをコントロールして、目的とする機能を発揮するように育成・維持する。 ・中木・低木は、目標とする形状に達したら、その大きさを維持する。 ・上層の樹木は、下層の光量確保などのために必要に応じて枝抜き等の剪定を行う。

表 4-5 植栽植物の経年変化と管理方針（参考）

管理段階	管理方針
養生期間	・養生期間（植栽後1～5年）は、根の発達が十分でなく生理的収支の調節が不安定である。また、物理的な力によって倒伏等が起こりやすい。樹木等においては樹形がまだ整わず、目的とする機能を発揮するまでには至らず、ほとんど幹だけの場合もある。 ・この期間の管理は、その後の成長を左右するため、十分な注意が必要である。 ・管理項目では、保護・養生管理が重点管理項目になる。 ・とくに環境条件の悪い場所では、生育に影響を与える環境要因を緩和することが大切になる。
育成期間	・育成期間は、根系が発達し、幹や枝の伸長が活発になる。 ・この期間は養生管理から、障害の除去や育成管理に重点管理項目が移行していく。 ・通常実施する管理項目として、巡回・点検・病虫害防除・施肥・剪定等がある。 ・また、この時期には支柱等が不要になってくることが多いので、特別に必要な場所以外は撤去する。 ・環境条件の悪い場所では、必要な保護管理を行う。 ・必要に応じて間引きなどの管理も必要になる。
維持期間	・維持期間は、植栽が目的とする機能を十分に発揮し始めた以降の期間で、ほぼ永久に続く。 ・管理項目は、抑制・更新管理に移行していく。 ・管理の内容は減少してくるが、巡回・点検、病虫害防除・剪定の管理は定期的に行う。 ・また、必要に応じて、施肥・中耕・更新などを行う。 ・積雪地では、雪吊りなどの管理が必要になる場合もある。

2-2. 管理計画における主要検討項目

管理計画策定において、重要となる項目についてその検討時における留意事項を以下に整理する。

(1) 管理目標

管理目標の検討は、緑の計画・設計において意図した緑の空間及び植栽樹木等の完成目標や形態イメージを踏まえて管理目標を明らかにするものである。

検討の手順は、最初に計画・設計で意図された植栽の目的や植栽機能のゾーニング等を参考に管理対象地の単位空間を区分する（管理区分の設定）。管理区分された単位空間ごとに、管理対象の基本植栽タイプの設定を行い、これを踏まえて植栽の目的・機能からなる目標形態を立地条件からくる制限等を踏まえながら検討して、個々の空間の管理目標や目標となる形態イメージを想定する。そして、これらを総合・調整することにより全体を統括する植栽管理目標を設定する。

表 4-3 植栽の目的・機能別管理目標・管理方針(参考)

機能名		管理目標	管理方針
レクリエーション機能	緑陰機能	樹種特有の樹形に育成し、さらに枝下の空間が利用できるような樹形を形成する。	・自然樹形に育成する。 ・枝下の空間は、人が利用できるように配慮する。 ・樹形を乱すような枝を除去するため、枝抜き剪定を主体とする。
	鑑賞機能	鑑賞目的、樹種の鑑賞特性に応じた樹形形態を形成・維持する。	・鑑賞目的に応じて、樹形を仕立て育成・維持する（一般の公園：自然樹形、庭園風の空間：人工樹形、日本の伝統的な仕立物など）。 ・樹種の鑑賞特性に応じて、樹形を仕立て・育成・維持する（ウメやサルスベリの剪定、低木の刈込仕立てなど）。 ・自然樹形の高木は、不要な枝の除去や、整姿のために必要に応じた剪定をする。 ・人工樹形に仕立てる樹木は、定期的な剪定または刈込みを行う（人工樹形の高木・中木・低木）。
景観形成機能	景観指標機能	樹種特有で、かつ美しい樹形を形成する。	・自然樹形に育成する。 ・針葉樹は、とくに幹の先端(芯)を痛めないようにする。 ・周囲の樹木について、主要となる樹木の生育を阻害するおそれが生じた場合は、周囲の樹木をコントロールする。 ・ひこばえや徒長枝など、樹形を乱す枝の除去の剪定を行う。 ・必要に応じて、周囲の樹木の剪定をする。
	景観調和機能	各樹木がもつ景観的役割を確認し、バランスの取れた配植形態を形成する。	・樹木の樹形が乱れないように育成する。 ・景観のポイント（主木）となる樹木や、それに準ずる樹木は、ほかの樹木よりも目立つように育成する。 ・中木・低木は、調和上、ある大きさに達したら、人工的に形状をコントロールする。 ・光量を確保するための高木・中木の枝抜き剪定を必要に応じて行う。高密度の場合は、成長に応じて間引きを行う。 ・主木等以外の樹木（高木）の、形状のコントロールまたは間引き（伸びすぎて主木の樹形を阻害する場合）を状況に応じて行う。 ・中木・低木は、ある大きさに達したら、定期的に剪定または刈込みを行う。
領域機能	境界機能	境界として識別性の高い樹形形態を形成・維持する。	・目標とする形が完成し、更にその形を維持するように定期的な管理を行う。 ・定期的な剪定、または刈込みを行う。
	遮蔽機能	上層から下層まで、見透かしができにくい植栽形態を形成・維持する。	・見透かしができにくい樹高・枝葉の密度・立木密度を調整・維持する。 ・生垣などの人工樹形は、ある大きさに達したらその形状を維持する。 ・自然樹形に仕立てる場合は、必要に応じて剪定を行う。 ・過密な場合は、必要に応じて間引きを行う。 ・生垣など人工樹形は、定期的に剪定または刈込みを行う。
環境保全機能（防風・他）		上層から下層まで適正な立木密度・枝葉密度・高さを形成・維持する。	・下層の樹木・枝葉が枯死しないように、上層の樹木の立木密度・枝葉密度をコントロールする（光量不足による枯死を防ぐ）。 ・機能を発揮しやすい高さ・密度にコントロールする。 ・下層の樹木や、枝葉の生育に必要な光量を確保するために、必要に応じて上層の樹木を剪定（枝抜き）または間引きを行う。 ・中木・低木は、ある大きさに達したら定期的に剪定または刈込みを行い、形状を一定にする。 ・生垣（高生垣）は、定期的に刈込みを行う。

緑の管理計画は、長期管理計画・中期管理計画・管理実施計画の3段階に分けて順次検討・立案を進める。

第1段階の、長期管理計画は、長期的な視点に立って植栽管理の基本的考え方や管理目標、管理の方向性を明らかにし、基本方針を設定し、これを具体化するための管理ステージを整理するものである。

第2段階の、中期管理計画は、基本方針を達成するための具体策として、基本的な管理内容と管理体制について検討し、これを取りまとめるものである。

第3段階の、管理実施計画は、中期管理計画で検討した管理内容を実施するために、各年度毎の重点事項やこれに対応するための作業工程や作業頻度を設定し、年度別の実施計画を取りまとめるものである。

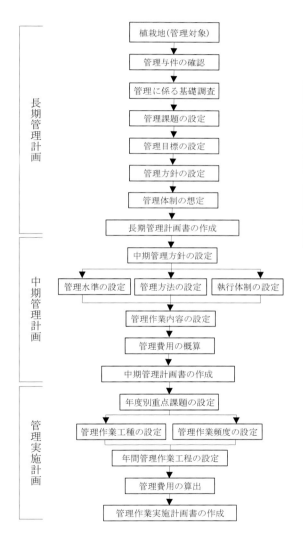

図 4-4　緑の管理計画の作業手順

表 4-1　緑の管理計画における主要検討項目

計画段階 検討内容	長期管理計画	中期管理計画	管理実施計画
策定期間	養生段階から維持段階まで（約10ヵ年）	3〜5ヵ年	1ヵ年
管理指針	管理目標 管理方針	中間管理方針	管理重点
計画内容	管理ステージ（経年変化）	管理方法 管理水準	工種の設定 作業頻度
工程	管理ステージ（段階）の工程	経年作業工程	年間作業工程
管理体制	基本管理体制の想定	作業執行体制の設定	—
管理費	—	管理費の概算	管理費の積算

表 4-2　緑の管理の基本的管理タイプ（参考）

	基本型	管理目標
植栽樹木	植栽育成型	・植栽樹木を、自然特性に配慮しながら人工的に管理する。 ・修景植栽樹や街路樹などを、主に一定の形態（目標樹形）に育成・維持する管理。
植栽樹木	植栽遷移型	・植栽樹木を、自然植生に近づくよう育成する管理。 ・植栽した樹木等をある程度自然の遷移に任せることにより自然林の形態を形作るよう育成する管理。
既存樹木（林）	植生維持型	・自然林（既存樹木）を、できるだけ現状の形態で維持する。 ・遷移途中の自然林を、レクリエーション等に活用するためその形態を維持または抑制する管理。
既存樹木（林）	植生遷移型	・自然林（既存樹木）を、自然の状態で維持する。 ・自然林を、自然の遷移に任すことにより保全する管理。

③植栽の形態的特性への対応

植栽の形態は、植栽構成を平面的視点から見ると群植・列植・単植等があり、立面的視点からは多層（二層以上）、単層等に分類される。

緑の管理は、これらの形態により作業内容が異なるものが多いので、管理計画の立案にあたってはその形態の確認を行うとともに、それぞれの特性に対応した作業内容について十分に留意する必要がある。

なお、植栽形態のタイプは、植栽の目的・機能との関連性が大きいことから、その関わりに十分に配慮する。

④立地の自然及び社会的環境条件への対応

植物の生育は、立地する植栽地の気象や地形等の環境や人為的な条件によりさまざまな影響を受ける。

緑の管理計画においては、立地の環境条件を確認し、植栽した植物との関係上、管理による調整の必要性を十分に確認・検討し、これに対応した管理項目や作業内容について検討する必要がある。

⑤植物の生育に係る経年変化への対応

植物は、常に成長・変化していく材料である。したがって、管理の対象である樹木等は、その目的とする空間や樹木等の形態が達成されるまでの経年変化が一様ではなく、必要とされる管理作業内容も異なってくる。

一般には、植付け時の樹木等がその機能を100%発揮することは稀であり、成長段階に応じて徐々に機能を発揮していくようになる。この経年変化は、植栽した植物が活着するまでの「養生段階」、目的とする形態に育成するまでの「育成段階」、目標とする形態が達成された後の「維持（抑制）段階」、そしてその後に対応する「更新段階」に分けられる。このうち、初期の養生・育成段階における管理は、活着及び成長を促進し、早期に目標形態に育成する。そして、維持（抑制）及び更新の段階における管理は、完成した形態を構成する樹木等の成長の調整や組合せのバランスを保ちつつその後の維持を図るとともに、新たに要求される事項への対応に配慮していくことが大切である。

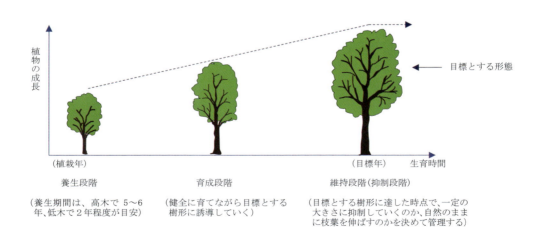

図4-3　樹木等の経年変化に対応した管理段階

2. 緑の管理計画
2－1．管理計画の考え方

　緑の管理計画は、緑の計画・設計で意図し、植栽された植物及び緑の空間を育成そして完成し、これを適正に維持していくために行う管理作業の計画である。

　植栽された樹木等は、一般に無目的に植栽されているわけではなく、緑の計画・設計の段階で検討された植栽の目的やそれに対応した意図があり、個々の樹木等もその目的・意図に応じた役割がある。植栽された樹木等が、目的とする緑の空間を形成するためには、計画・設計者の意図や目標とするイメージが正しく管理者に伝えられ、そのイメージする植物の形態や空間を形成・維持するための管理作業の内容が十分に検討され、それを作業現場に伝える仕組みが重要である。

　緑の管理計画では、計画・設計におけるそれぞれの植栽目的に応じた完成目標像を確認・検討したうえで、管理目標を定め、この目標を具現化するための個々の植栽地の管理内容及び管理工程等を検討することにより管理に係る計画の策定を行うものである。

　緑の管理においては、効率的かつ効果的管理を行うためには、主に以下のような基本的視点を踏まえて、管理計画を作成し、その計画にしたがった管理を行う。

①立地の空間条件（とくに植物の成長に対する空間的制約等）への対応

　管理対象となる植栽樹木等（とくに高木）が立地する植栽地には、樹木等の成長に対して十分に伸長、肥大が可能な空間と、樹木等が成長に際してさまざまな制約によりその大きさや形態に何らかのコントロールを必要とする空間がある。このように植栽樹木が立地している空間条件により管理の内容が大きく異なるため、管理計画段階において十分に確認・検討・調整を行っておく。

②植栽の目的・機能への対応

　一般に、植栽樹木は計画・設計で意図された緑の空間を形成する目的と、それを達成するための環境保全等の機能性への対応とその向上が期待されている。したがって、緑の管理にあたっては、この目的・機能を確認したうえで、植栽した樹木をひとまとまりの植栽地あるいは緑の空間としてとらえ、緑の計画・設計で意図する目標形態を形成し、期待する機能が良好に発揮される状態に育成・維持されるような計画立案が大切である。

写真 4-1　植栽の平面及び立面構成を踏まえて、将来どのような形態に育成するのか、目標とするイメージを検討しておく。

写真 4-2　植物の生育空間に制約がある場合は、樹木等の成長特性（形態・規模等）を踏まえて、コントロールの必要性を検討しておく。

また、植物の生育にとって最も重要な要件である植栽基盤は、その立地する地形の特性により、標準的基盤地のほか、切土造成地・海岸埋立地・施設跡地等とさまざまであり、それぞれの基盤条件には大きな相違と植物の生育上の課題がある。
　緑の管理にあたっては、このようなさまざまな環境特性を十分に踏まえ、それぞれの環境条件が植物に与える影響に対応した管理を行っていくことが大切である。

②植栽の目的・機能に対応した管理

　植栽は、対象地との関係において、植栽の目的が異なるとともに、これに対応して景観向上・レクリエーション・環境保全等の優先するべき機能を担う役割をもっている。一般に個々の植栽地は、複数の機能を有しているのが普通である。
　緑の管理においては、これらの目的・機能を確認し、それぞれの目的・機能が適切に発揮されるようにそれぞれの目的・役割に応じた管理を行うことが大切である。

③植物の特性に配慮した管理

　植物は、常に成長・変化していく生きた空間構成材料であり、萌芽・伸長・開花・結実等の季節的サイクルや、生きものとしての生態的特性をもっている。管理にあたっては、この植物の、生きものとしての特性を十分認識するとともに、個々の植物がもっている特性や経年変化に対応した管理が大切である。
　緑の管理の基本構成と基本手順は、図 4-2 に示すとおりである。
　緑の管理は、各種の作業の集合から成り立っている。その作業は、一般に緑の管理の基本方針や管理作業の内容及び工程等を計画する「管理計画」、そして現場において実際に作業を行う「管理作業」、また管理対象である植物の生育状態の確認や、生育不良等の必要に応じて生育診断を行い、その対策を検討する「管理調査」の作業に分けられる。
　なお、管理作業や管理調査の作業結果は、データ化し管理情報として蓄積することが望ましい。これらの情報は、必要に応じて管理計画等にフィードバックされるとともに、多様な状況や特殊な状況に対応できる管理情報として活用される。

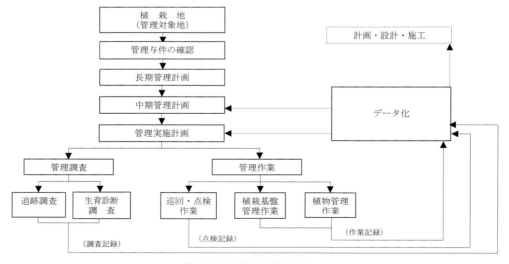

図 4-2　緑の管理の基本構成

第4章　緑の管理

　緑の管理は、緑地等を構成している植物の生育条件を整え、その形態や緑地空間の育成・維持・保全を図り、緑化の目的・機能を達成、維持することである。

　植栽した植物、つまりほかの場所から移植した植物が活着し、その場所の環境に馴染み、根を伸ばし、枝葉を広げるまでには一定の年月を要する。そして、立地環境に適応することにより個々の植物の特性に基づき成長し高木性の樹木は大木となる。その後、年を重ね老齢になるにしたがって活力が低下し、衰弱した形態へと変化していく。この、生きものとしての成長の変化を、立地環境の特性に対応して、健全にかつ適正に育成・調整を行い、個々の植物だけでなく緑地全体を微調整しながら快適な空間に作り上げることが緑の管理である。国土が狭く植物の成長が速いわが国において、緑との適切な付き合いを推進するためには、緑化の目的に対応した適正な管理が重要となる。

　本章においては、緑の管理の、基本となる考え方や具体的な管理作業の留意事項について解説する。

1．緑の管理の基本的考え方

　緑の管理は、植栽した植物の生育環境を整え、管理目標である将来の大きさや形態に育成・調整するために、植物の成長や形態を人為的にコントロールし、その生育や形態を維持していくことである。

　植物の日々の成長や形態の変化は、立地の環境条件やその変化に大きく左右される。つまり、植物の成長は、人為的にコントロールできる余地は少なく、立地の環境条件に応じた自然の成長に任せる部分が多い。すなわち、緑の管理においては、植物に現れる成長の変化を柔軟に受け入れつつ、必要最小限の人為的コントロールを加えて、植物の種々の相を活かした多様な目標像の構築とその育成と維持が大切である。

　緑化における植物の形態や空間作りは、植栽工事が完了した時点が完成ではなく、そこから目標とする植物の形態や空間に育成・調整する作業が始まるのである（造園の分野では、「作り半分、育て半分」という）。そして、目標とする形態や空間に到達した後も、時代のニーズに適応させつつ維持・調整し、そして再生・更新を行っていく。このように、緑の管理とは完了の無い作業である。

　緑の管理の推進は、以下に示す基本事項を十分に認識したうえで行っていくことが大切である。

①植栽地の環境特性に配慮した管理

　一般に、植物の生育は植栽地が位置する場所の気象・地形等の自然的環境特性や、植物にさまざまな影響を与える人為的環境特性によって大きな影響を受けている。

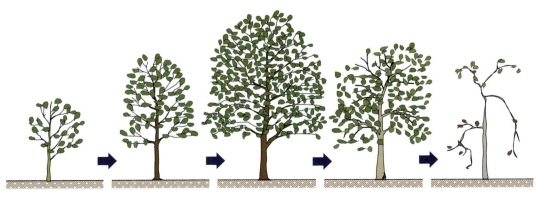

図4-1　樹木の成長・老化のライフサイクル

第4章 緑の管理

第3章　引用・参考文献

1. Gary.O.Robinette：Landscape Planning for Energy Conservation、1983、Van Nostrand Reinhold.
2. Theodore.D.Walker：Planting Design、1991、Van Nostrand Reinhold.
3. Norman.K.Booth：Basic Elements of Landscape Architectural Design、1983、Elsevier Science Publishing Co,inc.
4. Henry.F.Arnold：Trees in Urban Design、1980、Van Nostrand Reinhold.
5. ル・コルビュジェ／坂倉準三訳：輝く都市、1968.12、鹿島出版会
6. 丸田頼一：環境緑化のすすめ、2001.3、丸善㈱
7. ケヴィン・リンチ／丹下健三・富田玲子訳：都市のイメージ、1968.9、㈱岩波書店
8. ㈳日本造園学会：環境を創造する、1985.5、日本放送出版協会
9. 吉村元男：都市は野生でよみがえる、1986.5、㈱学芸出版社
10. 内野久美子：植物の力、2002.8、勉誠出版㈱
11. 只木良也編著：みどり－緑地環境論－、1981.1、共立出版㈱
12. 堀繁・斎藤馨・下村彰男・香川隆英：フォレストスケープ（森林景観のデザインと演出）、1997.4、㈳全国林業改良普及協会
13. 京都造形芸術大学編：ランドスケープと環境保全（ランドスケープデザインVol.2）、1999.5、㈱角川書店
14. 京都造形芸術大学編：ランドスケープ空間の諸相（ランドスケープデザインVol.4）、2000.5、㈱角川書店
15. 吉村元男：ランドスケープデザイン（野生のコスモロジーと共生する風景の創造）、1995.2、鹿島出版会
16. 進士五十八・鈴木博之・中村良夫・内井昭蔵・オギュスタン・ベルク：新作庭記、1999.8、㈱マルモ出版
17. ヤン・ゲール／北原理雄訳：屋外空間の生活とデザイン、1990.3、鹿島出版会
18. 小形研三：業楽一体、1988、日本造園タイムス社
19. 日本農業技術懇談会：環境緑化の実際、1975.3、㈱兼商
20. 篠原修：篠原修が語る日本の都市その伝統と近代、2006.3、㈱彰国社
21. 進士五十八：緑のまちづくり学、1987.4、㈱学芸出版社
22. 進士五十八：アメニティ・デザイン、1992.6、㈱学芸出版社
23. シビック・ランドスケープ研究会：シビック・ランドスケープ（公共空間の景をデザインする）、1997.5、㈱公害対策技術同友会
24. ㈳日本造園学会：ランドスケープ大系第3巻ランドスケープデザイン 1998.11、技報堂出版㈱
25. 上田正昭：森と神と日本人、2013.8、㈱藤原書店
26. 久保貞監修・都市設計研究会編：都市設計のための新しいストラクチャー、1979.2、鹿島出版会
27. 石川幹子：都市と緑地、2001.1、㈱岩波書店
28. 戸沼幸市編著：「生命の網目都市」をつくる－その哲学と手法、1995.11、㈱彰国社
29. 佐々木葉二・三谷徹・宮城俊作・登坂誠：ランドスケープの近代、2010.12、鹿島出版会
30. ガレット・エクボ／久保貞・上杉武夫・小林竝一共訳：風景のデザイン、1986.4、鹿島出版会

生育も緩慢となりやすい。これを前提とすると、のり面空間への木本類の導入は、切土では種子吹き付けが望ましく、盛土については、苗木等の植栽が望ましい。成木の導入は、のり面の勾配や基盤の安定を十分に考慮して検討するべきである。
　配植にあたっての、主な留意点として、次のような事項が考えられる。

- 一般的にのり面では、のり肩では風致的な植栽を行い、中腹からのり尻にかけては植物の種子が落ちて自然に生えてきたように配植すると、自然風な景観を作ることができる。
- のり尻からのり肩に向かって、樹木の規模が大きくなる形が望ましいので、高木を使用する場合中腹からのり肩にかけた配植が適切である。
- 整形的な構成にする場合、低木を刈り込んで植栽するのが適切で、その場合樹種の違いによる変化を作るのも一つの方法である。
- 高木は、幹が目立つため枝下の短いものが適切である。
- のり尻を自然植生的な構成にすると、自然的なイメージが高くなる。
- 長大なのり面では、のり肩から中腹方向へ、灌木を大小の波状模様に配すると、広がりと奥行き感を演出することができる。
- 都市部や建物周りののり面においては、低木や地被植物を利用した意匠的な植栽が適合する。

写真 3-164　のり面全体に低木の大刈込みを行い、部分的に樹種を変え変化を演出している。

写真 3-165　長大のり面の特性を活かして、低木の大刈込みにより華やかさを演出している。

写真 3-166　緩斜面に高木を植栽するとともに、ササの導入によりのり面の安定を図っている。

写真 3-167　自然石の石組を導入すると、全体景観を引き締めるのに効果的である。

(7) のり面空間

のり面空間の植栽は、植物でのり面を被覆して、美的修景を図るとともに、のり面の雨水による浸食や崩落の防止を目的とするものである。

のり面空間は、地形との間に生じるギャップを処理するため形成される切土・盛土のり面や、自然地形としての斜面地等がある。このり面空間は、都市の防災上重要性の高い空間であるとともに、都市景観の形成上からも目につきやすい修景ポイントとなることが多い空間である。

1) のり面空間の特性

自然地形によるのり面は別として、造成によるのり面の土工定規は土木的には確立されていて、切土は土質・岩質によって1：1かそれよりきつい勾配で、盛土は1：1.8の勾配で造成される場合が普通である。この切土の勾配では、植栽は不可能であり、通常は種子を吹き付ける植生工で対処せざるを得ない。盛土でも、植栽には編柵等の対応が必要となる。つまり、のり面空間に、植栽を行うためには、のり勾配をできるだけゆるくするための検討が重要な課題になる（欧米では一般に、1：4あるいは1：6の勾配を使う）。そして、のり面の形態を周辺の地形等に馴染ませるためのラウンディングやグレーディングの検討も望まれる。なお、傾斜面は、凹形状になっていた方が景観的に美しく見える。そしてのり面は、容易に登れそうに見えた方が快く感じられる。このほかに、気象的な課題もある。のり面は、一般に日照も風も遮るものが無く、直射日光・高温に耐えきれない植物や、強風に強制的に蒸散を促されて水不足になったり、寒風による凍害も生じる。また、地下水脈の滞水が大きな問題となる場合がある。

2) 植栽の考え方

のり面空間の植栽には、自然地に主に適用される自然植生タイプと、都市地に適用される修景植栽タイプがある。のり面において植栽を行うためには、植栽基盤であるのり面が侵食や崩れに対して安定していなければならない。不安定な基盤や不安定になる可能性があるのり面上では、植物は良好な生育はできない。不安定なのり面に、無理に植栽を行うと後でのり面が崩れるばかりでなく、大きな災害を引き起こす場合もある。この植栽基盤は、のり面に導入される修景植栽が草本主体か木本主体かを考慮して検討される。のり面空間に導入された植物の生育状況を見ると、一般的には草本はおおむね良好である。木本は、種子吹き付けの場合は、生育は良好で根系の発達もよい。苗木の場合は直根があまり伸びないことが多いので、地上部に対して地下部が貧弱である。成木の場合は、根の発根が思わしくなく地上部の

写真 3-162　自然進入してきた在来樹種を選択管理して、周囲の植物と一体的景観を形成している。

写真 3-163　のり面中腹からのり肩部に針葉樹を群植して個性的な景観を創出している。

（6）駐車場空間

駐車場空間の景観形成は、車の動線に留意して周辺の環境に調和した駐車空間を作ることである。そのためには植栽により、駐車された自動車を立地環境にうまく溶け込ませるよう工夫をするとともに、駐車場そのものも周囲の環境に同化するように、全体の修景が大切である。また、夏季の車内の、気温上昇を抑える緑陰効果機能にも配慮する必要がある。配植にあたっては、主に次のような点に留意する。

- 緑陰樹となる高木は、樹冠の位置が高く、枝張りが大きいものがよい。落葉樹の方が適している。
- 駐車場内で、視線を遮蔽すると、駐車場の状況を把握しにくくするため避けた方がよい。
- 駐車場の周辺部は、空間に余裕がある場合、周辺への修景や調和に配慮して低木と高木を組み合わせた植栽を行う。中木は、視線を遮蔽しがちなため使用する場合は注意する。
- 駐車場の入口部分は、所在を明確にするために、変化のある植栽や高木を用いて行うのがよい。
- 駐車場内部の緑地帯は、高木と芝生等の地被植栽の組合せにして、中・低木植栽を行わない方が空間の広がりが出てよい場合が多い。また、樹種の変化により、駐車位置を把握しやすくできる。
- 建物等に近い利用頻度の高い部分では、シンプルで人工的な植栽で舗装もハードとし、利用頻度の低い部分や駐車場の周縁部では自然風な植栽で舗装もソフトなものとする区分方法も有効である。

写真 3-158　造成地の駐車場を、芝生のり面とのり肩部分への高木植栽でシンプルに行っている。

写真 3-159　建物に近い駐車場の場合、刈込み樹形の植栽は、景観形成上優れた演出である。

写真 3-160　駐車場に高木を導入する場合、枝下の高い樹種が望ましい。

写真 3-161　既存樹木を活用した駐車場の場合、周辺風景と馴染み効果が大きい。

③池・沼空間

　池・沼等の景観形成を検討する場合、三つの異なるエリアへの対応が必要となる。一つは水面エリアで、ここでは水生植物を導入するかの検討である。二つ目は水際エリアで、ここでは護岸の形態や植栽、そして親水機能への検討である。三つ目は周辺エリアで、ここでは背後地として池・沼の景観と調和した景観構成が検討の対象である。ここでは、主に水際エリアを対象として解説する。

　水際エリアにおいては、基本的に乾燥した対象地のデザインと、湿潤な対象地のデザインがある。

　乾燥した対象地の技法としては、水際線を明確なラインで構成し、芝生等の地被植栽を行う方法が一般的である。舗装により直線的な処理を行ってもよい。水に直接接したり、水辺で休息したりするにはこのような方法が最も適切であるが、やや人工的なイメージに陥りやすい。湿潤な対象地の技法としては、水際線に水生植物を使用し、自然植生の状況を再現する方法で、景観的には、最も自然風なイメージになる。ただし、水辺においては、人が接近しにくくなることから留意する必要がある。なお、水際線に接して、高木を独立して植栽すると、ポイント的効果があり有効であるが、植栽方法に注意する必要がある。

写真 3-154　芝生地が直接水際線に接する構造にすることで、柔らかいラインを形成している。

写真 3-155　芝生の水際のり面ののり肩に高木を配し、景観に陰影を与えている。

写真 3-156　芝生の水際ラインと、水生植物の自然風の水際ラインが、景観に変化を与えている。

写真 3-157　細長い湿潤地全体を、水生植物で演出して、日本的な湿地風景を作っている。
（明治神宮菖蒲田）

緑と緑化

②有堤河道

　有堤河道は、掘込河道と異なり、河川と居住地空間との間に堤防という「境界」が存在する。有堤河道の緑化は、土地に余裕のある場合には、堤防側帯に盛土を行い、高木を含めた植栽を行うと、堤内外の視覚的なつながりを確保するうえでも、また、河川空間の独立性を高め緑豊かな空間にするうえでも有効である。こうした堤防植栽、特に堤防並木は最も一般的な伝統技法の一つであり、単純ではあるが水辺の演出への効果は大きい。都市域にある水及び水辺は、人々に安心感を与えてくれる存在なので、できるだけ水辺らしさを感じさせる環境の保全と修景緑化が望ましい。

　都市河川の場合、堤防にパラペットウォールのある場合が多い。このパラペットウォールは、コンクリート壁として堤内・堤外の空間を大きく遮断し、視覚的にも非常に無機的な印象を与える。これを解消する手段としては、パラペットウォールと遊歩道を一体整備したうえで、高木・低木・つる性植物等により河川空間の緑化を図る方法や、パラペットウォールの裏に植桝を作って高木とつる性植物によりパラペットウォールを直接緑化する方法等がある。

第3章　緑化の実践技術

写真 3-150　花見の群集による堤防の荷重沈圧を期待して植えられたサクラ。

写真 3-151　堤防側帯への盛土部に、線的な緑地空間の形成は、都市景観上有効である。

写真 3-152　隣接の自然地と一体感な緑化堤防の造成は、風景的にも有効である。

写真 3-153　既存木の活用は、地域の生態系の保全や良好な景観の形成に有効である。

2) 空間区分別植栽の考え方
①掘込河道

　掘込河道は、堤防のない川のことで、中小の都市河川で多く見られる形であり、治水上の要請から河床は深く掘り下げられ、管理面からフェンス等で囲まれ、無機的な様相を呈するものも少なくない。こうした河川空間に、植栽を行うことで「川らしさ」を演出するとともに親水性を象徴的に表現し、都市の線的な「自然」を充実させることが、掘込河道ののり面・のり肩への植栽の課題である。そのためには、河川管理上無理のない範囲で植栽スペースを確保し、適合する植物を選択する必要がある。配植技法としては、水と緑の視覚的一体化、つまり水と緑が同じ視野に入るようにする。日本庭園には「流枝（なげし）」という伝統技法（幹を水面に傾斜）があり、両者の視覚的な一体化をはかり、水と陸とを自然に結び付ける効果が期待されている。そしてその植栽は不自然でなく水辺の生態学的合理性に合致したものを目指すべきである。これらの処理は、現行植栽基盤の範囲では難しいが、例えば計画水位以上の河岸にのり面をつけて、植栽基準の範囲内で芝や低・高木を植栽する。あるいは、枝張りのよいサクラ等を枝が水辺にかかるように植栽し、樹冠下（河川と樹木の間）を歩行できるようにするなどの方法が考えられる。

写真 3-146　掘込ののり面に切り土により小段を設けて、植栽地を確保している。

写真 3-147　のり面上部に並木植栽を行って、街路樹との一体化を図っている。

写真 3-148　隣接地に植樹帯を確保して、掘込河道の無機質な様相を緩和している。

写真 3-149　水辺に越流遊歩道を設け、植栽を行うことにより周辺環境との一体感を演出する。

(5) 河川空間（池・沼空間を含める）

河川空間は、その川の立地する地象等による規模や流況、そして流域の歴史・文化などにより、その個性が形作られる。この河川空間は、古来から人間と自然との共生の場であり、長い時間をかけて洗練されてきた空間でもある。日本の河川の特徴は、年間の水位の上下が著しいので、護岸の多くを固い材料で形成せざるを得ない。景観形成においては、このことを前提としつつ、河川及び水辺を生活環境の面からとらえ直し、都市生活にうるおいをもたらすものとして再生・活用していくことを目的として治水上の安全対策に配慮しつつ、河川のもつ水の表情（川床・河床がつくる水流の表情、水際がつくる水辺の表情、水面がつくる多様な変化）等の水辺本来の豊かな特性を見極め河川空間の景観形成を行っていくことが大切である。

1) 河川空間の景観特性

河川空間の、景観特性を把握するための基本的要件は、以下のとおりである。

①河川幅

河川は、川幅が100mを超える大河川であるのか、10m以下の中・小河川であるのかで、河川としての性格は大きく異なる。河川対岸の、人の活動や表情が認識でき両岸に一体感がもてる河川では、むやみに河川を囲い込まず開放的な植栽により居心地のよい空間形成が可能であるが、茫洋とした大河川の場合には、植栽による囲まれ感・拠り所・分節などの検討が望ましい。

②断面形状

単断面か複断面であるか、あるいは掘込河道か有堤河道であるかで、その景観的特性は異なる。単断面の掘込河道の場合、河川だけでは空間を囲い込む景観的要素がなく、また河床が掘り込まれて水面まで5m以上もあるようなケースが少なくない。こうしたケースでの植栽は、いかに河川空間としてのまとまりを作り出すか、そして水との一体感を生み出すかがポイントとなる。また、複断面の有堤河道では、その河川幅に応じて囲繞感・拠り所・親水などに配慮した植栽デザインの考えが望ましい。

③都市・地域内での位置付け

都市や地域内での河川の地理的な位置や、人々とのかかわりの歴史（例えば、掘割なのか用水なのかなど）によっても河川空間の特性や性格は違ってくる。河川は、地域のさまざまな歴史の断面にかかわってきており、歴史を象徴する存在としての価値が大きい。そのかかわりの軽・重によって、都市・地域内での位置付けが異なる。植栽デザインを行う時、それらへ十分な留意が大切である。

写真 3-144　河川内の既存樹林地（島等含む）は、河川と一体となって風土的風景を形成する。

写真 3-145　小河川らしい水際との一体感と、既存木の活用が個性的な景観を作り出している。

②集合建物周辺

　集合建物である集合住宅地の空間は、共同庭園的な空間である。その住宅に居住する特定の人々の空間であり、公と私の中間的な空間である。外周部の植栽と敷地内の公園・プレイロットの植栽は、公園空間の緑化に準拠してとらえて差し支えないが、住民の長年にわたる生活空間となるので、年齢構成の変化に留意しておく必要がある。集合住宅地の緑化は、共同庭園として居住者にとって美しく快適な空間として形成されているとともに、周辺地域の人々にも外部から住宅地全体を美しく見せる配慮が大切である。

　ここでは住棟間の植栽について主に説明するものとする。ただし、集合住宅の空間は、全体を一体として景観形成を図る必要があり、空間全体の統一感が得られるような配慮も大切である。

　住棟間の景観形成を行うための配植にあたって、主な留意点は次のようなものがある。

ア．低層集合住宅

　低層集合住宅の場合、住棟間の距離が短くなるので、住棟間を有効に利用しようとした場合、住棟に近接した部分に植栽を行う。この時、住棟の南側には落葉樹を中心に用い、北側には常緑樹を中心に用いるのが、内部空間への日照の確保のために適切であり、また、冬季においても一定の緑量を確保し、季節的に変化のある景観を形成するうえでも適切だといえる。また、外部空間からの景観、および内部空間のプライバシーの確保に留意する必要がある。

イ．中層集合住宅

　中層集合住宅は、住棟の配置において最も単調な景観になりやすい。そのため植栽は、できるだけ変化に富んだものが望ましく、地形の変化に整合した高・中・低木により構成された庭園的演出が適切な場合が多い。近年は、駐車場の割合が高く設定され、住棟間空間が駐車場に多く使用されるが、この場合は駐車場内の植栽との連続性を確保して、全体として景観の一体化に配慮することが望ましい。

ウ．高層集合住宅

　高層集合住宅の場合、住棟間の距離は長く取られるので、まとまった面積の空間が発生するが、住棟による圧迫感が強いため、快適に休息や散策ができる空間づくりに留意する。また、住棟の上層部から、大きな俯角によって眺められる機会も多いので、平面的な構成についても配慮しておく必要がある。また、中心部には、大木によるシンボル植栽のゾーンを設けると、空間を引き締めるうえで効果的である。通路や広場等の空間には、植栽桝への植栽等が住民の利用に整合する。

写真 3-142　中層住宅の住棟間緑地は、園路と調和する植栽により、変化のある景観を形成する。

写真 3-143　高層住宅は、住棟の圧迫感緩和のために周辺部に高木を配し、中央部に広場を確保する。

緑と緑化

- 建物の周囲に単一樹種の高木を取り囲むように植栽すると、建物を象徴的な存在として演出できる。また、人々が集まりやすい空間を生み出すシンボル性の高い大木の効果もある。
- 建物の前面に特異なデザイン、珍しい樹種の植栽を行うと、建物の存在が印象的なものとなり、同時に建物の正面性を明確にできる。
- 建物が、L字形やコ形に屈曲している部分の隅に植栽すると、ファサードの圧迫感を和らげられる。
- 建物に中庭がある場合、そこに植栽して庭園的な空間を演出できれば、訪問者に意外性を与える魅力的で印象的な演出だといえる。
- 建物の前面に、建物内部からの視線のために庭園的な空間を植栽により作る場合、外周部から建物への視線に対しても十分に配慮する。
- 公園内等の建物の場合、建物の存在を強調しないためにファサードなどの印象を和らげる必要があり、前面への高木植栽の効果が大きい。

写真 3-138　高木を前面に植栽すると、建物の自己主張を和らげ空間全体が調和したものとなる。（世田谷美術館）

写真 3-139　背の低い樹木を一体的に配すことにより、建物の量感へのバランスをとっている。

写真 3-140　建物の全体につる性植物を組み合わせ、変化のある緑景観を形成している。

写真 3-141　建物のファサードに芝生を植栽して、圧迫感を緩和し明るい景観を創出している。

2) 空間区分別植栽の考え方
①一般建物周辺

ここでの一般建物とは、敷地に一つの建物棟があるものを指す。緑化の対象は、その周囲を取り囲む空間である。この空間の景観形成を行う場合の植栽の配植にあたって、主な留意点は次の通りである。

- 原則として、建物に接してあまり大きな樹木は植栽しない。建物内を暗くするだけでなく、通風を悪くし、木造建築の場合その寿命をも短くすることがあるからである。また、樹木が成長すると、風により建物と樹木が接触し、双方に被害を与えることになる。
- 建物に接して植栽を行う場合は、腰植といって建物の腰回りに、低木を中心として窓際の下線より高くならないように低く植栽する。
- 建物の背景となる背景植栽を行う場合は、建物より高くなければ意味がないので、大径木となる樹木を用いる必要がある。対象となる建物のフォルムを、周囲の建物のフォルムの影響から切り離したり、建物の存在に落ち着き感を与え、建物の背後の距離感を増幅できる。この場合、常緑樹を主体とする。
- ファサード（建物正面の外観）を、植栽により緩和して、景観的にソフトなイメージを演出する場合、内部空間からの視線、外部空間への透過を考慮して、あまり密植しないように注意する。
- 建物の両側の近くに枠付的な植栽を行うと、建物周辺に多様性を与えられる。枠付的な植栽は、高木を中心とした小さな植え込みを添えるもので、位置の選び方・中心木の高低・樹冠の形状によって建物の外観にいろいろな影響を与える。建物の水平な広がりを強調しない時には、直立性の枝張りの小さい高木を建物の両側の外側の位置に配するのがよく、建物の高さを強調したいときには、両側の内側・前面に枝張りのある中高木を配すると効果的である。
- 建物の外観に縦方向のパターン的表現がある場合、植栽をこのパターンに対応させると空間の一体感を創出できる。
- 建物の前面のアプローチ部分に空間的な余裕がある場合は、2列の列植によりビスタを強調したり、玄関部の周辺に植栽して玄関を強調し、建物の入口を明確にできる。

写真 3-136　建物の周囲を低木と芝生で建物の影響を緩和させ、背景に高木を群植して全体のバランスを取っている。

写真 3-137　建物を包み込むように、周囲の緑との一体感を形成させることにより、潤いのある空間が形成される。

（4）建物周辺空間

建物の周りを取り囲む屋外スペースは、建物と互いに関連し合う連続した空間である。

建物周辺空間の緑は、防風・防火・気象の緩和等の機能や、建物の内部への視線を遮蔽したり、建物の敷地を動線的に分割し、野外空間の形成や敷地の境界を明確にする物理的な機能がある。景観面の機能としては、建物自体を自然の秩序の中に組み込み風景に融和させたり、風景を建物に閉じ込めたりする作用がある。つまり、無機的な素材により構成される建物を植物により修景して、景観的にソフトなイメージにしたり、建物周辺の空間に象徴性をもたせ、シンボリックな空間とする働きもある。

1）建物周辺空間の特性

建物周辺の空間の特性は、建物を取り囲む空間、あるいは建物に取り囲まれる空間というように、常に建物との関連の中で空間の景観が形作られている。そして、外部空間から建物の外観を見る場合の景観と、建物の内部空間から外部空間を見る場合の景観という、2面的な空間の捉え方が存在する。

また、建物内部から、外部への景観形成に貢献する場合もあり、特に庭園にこのような機能をもつものが多い。建物周辺の空間に十分な面積がある場合は、植栽により独立した空間として性格付けすることも可能で、このような場合は空間的には公園空間に近いものとなる。

写真 3-132　水平的な広がりの強い建物の場合、円錐形の樹木の使用は効果的である。

写真 3-133　建物の両側に枠付植栽を行うことにより、建物のボリューム感が抑えられる。

写真 3-134　建物の周囲を高木で取り囲むと、建物を象徴的に演出できる。

写真 3-135　建物の内部から外部空間をどのように見せるかは十分な検討が大切である。

②都市広場

都市広場には、公開空地やポケットパークのような閉鎖的なものと、歩行者専用道路あるいは歩道が拡大した開放的なものがある。

ア．閉鎖的な都市広場

業務地区や商業地区における主に休息のための空間である。シンボリック性をもつとともに、休息の場としての静かな落ち着きのある空間とする。配植にあたって、主な留意点は次の通りである。

- ある程度、閉鎖性のある囲まれた空間とする。
- 高木は、細かな枝葉をもつ樹木の配植を基本とし、魅力的で洗練したイメージを演出する。
- 自然感・季節感のあるものとし、都市のオアシス的なイメージとする。

イ．開放的な都市広場

休息の場であるとともに、通過動線が混み合う空間である。配植の主な留意点は次の通りである。

- 見通しがよいことが必要なため、遮蔽的な植栽はできるだけ避ける。
- 高木は、舗装面への植桝植栽が効果的である。また、低木は動線の障害にならないようにする。
- 整形的なイメージ、あるいはシンボリックな演出が適している。

写真 3-128　彫刻と幹の美しい樹木を組み合わせることにより、明るい空間を演出している。

写真 3-129　枝下が高く枝葉の小さい樹木を使用することにより、明るい空間を形成している。

写真 3-130　多面的な利用に留意しつつ、植栽により広場の領域感を確保している。

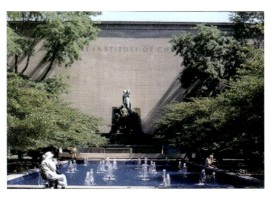

写真 3-131　モニュメントを主体とした修景広場として、絵画的な空間を演出している。

2) 空間区分別植栽の考え方

①駅前広場

駅前広場は、構造的に平面的なものと、ペデストリアンデッキによる立体的なものがある。

ア．ペデストリアンデッキ

ペデストリアンデッキのある広場は、上部と下部の二つの空間によって構成される。上部は人工地盤のため高木の導入が難しい場合が多く、下部は日照が不足しがちで植栽が困難な場合が多い。

配植にあたって、主な留意点は次の通りである。

■上部空間
- 高木をできるだけ導入できるように、デッキの設計時においてその構造を調整・工夫する。
- 植桝が、舗装面から大規模に立ち上がるのは、人工的なイメージが強くなるので、植栽地の構造やそのデザインに留意する。
- デッキの側面は、景観的に目立つのでつる性植物等により壁面緑化を行うのもよい。

■下部空間
- 下部の植栽地においては、高木の導入を検討する場合、日照が不足しがちなため上部空間に樹冠が突出するような配植構成を検討することも有効である。
- 日照が得られる部分には、集中的に植栽を行うが、遮蔽的な配植はできるだけ抑えた方がよい。遮蔽性が高くなると、上方への空間的広がりがデッキによって制限されているため、閉鎖的な狭苦しいイメージになってしまう。

イ．平面的な駅前広場

平面的な駅前広場は、バスターミナル・タクシー乗場等の交通施設が集中し、歩行者の通行量も極めて多く動線の方向も多様である。配植にあたって、主な留意点は次の通りである。

- 緑陰樹による植桝への植栽が整合しやすい。
- 動線の遮断が必要な部分は、植桝による低木植栽が適切である。
- 街の玄関等になるので、シンボリックな植栽を中央部に検討するとよい。
- よく管理された整形的なイメージが適合しやすい。
- 樹種は、ある程度制限し、統一感のある整然としたイメージとする。

写真 3-126　ペデストリアンデッキにおける低木の刈込みとハンギングバスケットによる演出。

写真 3-127　一体にデザインされた床面とモニュメントに、円錐形の樹木で統一感を演出している。

（3）広場空間

広場空間は、都市施設が集積する都市空間の中で人々がストレスフルな環境から逃れて休息できる都市のオアシスであり、人が集まり人と人をつなぐ都市の庭である。

広場は、隣接する道路や周辺の都市施設との利用と景観構成の相乗効果を生むように、人々の都市活動とのかかわりの中で、有機的で効果的な配置や空間のデザインが大切である。

景観形成にあたっては、広場設置の目的や利用者の行動、周辺の土地利用等を勘案し、植栽を含む修景施設や休養施設を適宜配置するとよい。

1）広場空間の景観特性

日本の広場空間は、主として街路型広場が多いので、人々の通行や回遊動線に十分留意して、人々を集め生き生きとした都市生活が営める場所として機能が発揮されることが大切である。そのためには、街路と広場の間の移動をできるだけ容易にして、街路からできるだけ見通せるように、また近づきやすくすることが望ましい。そして、植栽や床の素材を工夫して、安全性と快適性を計画的に演出する。

写真 3-122　中心市街地の広場は、街を訪れる人々に一時のうるおいと休息の場を与える。（丸の内ブリックスクエアー　一号館広場）

写真 3-123　広場は、人と人のコミュニケーションを生み出す心地よい領域感が大切である。

写真 3-124　居住地周辺の小広場は、地域の人々の交流空間としても大切である。

写真 3-125　ビジネス街において、緑の広場空間はビジネスマンの憩いの場である。

④入口空間

　公園の入口部分は、入口をわかりやすく、魅力的なイメージを演出して心理的効果により人々を引き込むなど、公園に入りやすい雰囲気を演出する工夫が大切である。

　配植にあたって、主な留意点は次のとおりである。

- 公園の周辺から入口の所在をはっきり確認させるためには、高木を植栽したり、花木を用いたりする方法がある。
- 花壇や花の咲く低木植栽を、入口の前面に設け、視線の誘導を作る手法も効果的である。
- 入口から、公園の内部が奥の方まで見通せない方が、利用者の好奇心を刺激し、人を引き込む効果がある場合がある。このような場合は遮蔽的な植栽を視線に留意しつつ効果的に行う。
- 上記の効果とは逆に、入口部分から直線的な高木の列植によるビスタ（見通し線）を通すことにより、人を引き込む効果が得られる場合がある。ただし、この手法は公園の規模が大きいときに有効だといえる。

写真 3-118　入口として、分かりやすく入りやすい工夫が大切である。

写真 3-119　芝生地と花壇により視線の誘導と入口としてのイメージを演出している。

写真 3-120　周りと異なる樹形の植物を配することにより、入口としての視認性を高めている。

写真 3-121　高木の列植により、ビスタを強調して、引き込み効果を高めている。

- 園地の内部に園路がある場合、円柱状の樹形の高木で列植すると、視線の誘導効果が大きく効果的な場合がある。
- 園地の内部に、単一樹種の高木で疎林を作ると効果的な場合がある。この時、グリッド（格子状）植栽の手法を用いてもよい。また、密植の部分やオープンな部分を内在するのもよい。

イ．舗装園地の場合の主な留意点
- 舗装パターンと植栽に、整合性をもたせる。
- 園地の周辺部は、植桝等を設けて、整形的な処理を施すと効果的で、低木は刈り込んだ樹形が適している。
- 園地の内部に植栽する場合、グリッド（格子状）植栽が適しており、この場合単一樹種の高木を用い、支柱等のデザイン・材質にも注意する。
- 広場全体をグリッド（格子状）植栽とし、中央部に植栽しない部分を設けて園地とする手法もある。
- 園地の中央部に大木のシンボル植栽を行う場合、植桝を設けることが多いがデザイン的には必ずしも必要ない場合があるので注意する。

写真 3-114　グリッド植栽を行う場合、同一樹種・形状の枝下の高い高木が適している。

写真 3-115　建物の前庭となっている舗装園地の場合、広場と植栽地のメリハリに留意する。

写真 3-116　グリッド植栽は、枝下が高い樹木を活用して樹幹を見せるデザインが効果的である。

写真 3-117　芝生と舗装のデザインをする場合、樹木は背景的にするかポイント的がよい。

③園地空間

　園地空間は、人々の交流の場であるとともに、休憩・集い・催事等の多目的な利用の場である。

　園地空間における植栽は、その空間を構成する要素であるとともに、緑陰・鑑賞・修景・象徴等の機能をもっている。この園地の中の園路は、空間の中を横断させるより縁に沿って配置する方が、移動の体験が豊かになる可能性が高い。また、人々が好んで時を過ごすのも園地の縁エリアである。園地の縁である外周部は、背後が保護されている一方で広い空間を見晴らすことができる安らぎの場でもある。

　植栽の構成においては、広い園地等であっても多種の樹種を持込むよりもできるだけ種数を少なくして、統一感のある淡白な趣きが好まれる場合が多い。

　園地としての広場空間は、芝生等の地被植栽あるいは裸地のものと、舗装したものの2つに分けて考える必要がある。

ア．芝生等の地被植栽あるいは裸地の園地の場合の主な留意点
- 園地周辺は、林縁部の構成を自然風な植栽とし、平面的な構成も凸凹のある自然的な配植とする。
- 園地の中央部に植栽する場合、シンボルとなるような規模が大きく樹形の整った高木を独立木として植栽するか、数本を組み合わせて植栽する。この時、中・低木は用いない。

写真 3-110　園地周辺である林縁部には高木植栽を行い、守られている安心感を与える。

写真 3-111　園地が単調な場合、宿根草植栽などが変化をもたらす。

写真 3-112　園地の中央部に枝下の高い針葉樹の木立を配置すると、個性的な空間となる。

写真 3-113　園地の一部に疎林を作ると、広場と疎林内の明暗のコントラストが演出される。

②縁辺部空間

　公園の縁辺部の植栽というと、一般に防音・防風等の遮蔽的な機能が重要視されるが、周辺の土地利用状況によっては、周辺地区への修景的サービスに配慮した景観構成を考える必要がある。

　一般に、公園の縁辺部が視覚的にも物理的にも周辺地区と分離した状態になっている場合、公園は都市から切り離された独立空間となる。逆に、縁辺部を外の歩道等にオープンなものにすると、道路利用者の利用を促すとともに、景観的にも公園は周辺地区に奥行きのある広い空間として貢献できる。しかし、基本原則の一つとしては、周囲からの視線への対応として、公園としての輪郭を隠してその神秘性を一目で全て見透かせないような配慮も大切である。

　縁辺部空間の植栽の配植にあたって、公園内部からの景観を主体に考えた場合と、周辺地区への修景的なサービスを主体に考えた場合について、留意点を整理する。

ア．公園内部からの景観を主体に考えた場合の留意点
- 縁辺部空間の植栽は、公園内部から眺めた場合、遠景のスカイラインを構成する重要な緑となるため、ほかの樹木より高くそびえる大径木となる樹木をできるだけ用いる。
- 公園内の施設の背景になるため、背景効果の高い樹木を用いる。
- 公園の外周に近づくにつれ規則的な配植とし、公園の内部に向かうにつれ徐々に不規則な配植に変化させ、内部植栽との違和感がでないように配慮する。
- 林縁部は、公園の内側に対して自然風な植栽構成とする。

イ．周辺地区への修景的サービスに配慮した景観構成を考えた場合の留意点
- 地区の都市観の形成上からは、周辺地区から公園の内部の状況が見通せる方が望ましいので、遮蔽的な密植は行わないようにする。具体的には、中・低木の使用はできるだけ控え、樹冠の高い高木を主体に用いる。
- 公園と周辺部の街並みが分断されるのは基本的に望ましくないので、公園に接する道路と自由な動線が確保されるような構造が望ましい。
- 公園と周辺地区を遮蔽する必要がある部分は、公園の外側に対しても林縁部に関して自然風な植栽構成とする。

写真 3-108　縁辺部は、高い樹木により良好なスカイラインの形成とともに、自然風な配植で内部景観と馴染みのよいものとする。

写真 3-109　縁辺部を街路と一体にして、植栽も枝下の高い高木により、人々の視線をオープンにして周辺空間と連続させる。

イ．曲線的な園路

　曲線園路は、人の歩速や歩き方に影響を及ぼし、ゆったりとした瞑想的な気分を演出する。園路の曲率は空間のスケールに比例させるとよい。つまり、視野の広い所では曲率をゆったり、狭い所では小刻みに曲折させて空間に変化を生み出す。

　曲線的な園路の植栽は、自然的なイメージを演出するのが一般的である。

　配植にあたって、都市部の公園と郊外の公園の場合に分けて主な留意事項を整理する。

■共通の留意点
- 高木の樹幹の下を通り抜けるトンネル効果と、開放的な空間を通過する効果を組み合わせて変化のある園路となるようにする。
- 園路に近接する林縁部は、地被植物・低木・中木・高木の順序で構成し、自然風のイメージとする。
- 園路の形状により、通行のショートカットが予想される部分には、低木植栽を行いこれを防止する。
- 樹形は、自然的なものを用い、樹木の大きさも変化させる。
- 樹種は、多様なものを用い、その特性に応じた配植により効果的に演出する。

■都市部の公園における留意点
- 公園外部から、公園への視線の遮蔽を少なくし、開放的な空間が望ましいため、低木・中木の使用は最小限にし、使用する場合は効果的にポイント的な配植を行う。
- 利用者の中に、公園内の通過を目的としている場合があるので、ある程度規則的でリズム感のある配植とする。
- 低木は、整形的な形状のものを用いることが望ましい。
- 園路の行き先への視線は、あまり遮蔽せず視線を誘導するような配植構成にする。

■郊外部の公園における留意点
- 基本的には、人為的なイメージとなることを避け、自然風な配植構成が望ましい。
- 閉鎖的な空間では、園路の行き先への視線を遮蔽して、利用者が散策の変化を楽しめるように演出する。
- 開放的な空間では、低木・中木の使用と合わせて高木の効果的な配置による視線の誘導を図る。

写真 3-106　水面と芝生により開放的な景観とし、歩行者の視線を部分的に遮蔽する植栽により、空間に変化を与えている。

写真 3-107　落葉樹を園路周りにランダムに配植することにより樹幹による視線の誘導や、枝葉の変化が楽しめる。

2）空間区分別植栽の考え方
①園路空間

公園における園路は、公園の骨格を形成し、利用者の歩行速度をコントロールして空間の利用を促進する。園路への植栽は、利用者が快適に公園を散策・通行・交流する目的のために行う。

園路の歩行には、リズム感が大切である。このリズム感は、移動に伴う視対象の見え隠れや空間の質、そして園路の広狭等によって生み出され、それは樹木等の空間演出力により操作される場合が多い。

園路空間では、利用者が植栽に近接する頻度が多いので、使用する植物は、細かなテクスチャーが美しいものが望まれる。また、芳香性のある植物は、特に園路空間には有効である。

ア．直線的な園路

直線は、力強くたくましい。直線的な園路は、視線を力強く移動させる。しかし一般に、小さい公園では避けた方がよい。直線的な園路における植栽は、ビスタ（見通し線）を強調し、人為的な象徴性の感じられる演出が効果的である。

配植にあたって、次のような点に留意する必要がある。

- 園路の両側に、左右対称の植栽を行う場合、樹種は単一なものとするのが一般的であるが、複数の樹種を用いる場合、単純で規則的なパターンにするとよい。
- 樹形の整った樹種を用いるようにする。
- 樹形が不規則（乱形）な樹種を用いる場合は、成長して園路上に樹幹によるアーチを形成すると効果的である。
- 樹木の成長が、均一で不揃いにならないよう留意する。
- 正面に、建物や山などのアイストップとなるものがある場合は、樹木が視線を遮ることの無いようにする。
- 低木を用いる場合は、整形的な形状に維持できるものを用い、樹種は単一か、規則的な単純なパターンにする。
- 植栽間隔は、樹種や園路幅員により異なってくるが、基本的に高密度が好ましい。一般に等間隔に植栽するのが基本であるが、間隔を規則的に変化させることでパースペクティブの効果を演出できる。

写真 3-104　手前のオープンな芝生広場と奥のランダム植栽による樹林地、これをつなぐ直線園路が、空間のメリハリを強調している。

写真 3-105　高木のシンメトリカルな配植が、直線園路のビスタを豊かなものにしている。

（2）公園空間

公園空間は、植物を中心とする自然的要素により構成され、利用機能と保全機能を備える都市施設であり、都市景観形成において緑の中核となるものである。この公園の都市空間における価値は、その空地性と自然性にある。そして、大切なのは、公園利用者の大多数の人たちが主に求めそして必要としているのは、緑による安らぎと、静寂や開放感である（1966年に公園種別ごとの緑化面積の基準を定めている）。

公園空間の植栽は、公園の主要な機能である緑の空間の提供のため、美しく快適で、かつ機能的な配植を行うとともに、その内容に柔軟性をもたせ、可能な限り将来の変化に対応できるようにしておくことが望ましい。

1）公園空間の景観特性

公園空間の景観形成は、公園の内部から見た景観と公園の外部から見た景観への配慮が重要である。

公園の内部からの景観と、公園の外部からの景観の特性は二つの観点がある。

一つは、内部からの景観と外部からの景観の関係が、公園の外周境界部を境にして隔絶している状態である。日本の公園の多くは、公園の外周の大部分が透視性に乏しい中・高木植栽帯に取り囲まれている。したがって内部からは、緑を背景にした都市空間から独立した景観を創出してはいるものの、外部からは外周植栽のみしか都市景観に寄与しておらず、この点で都市空間にとっては緑の景観として、線的な緑の存在と何ら変わらないことになる。このような場合例えば、都市空間において休息の場や都市のオアシスとなる小規模なポケットパークのような空間が公園の外周にあってもよい。都市空間の中で面的な広がりをもつ都市公園においては、その面的広がりを景観的に有効に機能させる活かし方が望まれる。

二つめの景観の形態として内部からの景観と、外部からの景観が連続している状態が考えられる。外部から公園の内部が見通せることにより、公園の面的な広がりが隣接する都市空間の景観の中に取り込まれ、連続した空間として意識されるようになる。内部からは、都市景観を背景とした奥行き感のある開放的で一体性のある景観を創出できる。この場合、公園内の植栽と外周道路に関連する植栽や、周辺の建築物に関連する植栽を景観的に連携させると、公園と周囲の空間が景観的に一体化し、都市空間における総合的な緑景観を創造できる。

写真 3-102　外周の緑は、中景的には線的な緑であるが、近景的には内部が見えるか見えないかにより、その存在は大きく異なる。

写真 3-103　公園外周部に、ポケットパークのような空間を設けると、外部の景観を公園の中に取り込み、街並みと一体化ができる。

⑤田園部の道路空間

　田園部の道路空間は、景観的な特性として、周囲が自然景観や農業景観に取り囲まれている場合が多く、周りの植生と親密な関係をもっている。したがって、道路空間は、地域の景観秩序を乱さないことを原則として、緑の導入により道路を地域になじませ地域景観の中に溶け込ませることが大切である。

　また、森林の多いエリアにおいて、道路と森林との間隔が一定のままでは走行景観は単調となるため、両者の間の幅に変化をつけたり、可能であれば森林の立木密度に変化をもたせることも有効である。

　配植にあたって、主な留意すべき点は次の通りである。

- 道路の建設に伴い、発生するのり面・防護柵等の構造物を自然景観と調和させるため、できるだけ植物により遮蔽するか、あるいは表面を覆うようにする。
- カーブの区間は、視線の誘導効果のある同一規模・同一樹種による等間隔の列植が適している。
- 自然景観の中の交差点は、目立ちにくいのでランドマークになるような大木の植栽が効果的である。
- 地域性の豊かな樹種を用いる。装飾的な植栽は、不調和をもたらす場合が多い。
- バス停や横断歩道の周囲は、目立ちやすいアイストップとなる配植が適切である。
- 路肩がのり肩に当たる部分に植栽すると、運転者に安心感を与えることができる。
- 水田地帯や平原部のような平坦地の道路の場合、すっきりとしたイメージの配植が整合する。

写真 3-98　路肩部に既存樹木を残地して活用すると、周辺風景と馴染みやすくなる。

写真 3-99　風景地内の道路は、できるだけ何もしない方が景観的調和を保ちやすい場合もある。

写真 3-100　長い直線やカーブの部分に、樹木を植えるのは視線に変化を与えて効果的である。

写真 3-101　のり面は、できるだけ在来植物の進入を誘導し、周囲に馴染みやすい景観とする。

④歩行者専用道路

歩行者専用道路は、歩行者路のもつ空間的特性を踏まえて、動線機能を演出する手法や、広場機能をデザインする手法を活用して、線空間としてのストラクチャーをどのように作るかが課題である。

この歩行者専用道路は、商業地区におけるモール（mall は、フランスの球技ベルメルを行う芝生地を指す言葉であったものが、その後「木陰の散歩道」という意味になった）的なものと、歩・車道分離が計画的に行われた業務地区・住居地区における歩行者専用道路の二つに分けて捉えることができる。

ア．商業地区

商業地区のモール等の場合、歩行者専用道路の両側に商店が接しているのが一般的であるため、植栽は道路の中央部に行われることが多い。配植にあたって、主に留意すべき点は次のとおりであるが、一般道路の商業地区における歩道植樹帯の留意点と共通する部分が多いので異なる部分を以下に示す。

- 道路の幅員が十分でない場合、中央に高木を植栽するとうっとうしいイメージになるので注意する。
- 幅員に余裕がある場合は、両側にもできるだけ植栽し、人の流れに配慮しつつ建物と道路と植栽を一体化することが望ましい。
- 植栽とベンチ等の施設の、組合せも効果的な場合がある。

イ．業務地区・住居地区

業務地区や居住地区の歩行者専用道路の場合、歩行者の快適で安全な歩行空間を創出することを目的として、一般に専用道路の両側に植栽地が設けられる場合が多い。

主な留意点は次のとおりである。

- 単調なイメージになるのを避けるために、できるだけ変化に富んだ構成にする。例えば高木・中木・低木を組み合わせる。
- 季節感を演出するために、花木・落葉樹・地被植栽を効果的に用いる。
- 区間ごとに、特色のある植栽構成にし、同質の空間が続くのではなく、異質の空間が連続するような空間構成とする。
- 部分的に、道路の中央部に島状の植栽地を設けたり、舗装内に植栽を行うのも効果的である。

写真 3-96 商業地区として、高木のみ導入して、足元をすっきりさせて、枝葉の柔らかい樹種により明るさを演出している。

写真 3-97 業務地区の歩行者専用道路として、明るさと潤いのある緑を確保して、都市的な空間に快適性とうるおいを生み出している。

③交通島

　交通島は、交通工学上の理論によって形態が決定される。主として交差点等の車道の中に位置して三角形か円形の形態のものと、車道の縁に位置し残地的な形態のものがある。機能的には主に、道路景観の向上のほか、ランドマーク等の役割・効果がある。

　車道の中に位置する交通島の場合、交通機能が優先されるため、車等からの視線を遮らない低木や草本を中心とした植栽が望ましい。なお、広い面積が確保される場合には、高木の一層ないし、二層植栽によりランドマーク性の強調も望まれる。

　車道の縁に位置する交通島の場合、交通安全上の支障が少ないので、高木・低木や草本を組み合わせた地域性を表現した植栽が望まれる。

写真 3-92 既存樹木を残置し、ランドマークとして活用し、地域の個性を高めている。

写真 3-93 高木と低木を使い分けることで、空間に変化が生まれている。

写真 3-94 交差点として、視認性を優先した芝生と草花そして低木のシンプルな配植としている。

写真 3-95 残地的な交通島を活用することにより、歩道橋と一体的な修景緑化が可能となる。

②中央分離帯

中央分離帯は、道路交通上の機能から車線の分離等のため3m以上の幅員がある場合には、高木を植えられる。緑としての機能は、道路景観の向上のほかに、対向車線との分離の強化・視線誘導・遮光・立入防止・運転者の疲労防止等の役割・機能がある。

中央分離帯の植栽は、歩道植栽と沿道の建築物等と一体として、道路空間の景観を形作ることが望ましい。広幅員道路において、中央分離帯への高木の導入は間延びした空間の分割に効果的であるが、管理対応も含めて十分に検討する必要がある。中央分離帯の幅員が十分広い場合でも、樹木を用いず、地被・草本類を用いた方が空間的な広がりを感じさせることが効果的な場合もある。

基本的には、低木・中木・高木とも等間隔に規則的に植栽することが望ましく、複雑なパターンは雑然としたイメージにつながるので避ける。

また、広幅員の中央分離帯では、内部に遊歩道が作られる場合があり、さらに広幅員になると、公園や緑地になる事例がある。このような場合には、高木が導入されるが、視線の遮断が大きくなると市街を分断してしまうので、高木の枝下を高くし、中木の使用は注意する必要がある。

写真 3-88　低木によるシンプルな植栽構成が、街路空間全体を引き締めている。

写真 3-89　芝生地にアクセントとなる低木の配植により、景観にリズムと潤いを与えている。

写真 3-90　中央分離帯への高木の導入は、空間の分割には効果的であるが、分離帯の幅員があまり広くない場合は十分に留意する必要がある。

写真 3-91　シンボルロード等において、その都市の特色を表現するシンボリックな樹種の導入は効果的である。（飯田市リンゴ並木）

ウ．商業地区

　商業地区の沿道空間は、一般に多様な表情の建物が道路に接しており、商業看板等も多く雑然とした街並みを形成している場合が多い。商業空間は、そこを訪れる人々が回遊したり滞留ができるリビングのような空間を形成すると、人々の参加を促し多様な活動が誘発され、人と空間との相乗効果により豊かな景観的表情が生み出される。利用者は、訪問者を中心に考えるのが望ましい。
　配植にあたって、主に次のような点に留意すべきである。
- 常に、華やかで活気のあるイメージの景観が保たれるようにする。
- 斬新なイメージの樹種、配植が望まれる場合もある。
- 植栽時より、適切な規模が望ましい。
- 街並みとの一体的な整備が行われる時は、商業看板等との整合性について十分に検討する。
- 支柱等のデザイン・材質に配慮する。
- 夜間照明との関連、樹木への照明について検討が必要な場合もある。
- 可動式の植桝・プランターの導入が望ましい場合がある。
- 歩行者が、ほかの地区よりも植栽に近接するので、低木の配植方法に注意する。また、高木は、幹のテクスチャー（材質感）がよい点が重要になる場合もある。

写真 3-84　華やかさのある植物の活用が人々の活動を誘発し、街路に豊かな表情を与えている。

写真 3-85　人工整姿の整形樹木を使用することにより洗練されたイメージを演出している。

写真 3-86　広幅員の歩道植樹帯を設けて、ゆったりとした歩行や滞留空間を形成している。

写真 3-87　プランターの活用により、草花の華やかさを演出できる。

イ．業務地区

　業務地区の沿道空間は、公共施設や企業のビル等が集中し、また一区画が広いため建物は道路から後退していることが多く、前庭の緑がある場合もあり、整然とした街並みが特徴といえる。

　この地区の道路は、都市の顔としての役割を受けもっていることが多いので、主な利用者は就業者と訪問者の双方を対象として考える。就業者の位置づけは、地域住民と流動的な訪問者の中間としてとらえられる。したがって、テンポラリーな訪問者に対応した、常に一定の美しさを保っているだけでなく、長期にわたってその植栽を利用することになる就業者のことも考慮する必要がある。

　配植にあたって、主に次のような点に留意すべきである。
- 整然とした街並みに調和した、統一的で均質の美しさが望ましい。
- 冬季においても適切な景観が確保されるように留意する。
- 管理は、十分に行われるべき地区であるので、管理手法によっても整然とした美しさを演出する。
- 重厚な歴史性を感じさせるよう、大木に成長しても美しい樹種・配植を考慮する。
- 樹種は、ある程度限定的に使用し、統一感を重視する。
- 同形・同大の樹木を植栽して、整形・規則型の配植が適切である。

写真 3-80　建物の前庭と調和した枝葉の美しい樹種の使用により、良好な街並みを形成している。

写真 3-81　円錐形の樹形の高木の三列植栽により統一感のある景観を生み出している。

写真 3-82　ビルの圧迫感に対応して、緑量のある樹木の使用により、快適な景観を創出している。

写真 3-83　洗練された演出により街区の顔として統一性と明るいオアシス空間を形成している。

2）空間区分別植栽の考え方
①歩道植樹帯
　車道と歩道（高木の良好な生育を考えると歩道幅員は3m以上が望ましい）の間に設けられる帯状及びます状の植樹帯で、幅員は一般には1.5mが標準である。植樹帯は、街路樹として主に高木が植えられる所でありその役割は、道路景観の向上のほか、歩車道分離による歩行者の安全確保・緑陰の提供・遮蔽・視線誘導とともに、防風・防塵・防火・騒音の緩和・大気浄化・微気象の緩和等の役割がある。歩道植樹帯の景観形成上高木の植栽間隔は、樹高の1.5～3倍、樹冠の幅の2～3倍が望ましく、また枝下を均一にすることが望ましい。以下、地域の土地利用の形態に着目して歩道植樹帯のあり方について整理する。

ア．住居地区
　住居地域の沿道空間は、建物もそれほど高くなく、住宅地の庭等に隣接している場合が多い。また、この道路は、地域住民の生活の場となっており歩行者の速度で楽しむ道である。道路の利用者は、訪問者よりも住民の割合が高い。住民は訪問者と異なり、通年にわたってその植栽に親しみ、道路を利用する。配植にあたって主に次のような点に留意すべきである。

- 季節感に富んだものとする。
- 樹種は、親しみやすいものを用い、各道路ごと場所ごとに変化をもたせる。
- 幅員が広い場合には、高木・中木・低木を混植する混合植栽等が景観に変化と趣をもたせる。

写真 3-76　樹木の特性が地区の個性に大きく影響する。

写真 3-77　住宅地において花木等は人気の樹種である。

写真 3-78　狭い歩道では、通行を確保するうえで中木や低木の使用が効果的な場合もある。

写真 3-79　総合的な地域開発の場合、地区全体の景観イメージを決めておく方法は有効である。

③周辺土地利用

　周辺の土地利用の形態によっても道路空間の性格は違ってくる。住宅地であるのか、業務・商業地であるのかで沿道建物の形態も、道路利用の形態も異なることから、植栽による道路空間の景観形成方針にも大きく影響する。住宅地のケースでは、低層の建物や外構・庭が道路に面し落ち着いた雰囲気となっているので、親しみや季節感を考慮して植栽を検討すべきである。一方、業務地では中層・高層のビルディングが直面したり、広場を挟んで面することもあるため、植栽は空間全体の景観形成を十分に意識する必要がある。そして建物の大きさや形・色彩などがまちまちな場合、景観的な統一も植栽の大きな課題となる。また、商業地では商店が入口を向けており、スムーズな人の流れへの対応や、華やかで楽しげな雰囲気を演出するように心がけて植栽をデザインすることが望ましい。

写真 3-72　業務地では、周辺の建物の外構との一体感や地区全体の景観形成に配慮する。

写真 3-73　個々の商店への人とモノの流れに留意するとともに、全体の華やかさを演出する。

④都市地域内での位置付け

　道路の空間特性は、物理的には前記3要素により大きく左右されるが、このほかにも都市や地域の中での地理的な位置、場の歴史なども影響する。また、都市や地域のシンボル的な空間であるのか、コミュニティのための身近な空間であるのかで植栽デザインは違ってくる。

　こうした諸々の要素が、関連しあって、道路空間の性格が規定される。そのほか、横断と縦断の「線形」や、高架道路、鉄道などの「構造物」の存在なども、道路空間の特性に影響を与える。

写真 3-74　都市のシンボルロードでは、その風格形成に留意した樹種選定が重要である。

写真 3-75　立地する地区の歴史的特性に配慮した植栽デザインは、地区の個性を豊かにする。

①道路幅員

道路幅員は、道路の空間特性やその性格を規定するうえで重要な要素である。

50m程度の広幅員道路ともなれば都市の骨格を構成する存在である。逆に8m以下では一般的にコミュニティーのための道路として使われている場合が多い。機能的にも広幅員の道路の方が車両の交通量は多くなる。植栽を行う場合、そうした点を踏まえて樹種や植栽形式を選択していく必要がある。

また、人の相互の顔や表情が認識できる距離は20m～25mといわれており、30m以上の広幅員道路は空間的に「まのび」しやすく、茫洋とした空間になりがちである。こうした広幅員道路では、広い空間をヒューマンスケールの空間に分割し、依り所を与えるような植栽デザインが望ましい場合がある。

写真 3-68　広幅員の幹線道路

写真 3-69　狭幅員のコミュニティ道路

②建物の高さ

道路の沿道建物の高さは、道路空間の特性を左右する重要な要素である。

道路を挟む建物が、10m以下の家屋の場合と、30mもの高層ビルの場合とでは、通行者が受ける圧迫感などの印象は大きく異なる。植栽も、沿道建物の高さを考慮して、その樹高を選択する必要がある。

また、空間の囲繞（いしょう）性は道路幅員とも関係しあっており、D（道路幅員）/H（高さ）値により囲繞感が違ってくる（D/H＝1 あるいは 1～3 がよいとされている）。D/H＜1 の場合は、それだけで親密な空間が形成されているため、人通りの多い街路では植栽が煩雑感をもたらす可能性がある。一方、D/H＞3 の街路では、茫洋とした空間となるため、複数列の並木による空間分割を検討することが望ましい。

写真 3-70　広幅員で沿道の建物も高い空間に、小さい樹木はバランスが悪く貧相な空間になる。

写真 3-71　広幅員で、建物が高く囲繞感の高い空間に導入する樹木は、大径木が望ましい。

4-3. 都市空間における修景緑化

都市空間を対象とした、修景植栽による景観形成の基本的な作法について各空間別に概説する。

都市空間の緑化は、緑によりおのおのの場のアイデンティティを高めることを目的として、人々の日々の活動が快適に展開される美しい空間を形成することである。なお、空間を便宜的に区分した場合、境界的な部分が発生する。この境界空間は、中間的領域として、連続性・一体性を相互調整するゾーンである。

(1) 道路空間

道路空間は、交通を主機能とし、このほかサービス・環境保全・広場・沿道結合機能等をもつ都市の基幹空間である。この道路空間は、交通の安全とともに、保健性・利便性、これに人間性（ヒューマン・デザイン）、地域性（個性）、総合性（トータル・デザイン）が加わって良好な道路空間が形成される。そして地域の人々の生活や利用の展開で演出され、愛着のある道路空間となる。

1) 道路空間の景観特性

道路における景観の特徴は、視点の移動にある。つまり、自動車走行や人の移動を地域及び都市全体の空間的広がりの中で捉えるとともに、シークエンス（連続）的な沿道の眺めが重要な意味をもっている。また、同時に道路外の視点から道路が眺められることへの配慮も重要である。こうした認識を踏まえると、対象地である道路空間の景観特性をいかに捉えるかが、植栽を検討するうえで重要となる。

写真 3-64　街路樹は緑の骨格軸をより強く印象付ける。

写真 3-65　既存樹木は道路景観を豊かにする。

写真 3-66　宿根草等を活用したストリート・ガーデンは、街並みに華やかさをもたらす。

写真 3-67　交差点への大径木の導入は、景観的なランドマーク効果とともに、緑陰効果も大きい。

⑫地域の特性や履歴に応じた緑で個性を形成する

　植物は、気候・風土に適合して生育し、人々は生活にとけこませて植物を利用（緑の付き合い方や手の加え方には地域性がある）し、その地域固有の景観を形成してきた。その土地の履歴や自然風土にふさわしい緑の風景は、地域の「らしさ」を表現する中心的な要素である。

　地域の特性に応じた樹種や植栽形態を用いるなどの方法により、風格（場の格付け）と味のある緑でその街らしさを表現し、郷土感や親しみやすさを感じさせる魅力ある街を作っていくことが望ましい。

写真 3-60　地域の気象条件に対応した機能植栽は、風土に適した景観を形成している。

写真 3-61　センダンの街路樹や藤棚により、親しみやすい景観を作っている。

⑬都市の緑には管理が必要である

　美しく刈込まれた芝生地や生垣、手入れの行き届いた植栽地などは統一性があり、緑それ自体が景観性・風致性を高める。しかし、植物は常に成長するものであり、放置すれば樹木の枝葉や、緑地内の下草が繁茂する等によって人々に景観的に「荒れた」印象を与え、緑の存在が都市景観をかえって阻害しかねない。人工性が高い都市の中では、緑の樹芸技術を活用した手入れによる文化的な景観美がよく似合う。特に、人々の利用頻度の高い場所では、緑の適切な維持・管理は不可欠な要件となる。

写真 3-62　枝葉が適切に整えられた街路樹や低木は、美しい都市景観を形成する。

写真 3-63　良好に整えられた都市の緑は、街並みに個性や華やかさを演出する。

緑と緑化

⑩緑により歴史的・文化的景観を保全・再生する

社寺・史跡・歴史的街並みなどの歴史的・文化的遺産は、その街の重要なアイデンティティである。

特に神社は、本来社（やしろ）つまり拝殿が本体ではなく、社（もり）つまり樹林そのものが神の降臨する鎮守の森なのである。このような空間は、人と自然との共生を象徴する存在であるとともに、地域の象徴としての場所性を示し、「場」という空間の雰囲気が重要な意味をもつ。

この歴史的文化空間は、その場にふさわしい緑の導入による相乗効果により、その場が人々の心に深く感応し新たな役割を担っていくことが望まれる。

写真 3-56　スギの木立とシダレザクラの植栽などは、歴史的街並みの風致景観を醸成している。

写真 3-57　社とは、木々が茂った神の宿る場所であり鎮守の森は地域の結合の場所でもあった。

⑪緑により都市の季節感を演出する

都市における緑が、多様な表情を都市空間の中で表現しそれを人々が体感することで、そこに住む豊かさが実感される。都市は、その利便性や機能性の追求により、空間的にも時間的にも均質化が進行する特性をもっている。緑には、季節によって、新緑・開花・結実・紅葉などさまざまな表情の変化があり、それはほかの要素によって代替できない貴重な特性である。特に花木（草花）や紅・黄葉木などの積極的な導入によって、季節感のある都市の形成は、生きものである人間の生活空間にとって好ましい。

写真 3-58　街路樹の黄葉は、都市の中に季節感を導入するのに最も適した方法である。
（明治神宮外苑）

写真 3-59　風土に適した野生の花木は、人々に自然の趣を感じさせる。

⑧ 景観的な不安感・圧迫感を緑により取り除く

都市の中には、人々に圧迫感を与える大規模な構造物や、不安感を抱かせる場所や物が存在する。

人にやさしい都市景観を形成するためには、人々に不快な気持ちを起こさせる景観的対象物を緑で隠すことにより景観の中に快適性やヒューマンスケールを取り戻し、視覚の安定化を図ることが望ましい。

特に、高層ビルや擁壁などの人工物の圧迫感の緩和には、緑視量の大きい樹木や樹林の適切な配置が有効であるが、人々の利用の多い空間においては、緑やその緑量による不安感や圧迫感を与えないよう、ある程度の疎開性をもたせて明るい空間とする配慮が必要な場合がある。

写真 3-52　高層ビル街の圧迫感は、一定の緑量のある樹木の適切な配植によって緩和される。

写真 3-53　落葉樹の葉の柔らかさと枝下を上げた疎林は、緑量感と安心感を両立させる。

⑨ 都市内に残存する自然地形を保全・修景する

都市の中には、土地の歴史を示す自然地形の形状や小自然がわずかながらも残存している。

これらの自然地形は、都市の存立の基盤を人々に教えるとともに、地域の風土を形成する重要な要素である。アメニティとは、現在快適性と訳されているが、本来の訳語は「あるべきところにある」である。つまり、私たちの身近に存在してきた原風景を、野生の自然の面影や良さを失うことなく都市住民の誇りとなるように位置付け、良好に修景・活用することは、地域のアイデンティティ形成に有効である。

写真 3-54　既存の自然地形と一体となった樹林地は、人々に都市の存立基盤を想起させる。

写真 3-55　湧水と水辺の植物とのふれあいは、人々に郷土の豊かさを体感させる。

⑥ランドマークとなる点景の緑を保全・創出する

　都市の中で、視覚的に目立つ大径木は、その樹齢や大きさそしてその樹形が人々を魅きつけランドマークとなる。道路の交差点コーナーやつきあたり等の結節点は目立ちやすく、そのような場所の緑はランドマークとして機能し、街をわかりやすくするという点で重要である。ランドマークとなる樹木は、たとえ小さなものであっても都市の点景となり、地域の個性を表現し、都市の美観を形成するという点で貴重な存在だといえる。また、高木は視認性が高いことから緑の豊かさを人々に体感させ、その存在が思い出となる。そして、時間を経るとともに風格のある街を形成する。

写真 3-48　保存樹木は、街の歴史の証人であるとともに、地域のランドマークとなるものが多い。

写真 3-49　交差点のランドマーク植栽は、美観とともに街をわかりやすくする点で有効である。

⑦街並みの緑には適度な変化が必要である

　統一性は、街並みを整えたり、緑の質的向上を図るうえで重要であるが、単調で画一的な景観を生じやすい。それを避けるためには雑然とした印象を与えない程度に、場の空間的特性や歴史性に配慮しつつ個性的な樹種や植栽形態を用いるなど適度な変化をつけ、多様性とともにメリハリのある景観を形成して街並みに活気を与えて、親しみのある魅力的な街とすることが望ましい。

写真 3-50　場の背景にもとづく個性的な樹種は、空間に適度な変化と個性を与える。

写真 3-51　歴史を語る既存樹木の活用は、街並みに個性や、その場らしさを強く印象付ける。

④都市の混在性を緑により統一する

　都市は、いろいろな形や大きさをもつ建物やさまざまな種類の人工物にあふれ、視覚的に無秩序になりやすい環境である。植物は、その類似性ゆえの特性により、都市の混在を調整し、統一・組織化できる重要な要素である。特に、都市計画の制度的にも建物等の外壁のコントロールが難しい日本の都市景観の場合、緑による多様性の統一は街並みに秩序を与え、都市全体をまとまりのあるものとするために有効である。

写真 3-44　柔らかい枝葉の緑を導入すると、潤いのある統一的な都市景観が形成される。

写真 3-45　都市の中に、緑量のある緑を適切に配すると、街並みに一定の秩序を与える。

⑤核となる緑を形成する

　地域の中心的存在となる公園や緑地、あるいは駅前や市役所前の広場などは、人が多く集まるとともに、人々の意識のうえでも中心的存在となり、その地域を象徴し、目印となるという点で重要である。

　したがって、このような場所における緑は、外観上緑量感があって、樹種や樹形、植栽形態などにおいて地域特性といったものが表現され、ほかとは異なった特徴を有し、多くの人々がその存在を共有できる緑であることが望ましい。

写真 3-46　中心的空間には、その存在がわかりやすく人が集まりやすい緑の形態が求められる。

写真 3-47　城は、地域の象徴である。その形態を引き立てる緑の配置が望まれる。
（「金沢城と兼六園」©Ishikawa prefecture Japan.）

緑と緑化

②軸線を構成する緑を保全・創出する

　都市は、都市化の中で多様性が増加すると、秩序を失い迷宮化していくという特性をもっている。その都市に、明確な軸線や枠組みを与える道路網の形態や土地の自然地形の形態は、都市の空間的座標軸となるとともに都市のイメージ形成上重要である。

　自然地形等に沿う斜面林（砂防的観点からも有効）や河川（河川敷も含む）、また、人工的な緑ではあるが街路樹や緑道など、これらの緑は都市の骨格を形成し、長く連続していることで人々は移動しながら長時間目に触れることができ、その都市の印象を多くの人々に与えるという点で重要である。

写真 3-40　斜面林は、地形と一体となって地域の風土や土地に根づいた安定感をもたらす。

写真 3-41　緑の軸線を形成させることにより、わかりやすさや特徴的な印象を人々に与える。

③水辺と緑の相乗効果を活用する

　水辺空間は、都市の治水や利水の役割だけでなく、水辺の多様な植物や生きものと一体となって、地域の風土や文化を形成する重要な要素である。また、夏場に高温多湿となる日本の都市においては、河川等と一体となった線的な緑の保全や緑化の推進は「風の道」として、夏場の高温を緩和して、都市気候の改善に効果的である。この水辺は、後背地の土地利用に留意しつつ、親水効果の高い緩傾斜の護岸等により水への人々の接触を物理的に確保するとともに、心地よい水辺を視覚的に形成することが大切である。

写真 3-42　水辺の広がりに対応した緩やかなカーブの護岸に、シンプルな植栽がよく似合う。

写真 3-43　河岸の環境特性に適合する樹種の導入は、水辺の風致を高めるのに有効である。

4-2. 都市景観形成における緑のあり方

　都市の景観の形成において、緑はどのような場所に、どのような形態で存在するべきであろうか。

　都市としての中心性や空間構造が明確な欧米と違い、都市の「軸」や「中心」をもたない日本の都市において、緑のあり方を規定するのは難しい。しかし、都市全体の土地利用の構造をよく見ると地域の自然地形を骨格とした都市構造の構成が読み取れる。このような都市構造をもつ日本の都市において、望ましい緑の方向は、都市の立地する自然の生命の網目を読み取り、自然地のもつ有機的秩序形成機能を有効に活かすために、都市内に残存する既存の自然地形や緑を保全・再生させることにより都市を規定する自然緑地系統を作り出す。あわせて都市中心部においては都市空間を構成する基本要素として重要な官庁の建物や文化施設そして公園や広場を街路や歩行者動線の緑によって結び、都市としての骨格軸を明確化することにより、都市としての景観の統一と脈絡を整える街づくりが有効である。

　このことを踏まえて、ここでは、都市景観の空間認知の方法を都市住民の記憶地図から類型化して、都市の景観構成上の重要箇所（ランドマーク・パス・エッジ・ノット・ディストリクト：都市を表現する都市形態の要素）[7]として定式化したケビン・リンチの基本要素をもとに考察する。わが街としてわかりやすい風景を都市全体としてどのように構成するべきかの観点から、良好な都市景観をそれぞれのヒエラルキー（広域・都市・地区）に応じて適切なレベルで計画的に形成していくために、どのような場所にどのような形態で緑を保全・創出すべきかを概説する。

①街の領域を感じさせる緑を保全・創出する

　わかりやすく、愛着のある街を形成するためには、都市あるいは地区や街区が何らかのまとまりをもち、人々に自分たちの街であることを印象付けるための領域を感じさせることが大切である。

　日本の都市は、西洋の城壁都市的な発展過程とは異なり、立地に対応した自然発生的な集落形成による領域の曖昧さが特徴であるといわれている。しかし、都市を鳥瞰的に眺めてみると、地理的特性に対応して、周囲を山によって囲まれ、その中心に市街地が発達し、市街地の周辺には農地等が取り囲んでいる。このような、都市を取り囲む山並みや農地などによって、人々はわが街の領域を認識しているといえる。

　このような山並みや周囲に広がる緑を保全・活用して、庭のように空間を囲って街の領域を人々に感じさせることが有効である。またその際に、家々の屋根の連なりを俯瞰し、わが街の広がりを誇りをもって眺める居心地のよい視点の場を用意しておくことが望ましい。

写真 3-38　都市を囲む山並みの形態を守ることは、人々のわが街への愛着を醸成する。

写真 3-39　河川も街の領域を規定するには有効であり、そこに緑を重ねると、より効果が高まる。

以上を都市空間における植物の「精神的機能」としてまとめられる。

修景に特化する機能として「デザイン的機能」が考えられる。これは植物を、都市空間を形成する一つのデザイン要素として捉えた時に考えられる機能で、「装飾的機能」と「演出的機能」がある。装飾的機能とは、室内における植物と同じ原理により都市空間を飾る機能である。演出的機能とは、植物のもつ季節感の表現力等を利用して都市空間を変化に富んだ魅力ある空間として演出する機能である。

このように、都市空間における植物は、私たちの精神や肉体に直接働きかけて、豊かな人間性の育成と向上に寄与し、人間生活の福祉と健康に効果を発揮している。この効果は、ほかの何物によっても代替できない植物固有の効果と、植物がその周辺の環境に対して防護的・保全的に働き、間接的に人間生活の健康と安全に寄与する副次的な対症効果がある。

緑による都市空間の景観形成を考える場合、その対象とする空間が植物のどの機能と関連しどれを重視するべきかを検討しておくことが望ましい。この時重要なのは緑（植物）では、いくつもの機能・効果がオーバーラップして発揮されていることである。そして、これらの機能が、都市という人工的な環境の中で人々の生活の営みと植物との触れ合いの中で生まれていることである。

このように、都市住民が緑（植物）を感じ・意識するフェーズはさまざまであるが、大切なのは都市空間や都市生活に豊かさをもたらす緑のさまざまな側面を確認し、それを人々に効果的に認識させたうえで、その都市らしさを保全・演出することである。

写真 3-34　樹木による宗教的空間の象徴的機能

写真 3-35　植物を中心とした環境学習による教育機能
　　　　　（写真提供：NPO法人樹木・環境ネットワーク協会）

写真 3-36　植物により空間を美的に飾る装飾的機能

写真 3-37　植物により魅力空間を創出する演出的機能

植物は、私たち人間の文化的な活動に無くてはならない素材である。絵画に描き、童謡をうたい、詩歌に詠み、特に古典文学や現代文学の名作と呼ばれる作品に記述された植物は、他の植物と比較して、特別の意味をもっている。これを「文学的機能」とする。

　植物は、立地する環境に適合して生育することにより、その地域固有の植物や自然地形等と一体となってその都市の本質的な地域性を表現できる存在である。これは「地域性表現機能」と考えられる。

　多年生の植物、特に樹木は成長し時間の流れを形として表現する。例えば、歴史的な街道の並木は植栽されてからの時間の流れを示しているといえるし、人がある土地を長く訪れずに、その後再訪した時、樹木は成長してその時間の経過を訪れた人に実感させる。これを「歴史性表現機能」とする。

　原始的な自然崇拝と結びついた樹木、とりわけ大木に対する神聖なイメージは、世界的に見ても共通するところがあり、宗教的な空間にこのような機能が利用されているケースは日本の多くの神社等でよくみられる。これを「象徴的機能」とする。

　都市部で教育を受ける児童にとって、自然に接する機会は少なく、初等教育においては理科教育に、中等教育においては自然保護・環境保全に関する環境学習教育に植物は重要な役割を果たしているといえ、これを「教育的機能」とする。

写真 3-30　安心を感じさせる植物による心理的機能

写真 3-31　詩などに登場する植物による文学的機能

写真 3-32　シラカバのもつ特性による地域性表現機能

写真 3-33　大樹のもつ時間性による歴史性表現機能

緑と緑化

(2) 都市における緑（植物）の役割

都市空間における植物は、多様な役割・機能をもっている。例えば「物理的機能」としては、植物の葉のもつ保水力、根系による地盤の支持力等による「災害の防止」、そして自動車等の「騒音の低減」・「大気の浄化（植物の同化作用時の炭酸ガス吸収と酸素排出の比率は4:3）[11.]」・「気候の緩和（緑地率が10％増えれば平均気温が0.3℃下がるといわれている）[6.]」、夏季における「日差しの緩和」・「防風（風上で樹高の2〜5倍、風下で樹高の10〜20倍の範囲で風速を20％弱める）[7.]」・「防潮」・「防火」等が考えられる。また、植物は空間において物理的な量を保持していることから、都市空間の構造・形態を規定する空間的な役割を果たす。これを「空間的機能」と呼ぶ。主なものには、ある空間の境界を囲み領域を明確にする「囲む機能（完全な囲み感角度45度-1:1、最小の囲み感角度18度-1:3といわれている）[6.]」、心理的・視覚構成的な囲みにより空間を2つに分割したりより小さい空間に分割する「区切る機能」、空間の一部を植栽で充填することにより残された空間の形状を整理しまとまりのあるものとする「満たす機能」、空間の一部への視線を遮蔽する「隠す機能」、樹冠により空間に天蓋（てんがい）を付ける「覆う機能」等が考えられる。この物理的機能と空間的機能は、どちらも定量的な解析が行いやすい科学的な機能といえる。

植物は、このような科学的な機能のほかにも多様で複雑な機能を有している。

植物は、人々を心理的に心地よく感じさせることができる。例えば季節感や清涼感、安心感を感じさせたりする。これを「心理的機能」という。アメリカのテキサス農工大学の心理学者ウルリッチ（Roger Ulrich）が行った研究では、入院患者は、緑地や樹木の景観が見えると回復が早く、術後の鎮静剤の投与量も少なくなると指摘している。また、ストレス体験の後に、自然風景を見る人の方が心拍数や血圧などの身体機能測定値が早く正常値に回復するという。[2.]

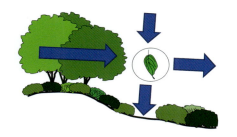

図3-9　大気の浄化機能

図3-10　領域を区切る機能

表3-9　緑の役割（機能）の分類

単独機能	物理的機能	災害（土砂流失崩壊）防止・騒音の低減・大気の浄化 気候の緩和・日差しの緩和・防風・防潮・防火
	空間的機能	囲む機能・区切る機能・満たす機能・隠す機能・覆う機能
	デザイン的機能	装飾的機能・演出的機能
複合機能	精神的機能	心理的機能・文学的機能・地域性表現機能 歴史性表現機能・象徴的機能・教育的機能
総合機能		環境保全機能・保健休養機能 コミュニティの存在基盤としての機能 人の生活を支持する生活的機能

4．修景緑化による都市景観の形成
4－1．都市景観形成における修景緑化の役割
（1）都市景観と緑

　都市景観は、都市空間の中で営まれている人々の生活や文化が視覚的に現れたものである。緑化による都市景観形成は、植物を主体としてその生活・文化にふさわしい空間を創造するものといえる。

　この都市景観は、長い年月を経て形成され、都市としての歴史を示すとともに、都市に住み・働く人々の各種活動や市民生活の器として利用され継続されている。こうして歴史的・継続的に形成され、人々の社会生活を表現している都市景観は、人々が日々目にするとともに、訪れる人々が街を認識する第一歩となっているものである。その都市景観が、美しさや潤いを欠き雑然としていたなら、人々は都市に親しみをもたず、また愛着をもてないこととなる。

　建築家・都市計画家であるル・コルビュジェは、「太陽・空間・樹木は、都市計画の基本であり、都市に樹木が無ければ、秩序の不安と混乱の中に踏み迷う」[5]といっている。

　私たちのライフスタイルに適応した美しい都市を形成していくためには、都市の将来像を明確にして、その目標を実現するために、土地のもつ自然構造に即してグリーンインフラの役割を備えるアーバンエコシステムとして機能する緑の都市構造を形成するとともに、個々のエリアの特性に基づいて都市の生活者が豊かな日常の活動を展開する場としての緑の空間づくりを進めることが大切である。

写真 3-26　都市は、水と緑に包まれている景観が望ましい。

写真 3-27　都市の軸は、緑と一体化が望ましい。

写真 3-28　都市には、緑のオアシスが必要。

写真 3-29　都市には、場の個性を表現する緑が必要。

緑と緑化

エ．落葉樹、常緑樹の組合せ効果その2

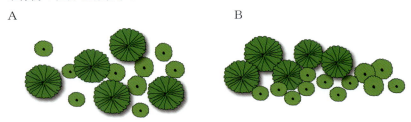

Aのように、落葉樹の中に常緑樹が散らばっているような植栽構成は、全体的なまとまりに欠ける。Bのように、常緑樹・落葉樹を意識的にまとめた植栽構成が望ましい。

オ．樹木の色、テクスチャーと視距離の認識の関係

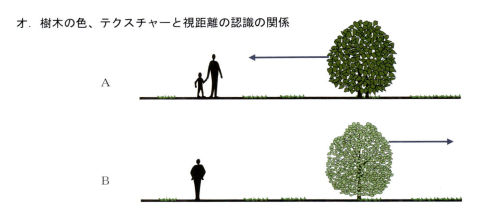

Aのような濃い（明度の高い）色、粗いテクスチャーの樹木は、Bのような淡い・細かいテクスチャーの樹木より、視覚的に近くに認識される性質がある。

カ．樹木の色と植栽構成その1

濃い色の樹種、淡い色の樹種の間に中間的な色の樹種を用いると連続性が生じ効果的である。

キ．樹木の色と植栽構成その2

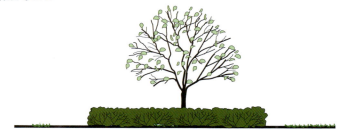

淡い色の高木の根元には、濃い色の低木を植栽すると安定感がある。

⑥樹木の視覚的特性を活かした植栽構成の法則と技法

ア．円形の樹形の樹木による構成

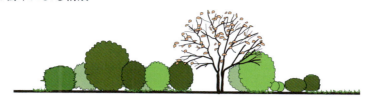

円形の樹形の樹木による植栽構成は、安定感があり景観に馴染みやすく応用範囲が広い。

イ．円錐形の樹形の樹木の植栽構成における効果

円錐形の樹形の樹木は、円形の樹形の樹木と組み合わせてアクセントとして使用すると効果がある。

ウ．落葉樹、常緑樹の組合せ効果その１

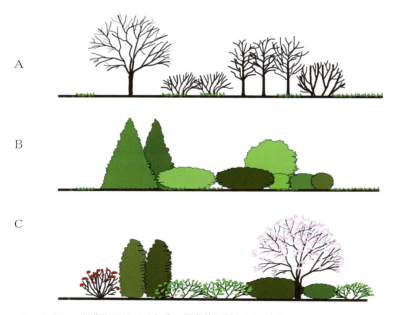

Aのように、落葉樹だけでは冬季に視覚的な魅力に欠ける。
Bのように、常緑樹だけの構成では視覚的に重く、季節感に乏しい。
Cのように、落葉樹と常緑樹の効果的な組合せが望ましい。
（人々の利用の多い植栽地においては、落葉樹と常緑樹は７：３程度が望ましいといわれている）

エ．低木植栽による空間の広がりの表現

低木を、緩やかなカーブを描くように群植すると、空間の広がりを表現できる。

オ．高木植栽による空間構成の整理

スカイラインから突出した建物などを、高木植栽により整理できる。

カ．高木植栽による空間の連結

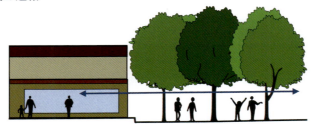

天蓋（てんがい）空間を作る高木植栽は、建物の内部空間と外部空間のつなぎの効果がある。

キ．高木植栽による空間構成のつなぎ効果

Aのように植栽の無い場合、独立した建物によって構成されるまとまりの無い空間となる。
Bのように建物の隙間に植栽すると、個々に双方をつなぎ景観的に連続性が生まれ一体感のある空間が形成される。

⑤空間の構成に関する法則と技法
ア．低木植栽による小空間の創出

　Aの場合は、植栽地は一つのまとまりとなっており、植栽地の周囲に小空間は存在しない。Bの場合は、低木の配植位置を変化のあるものとして、植栽地の周囲に多数の小空間を生み出している。

イ．低木植栽による空間の連結

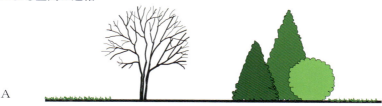

　Aの場合は、二つの高木植栽のグループに分かれている。
　Bのように低木植栽を行うと二つのグループを連結して、一つのまとまった空間構成となる。

ウ．地被植栽による空間の連結

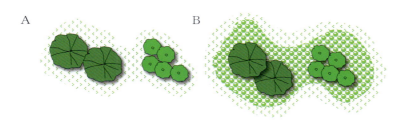

　Aのような二つの植栽グループを、地被植栽によりBのようにまとめ、一つのまとまった空間構成となる。

④視線の誘導の法則の応用技法
ア．大木による空間の安定化

小規模の空間において、大木は視線の焦点を明確にし、空間を安定的なイメージにする。

イ．花木による空間の安定化

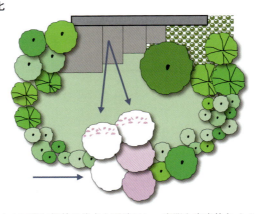

花木も、大木同様に視線の焦点を明確にし、空間を安定的なイメージにする。
また、空間のアプローチ部へ視線を誘導するために用いるのも効果的である。

ウ．遮蔽的な列植による空間構造の明確化

遮蔽的な列植により、視線を進行すべき方向へ誘導し、空間構造を明確なものとする。

エ．遮蔽による視線の誘導

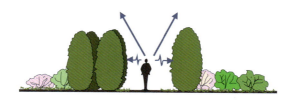

両側を狭く遮蔽すると、前方と上方に視線を誘導できる。

オ．3本植栽による視線の誘導

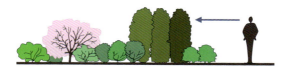

同一樹種・形状の樹木を、3本組植栽すると視線の誘導効果がある。

カ．背景植栽による視線の誘導

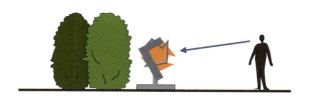

彫刻のような対象物の背景を、植栽により整理することにより対象物への視線を誘導できる。

・空間の結合

植栽によって、いくつかの空間を一つにまとめて整理できる。

③視線の誘導の法則
ア．大木による視線の誘導

植栽されているほかの樹木より、際立って大きい樹木は視線の誘導効果がある。

イ．花木による視線の誘導

花木は、開花時に視線の誘導効果が大きい。

ウ．細い幹の間に視線を透過させる視線の誘導

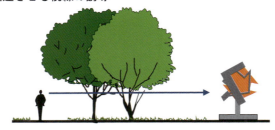

細い幹の間に、視線を透過させると、透過して見える対象物に視線を誘導する効果がある。これは、人間の眼の焦点距離の調節機能から発生する特性である。

Dのように水平方向の視線を遮蔽すると閉鎖的な空間を創出できるが、Eのように垂直方向の視線も遮蔽するとさらに閉鎖性を高められる。

②空間の規定に関する法則の応用技法

ア．空間の分割と接続その1

植栽によって、空間を必要に応じ分割したり接続したりして、建築的な発想の空間構成が可能となる。

イ．空間の分割と接続その2

建築物に囲まれた空間を、植栽により分割し、それぞれの空間に性格付けを行っている例。

・**空間の領域の明確化**

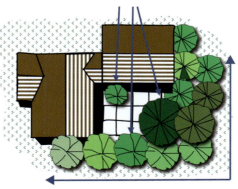

植栽によって、空間の領域を明確に規定できる。

ウ．垂直方向の空間の規定

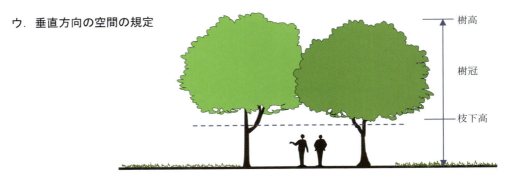

樹冠による天蓋（てんがい）空間は、樹高ではなく枝下高によって規定される。
（樹高は、樹木の成長に伴い高くなるのが普通であるが、枝下高は必ずしもそうではない。）

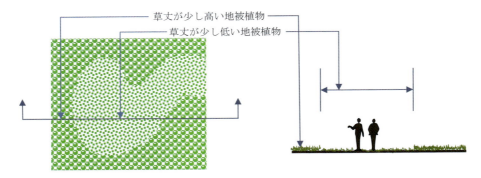

草丈や種類の違う地被植物を使い、平面的な空間の規定が可能となる。

エ．開放的空間の創出

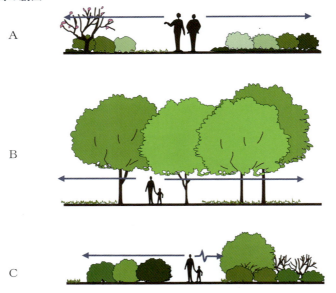

A，Bのように、水平方向に視線が透過する場合に、開放的な空間が創出できる。Cのように、樹木のボリュームが小さくても水平方向の視線が遮蔽されると、閉鎖的なイメージが発生する。

3-3. 緑化における配植デザインの法則と技法

　修景緑化における配植の法則と技法とは、緑の計画・設計において、配植の基本形式と配植のデザイン効果を踏まえて検討・活用されるものである。

　樹木等の配植においては、実用的・機能的な面のほかに、審美的・心理的な面での検討が大切である。配植のデザインを行うにあたっては、各種の審美的法則等の技法を活用し、個々の配植にリズムやバランス・調和等を考えながら、全体としての景観的統一を図っていくことが望ましい。

　ただし、これらの法則・技法は、経験的なものが多く現段階では整理されたものが乏しいといえる。そこで、この項ではこうした経験的な法則や技法を整理し、図として表現しながら説明するものとする。法則・技法と、景観形成上重要となる植物の要素との関連は、**表 3-8** に示すとおりである。

　下記に示した各法則・技法は、植物のデザイン要素の特性を十分に活かして応用する必要がある。

表 3-8　配植の法則・技法と植物のデザイン要素との関連

法則・技法 \ 要素	大きさ	形	色彩	材質感
①空間の規定に関する法則	●			●
②空間の規定に関する法則の応用技法	●			●
③視線の誘導の法則	●	●	●	●
④視線の誘導の法則の応用技法	●	●	●	●
⑤空間の構成に関する法則と技法	●	●		
⑥樹木の視覚的特性を生かした植栽構成の法則と技法		●	●	●

①空間の規定に関する法則

ア．樹木の幹による閉鎖的空間の演出

高密度の枝下の高い高木植栽によって、幹の間を縫って視線の透過性を確保しながら、閉鎖的な空間を作れる。成熟した自然林の林内の状況に類似する。

イ．季節による空間の規定の変化

落葉樹の使用によって、夏季と冬季に空間の性質を変化させられる。夏季においては閉鎖的な空間が、冬季には開放的な空間に変化する。

（Norman K Booth、Basic Elements of Landscape Architectural Design を参考に作図）

⑧フレーム効果

　景観形成において、ポイントとなる部分を特に見せるために、視点となる場所の周囲の景観を隠すと、見せたい部分を強調できる。

　植栽はこうした効果を得るのに適切な素材といえる。高い位置に、樹枝のある樹木を用いて水平方向に景観を限定したり、太い幹により垂直方向に景観を限定するのは効果的だといえる。また、群植することによってもフレーム効果を得られる。

　園路等において、動線上の人の動きを考慮するとき、この効果は限定された位置で得られやすい。したがって、園路周辺の植栽の配植を検討する場合は、動線との関連を綿密に調整する必要が出てくる。なお、建築内部からの景観への視線に応用する場合は、この技法は特に有効だといえる。

写真 3-22　樹木の幹の木立によるフレーム効果（はままつフラワーパーク）

写真 3-23　手前の樹木の枝がフレーム効果を果たし、景観に遠近感をもたせている。

⑨ランドマーク効果

　一定地域にあって、特に際立った存在をなし、ポイント的にその地域の目標となり、人々に位置関係の認識を把握させるものをランドマークという。

　植栽においては、大木や規模の大きい高さのある数本の樹木のかたまりに視線を惹きつけてその役割を発揮する。デザイン的には、核となって、全体を引き締める効果のあるものだといえる。配植にあたっては、周囲の植栽と連続性が無く、独立している方が効果的である。

写真 3-24　場を強調するランドマーク樹木（世田谷美術館）

写真 3-25　緑地の核となるランドマーク樹木

⑥遠近感の強調効果

　同一の形状の樹木を、列植することにより遠近感を明確にできる。この原理の応用として、錯覚を利用し、遠くの樹木を徐々に小さくしていくと、遠近感が強調される。また、遠景となる樹木に、色彩的に色の濃いものあるいは青みがかった葉をもつ樹種を用いると、遠近感の強調が可能である。また、葉や枝の密度が低く、透けて遠景が見られる樹木を用い、遠景をより遠くに感じさせるという茶庭の手法も応用が可能である。

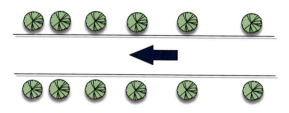

図3-8　錯覚を利用した遠近感の強調手法

⑦背景効果

　景観形成において、前景を強調しようとするとき背景となる景観が重要となる。こうした場合、背景はできるだけ目立たないことが求められる。したがって、背景を構成する樹種としては次のような性質が適切だといえる。

- ・淡い色の葉をもつ
- ・葉が細かく密度が高い
- ・枝ぶりが細かく均一
- ・樹高、枝張りが十分ある

　修景的な構造物や彫刻・モニュメントの背景としての植栽は、前景の対象物をできるだけ目立たせ調和するような色・テクスチャーの樹種を検討すべきである。

　前景に、池のような静水面がある場合は、背景となる植栽が水面の色に影響する場合がある。つまり背景となる植栽が無い場合、空が反射して明るくなる水面が、背景となる植栽があるために深い緑色などに見える。このような静水面に、水際の構造物などを反射させたい場合は、背景となる植栽が極めて効果的となる。なお、動線上の人の動きを考慮すると、前景と背景の関係が変化するので、背景となる植栽の規模・配置を注意しなければならない。

写真3-20　広葉樹が、芝生広場の背景となり、空間の広がりを明確にしている

写真3-21　水景の存在を、効果的に演出するために、有効な背景植栽（愛知県緑化センター）

④単純化の効果

景観が、多様な土地利用や建築物によって複雑な構成になっている場合に、植栽のもつ単純化の効果は景観形成上有用である。植栽は、一般的には基調となる植物を主体として構成されることから、景観として単純化されているといえる。

植栽による単純化の効果を得るには次のような技法がある。

- 同属の植物の中から品種を選択して用いる。
- 形状、テクスチャーがシンプルな樹種を用いる。
- 一つの樹種を集中的に用いる。
- 形状やテクスチャーなどの共通の性質をもつ樹種を選択することにより形成される。

写真 3-19 山地景観を特徴づけるアカマツの赤い幹とその樹形により、景観を単純化させてまとまりのある風景が形成されている。

⑤遮蔽効果

視点の場等の位置から見て、景観形成上好ましくない部分がある場合に、植栽により遮蔽が可能となる。これは、無用なものが目に入らぬようにして、景観の混乱を防ぐためである。この遮蔽の仕方には、樹木等の密植により完全に視線を遮断する場合と、樹木等の木立や枝葉の隙間から向こう側の景観を透けて見せる場合がある。このスクリーン状に見せる場合は、ある程度の遮蔽を行いながらも、空間のつなぎ効果を同時にもたせて、期待感を生じさせようとするものである。また、借景の手法で用いられる「見きり」の植栽は、領域構成の役割をもつとともに、低い位置にある余計なものを視覚的に遮蔽して、主景観を引き寄せる効果を有している。

障害物としての機能はあるが遮蔽効果は無い

やや遮蔽効果がある状態

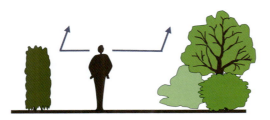

完全な遮蔽効果がある状態

図 3-7　植栽による遮蔽の形態

③シンメトリーとバランスの効果

　シンメトリー（左右対称）の効果は、植栽デザインのあらゆる場面において多用される。2列の列植は、シンメトリーの効果の最も基本的な形であり、多様な方法がある。また、同一樹種を、同じような規模で群植することで、より大規模なシンメトリーの効果を得られる。シンメトリーは、当然定まった視点において発生するものであるが、動線上の人が次々に異なるシンメトリーに出会うことになるものに、ヨーロッパの整形式庭園がある。純粋なシンメトリーの効果は、景観形成に応用する場合限界がある。そこで、シンメトリーの効果から発展するバランスの効果もよく用いられる。植栽のデザインにおけるこの技法は、動線に沿って同じようなボリュームの植栽を配植したり、同一の樹種の植栽を行ったりして、人が動線を移動する時、常に左右の植栽のバランスが保たれているようにする技法である。

　景観形成において、バランスの効果もシンメトリーの効果も、借景になるような高い建築物や山等がある場合は、それを中心として考えるべきである。シンメトリーの効果を純粋に利用しようとすると、視点や空間構成が限定される場合が多く、バランスの効果の方が応用範囲の広い技法だといえる。

　一般に自然の風景の中にシンメトリーはめったに無い。よってシンメトリーは人為によって意図的に秩序付けられる特質として十分に留意する。なお、シンメトリーの効果を得るには、形状や色やテクスチャーが目立つ樹種を用いた方が効果を得やすい。

図 3-5　同一樹種を、同じような規模で群植することによるシンメトリーの効果

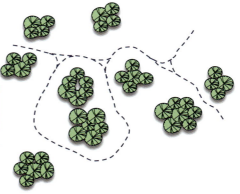

図 3-6　植栽によるバランスの効果と人の動線

写真 3-17　刈り込まれた特徴的な樹木の形態によるシンメトリーの効果

写真 3-18　建築物をアイストップとした軸線の効果を大きなものとしているシンメトリーの手法

２つの樹木間において、均一性は同じ樹種である時に生じ、統一性は樹形・色・テクスチャー・性質等が類似している場合に生じることが多い。多数の樹種の組合せの時にも、それらの樹種間に共通する一つの要素があれば、統一感を得ることが可能である。

　なお、景観形成を考える時、人の動きによるシークエンス景観（人が動くことにより視点が移動する連続した眺め）を考慮しておく必要がある。この場合、植栽による統一感は、観察者が動きの中で、繰返し同一の効果に遭遇することによって発生する。また、前景となる植栽と背景となる植栽の関係も、人の動きを考えた場合に重要となる。これは人が動くことにより、前景と背景の関係が変化するからで、この時統一感が失われないように注意する必要がある。

②対比の効果

　対比の効果は、植栽のデザイン全般において重要なもので、単調で退屈なイメージに陥るのを防ぐ有効な手段であるとともに、観察者の関心を植栽に引き付ける重要な要素である。

　植栽のデザインにおいて最も基本的な対比の効果は、高木植栽あるいは中・低木植栽と芝生地のような地被植栽との対比である。また、配植により明と暗・陰と陽を意図的に作ることも対比の効果である。景観形成において、異なる形状や色やテクスチャーをもつ樹種を組み合わせることにより、対比の効果を得るのは簡単であるが、この場合、統一性の効果を失うことが多く、安易に行うのは避けるべきである。このような場合に、比較的優れた組合せとしては、淡い色調の丸い樹形の中・低木植栽の中に、濃い色調の円柱状の樹形をもつ針葉樹等を植栽する例がある。統一性の効果を考える時に、動線との関連を検討したが、同様の視点から対比の効果についても検討することができる。つまり、観察者が動線上で突然の変化に出会うような植栽を行うことによっても対比の効果は得られるのである。この場合も、統一性の効果と相反する形状になるので、両立するように注意する必要がある。

　また、対比の効果を得る別の手法として「生け花」的な手法がある。これは、色・テクスチャー・形状等の異なる多くの植物を用い、その中から微妙な調和を引き出すもので、芸術的な手法だということもできる。しかし、この手法は生態的な裏付けに乏しいため、あまり広い場所で行うのは好ましくないといえる。建築物と関連するような小面積のスペースで行うのが適切だといえる。

写真 3-15　対比の効果は、全体の統一を崩す手法であることから、ポイント的に使用する。

写真 3-16　「生け花」的な手法の例

3-2. 緑化における配植デザインの効果

修景緑化における配植デザインの効果とは、緑の計画・設計において各段階に用いる配植の法則や技法の基礎となるものである。各デザイン効果と、景観形成上重要となる植物のデザイン要素との関連は**表3-7**に示す通りである。

配植の各デザイン効果は、植物のデザイン要素の特性を十分に活かして応用すると効果的である。

表3-7 配植のデザイン効果と植物のデザイン要素との関連

効果＼要素	大きさ	形	色彩	材質感
①統一性の効果	●	●	●	●
②対比の効果		●	●	●
③シンメトリーとバランスの効果	●	●		
④単純化の効果			●	●
⑤遮蔽効果	●			
⑥遠近感の強調効果	●			
⑦背景効果	●		●	●
⑧フレーム効果		●		
⑨ランドマーク効果	●			

①統一性の効果

景観形成において空間全体の統一性は重要な観点であり、植栽により統一性の効果を得るためには、使用する樹種をある範囲に限定することが望ましい。このとき周囲の景観との整合性や、樹種間の調和性のあるものを選定する必要がある。しかし、景観形成上、均一的なイメージになることは好ましくなく、統一感のあるイメージになることが望ましい。

自然風景に見られるような植生の均一性は、同一樹種を群植することによって再現できるが、景観形成にとってはあまり魅力的なものとはいえない。しかし、対象地域に優先的な樹種を設けて地域のまとまりを表現するということは地域的な景観形成に有効だといえる。この場合、単一樹種でなくても複数の樹種を規則的に配植することでも同じ効果が得られる。

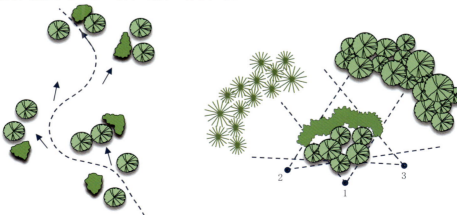

図 3-3 植栽における統一性の効果と動線との関係　　**図 3-4** 前景となる植栽と、背景となる植栽の動線との関係

(2) 配植の立面構成（パターン）

　植栽の階層構成は、高木・中木・低木・地被植物からなる植栽の立面的な構成であり、植栽密度の高い四層の形式と高木、中木・低木あるいは高木・中木・地被植物からなる三層の形式と、高木・低木あるいは高木・地被植物の二層形式、そして高木か低木あるいは地被植物のみの一層の形式がある。

　植栽景観と階層構成の関係を整理すると、**表 3-5** のような基本パターンごとの特性が想定される。

　一般に、遮蔽を重視する場合には三層・四層の形式が効果的であり、これに対し樹林を通しての見通しの確保や林床を利用する場合は一層・二層の形式が有効である。

　また、樹林地の場合、**表 3-6** のようにその樹林構成と密度により、空間的な特性が異なる。

表 3-5　植栽の階層構成の基本パターン

特性＼タイプ	四層植栽	三層植栽	二層植栽	一層植栽
立面構成				
イメージ	閉鎖的・暗い ←　　　　　　　　　　　　　　　　　　→ 開放的・明るい			
景観特性	空間を、完全に分離することができる。環境保全機能が高く、自然性豊かな植栽空間が形成できる。	空間を、視覚的に分離できる。遮蔽性が高い。スカイラインの変化等により、変化に富んだ景観が形成できる。	幹の間を通して視点が通るので、明るく開放的な景観形成が可能。高木は、枝下が高い樹木が適している。	空間的に、オープンな感じの植栽である。高木を主体とした場合、緑のボリュームを感じる景観となる。

表 3-6　樹林地の樹林密度と空間特性

基本型	樹林構成	密度	空間的特性	管理特性
散開林	単層林を、基本とする。芝生やそのほかの草地が主体であり、これに高木が点在する景観。	5〜10本/100㎡（30%未満）	見通しがきく、開放的な景観。レクリエーション的行動の自由度が広く、利用密度が高い。	高い管理水準が必要。踏圧による影響が強く表れ、落葉による有機質の還元も難しいので、当初から良好な基盤条件をつくっておく必要がある。
疎生林	複層林であるが、高木を主とする。上層木の被度をある程度抑えるとともに低木層の被度を抑えた樹林構成。	10〜20本/100㎡（30〜70%）	林床に、光が通る明るい樹林空間。利用密度やレクリエーションの自由度は制約される。	中程度の管理水準。利用密度や陽光量の人為的なコントロールが必要である。
密生林	複層林を、基本とする。高木層や亜高木層の樹冠が互いに重なり合う閉鎖的な樹林構成。	20〜40本/100㎡（70%以上）	内部は、閉じられた暗く陰うつな空間。物理的に景観的に、空間を遮断する緩衝的機能が高い。	極めて低い管理水準。基本的に管理は、自然の遷移にゆだねる。

3）低木植栽の配植

　低木の配植形式には、整形式と不整形式（自然風）および大刈込みの形態がある。配植にあたっては、敷地の形状や規模、一体となる高木等の配植形態、低木の樹種特性等を勘案して形式の選定を行う。

　低木の配置にあたっては、萌芽力が旺盛で成長の早い樹種は比較的ゆとりのある場所に、その木本来の美しさが発揮できるように配植する。

　高木の下に低木の小集団を配することにより、上部の重みの不安定さが解消され、上下のバランスがよく安定した景観がつくられる場合がある。このような技法を「根締」という。

表 3-4　低木の配植形式

配植形式		基本パターン
整形式	円形植栽	
	矩形植栽	
不整形式（自然風）	勾玉形植栽	
	雲形植栽	
	帯状植栽	
	波形植栽	
	散らし植栽	
大刈込み		

⑤群落植栽

自然林の林縁の生態的な構成を模倣する配植方法で、特に植栽地の林縁部の構成に自然風の配植を行う。

⑥真・行・草の概念による植栽

　真・行・草の概念による植栽は、普通は3・5・7等の奇数の本数を構成単位として配植され、それ以上は複合の単位となる。各々の植栽単位は、不等辺三角形で構成され、その頂点に配植される樹木は中心的存在となり、ほかの樹木とお互いに関連・発展し、全体をバランスの取れたものとしていく。この時、幹ぞり（幹のそりを合わせるほうが統一感がありなじみやすい）の取り合わせに留意する。

　植栽単位は、次のような樹木によって構成される。

　　真木—植栽単位の中心的存在として配植される主木であって、樹高が高く、樹幹・樹形も美しく、樹冠の広がりの大きいもの。

　　添—真木の樹形の不備を補うため、あるいは真木とのつり合いを図るために配植される樹木で、真木とよく調和する樹木（主として真木と同種のもの）が選ばれる。

　　対—真木・添に対比させるために配植される。真木・添と異なる樹種（針葉樹：広葉樹、常緑樹：落葉樹）を用い、真木を頂点として3本が不等辺三角形を構成しつり合いの取れるようにする。

　　前付—真木・添・対が、景として完全でない場合、それを補充するとともに、立面としての樹冠線を地表とスムーズに連絡するもの（低木等により裾を張る）をいう。

　　見越し—植栽単位によって配植された一群の樹木の背景に不備があるとき、これを補うために植栽されるものである。一般には、常緑の広葉樹で枝葉の密生した枝張りのよい樹種が適当である。

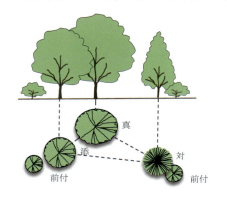

真木・添・対が完全であれば、3本で単位を構成する。（低木により裾を張ると、より安定する）

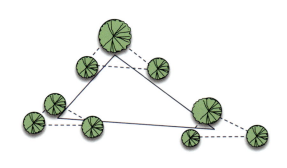

植栽単位の組合せによる配植

図 3-2　真・行・草の概念による植栽

2）非整形式（自然風）植栽

　自然の風景を模写し、理想化、ある場合には象徴化するもので、非整形な線で構成する。材料の種類や配置は、整形式より自由である。同一形状・寸法のものを、同じ間隔で1列に植栽することは意識的に避け、形や量の等しさは無いが、その組み合わせにより対立的に安定した状態をつくりだす形式である。

①不等辺三角形植栽

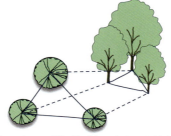

大小3本の樹木を、相互に不等間隔に、かつ一列に並ばないように配植するもので、3本のつり合いの形となる。

②ランダム植栽

形状・寸法または植樹間隔が同一にならず、かつ一直線に並ばないように配植する方法。不等辺三角形植栽を基本とし、その三角ネットを順次拡大していくものである。こうすると、大小の樹木が全部不等間隔に前後して並び、その樹冠は不規則なスカイラインを形成することになる。

③寄せ植え

数本の樹木を寄せ合わせて、全体でバランスを取りながら配植する。

④散らし植栽

樹木を疎に散らすように配植する方法で、散らしながら全体のバランスを取る。

緑と緑化

樹木により、同心円を形作るもので、中心をオープンにすることで空間的な分割をもたらす効果的な手法である。

樹木の組み合せにより、対角線上に空間ができるもので、動線の明確化が必要な時に有効である。

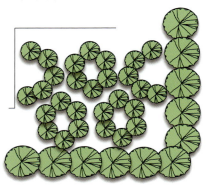

樹木により、複数の円形の空間を形作るもので、空間を細かく規則的に分割したい時に有効である。

第3章　緑化の実践技術

⑤グリッド（格子状）植栽

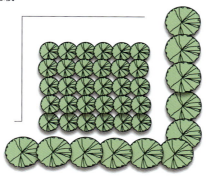

同系・同種の樹木を格子状に植える方法で、人工的なイメージの植栽空間をつくることができる。

⑥その他（同系同種の高木によるパターン）

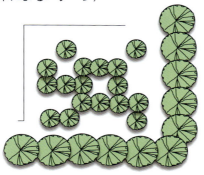

グリッド植栽の構成樹木を、ランダムに間引きしたもので、各樹木は格子の線上に位置している。

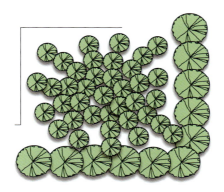

樹木により、放射状の円環を形作るもので、中心に向かって樹木の密度が増す。

（Henry F Arnold、Trees in Urban Design を参考に作図）

3．修景緑化のデザイン技法

　修景緑化のデザインの技法は、「点的」・「線的」・「面的」、あるいは「整形式」・「非整形式（自然風）」など「平面デザイン」上からの視点と、単層・多層など「立面デザイン」上からの視点、さらにこれを基本とした「デザイン効果」上からの視点、そしてこれらを基本とした「デザイン法則」等がある。

　植栽のデザインを行う場合、まず植物の特性や機能を基本とした植栽の目的を明確にし、植栽する場の考察を行い、多様なデザイン技法を活用して植栽の目的に対応した配植形態が選定・設定される。

3－1　緑化における配植デザインの基本形式

（1）配植の平面構成（パターン）

1）整形式植栽

　幾何学的な図案のように、整形的な点・線で構成された植栽。材料そのものの特徴より、材料をどのように配植するかという点に重点が置かれる形式である。基本的なパターンは以下の通りである。

①単植

　最も重要な位置、例えば建物の正面部・広場の中央部・道路の分岐点等に、枝振りがよく量感のある整形樹木を独立的に1本植える場合に効果的である。

②一対植栽（対植栽）

　軸の左右に相対的に同系・同種の樹木を、2本一対として植えるもので、左・右対称であるので整然とした秩序が表現できる。

③列植

　同系・同種の樹木を、一定間隔で列状に植えるものである。列植した樹木の間隔が狭いと、樹木相互の関連が密になり後方との遮断効果が高まる。異系または異種の樹木を規則的に繰返し植える場合もあり、その場合はリズム感の表現ができる。

④互の目植栽（ちどり植栽）

　樹木を等間隔に、互の目に植えるもので、列植の変形といえる。樹列の厚みを増す時に行う。

また、葉の材質感を視覚的距離から見ると、近景には葉の細かい・柔らかい植物が、遠景には大きく・硬い葉の植物が望ましい。写真3-11の場合は、芝生の葉の細かい材質感が、外周の粗い材質感の地被植物の葉と背面の中程度の材質感の樹木の葉により強調されているといえる。こうした葉の材質感を活かした配植の構成は、景観形成上重要な要素であるので、配植にあたって十分留意する必要がある。写真3-12は、地被植物の中程度の材質感の葉が、粗い材質感の中木と細かい材質感の低木を結び付け、視覚的に一体感を創出している。景観的には、きめの粗いテクスチャーや色の明るい葉の緑は前進し、きめの細かいテクスチャーや色の暗い葉の緑は後退して見える。

写真3-11　異なる葉の材質感の組合せによる演出　　写真3-12　異なる葉の材質感の組合せによる演出

ウ．花・果実
　花と果実は、材質感としてきわめて多様であり、目立つものであるため景観形成上影響が大きいが、季節的、あるいは一時的なものと認識しておくことが大切である。特に、花木の種類を複数用いて演出する場合には、花の大きさや形状に留意して適切な組合せを検討するべきである。

⑤芳香
　芳香は、視覚的な特性ではないが、広義に考えれば景観の一部として重要な要素である。特に、季節感の演出に大きな効果がある。配植に際しては、香る季節を確認するとともに、香りの強さにより密度を考慮する。なお、風によって容易に飛散することから、風の流れる向きや風除けに留意する。

写真3-13　花の材質感を強調したエスパリエによる演出　　写真3-14　花の材質感の組合せによる演出

緑と緑化

④材質感（テクスチャー）

　植物のもつ材質感は、形態的な部位すなわち幹・葉・花・果実等により構成される。特に樹木は、見る距離によって材質感を構成する要素（遠景－樹冠、中景－枝葉群、近景－葉）が切り替わることが大きな特徴である。材質感は、視覚的には明暗がかもし出すパターンにより識別され、特に植物の場合は近接した状態で観察される触覚的なものであり、植物自体のイメージに強く影響する視覚的なものでもある。

ア．幹

　街路樹のように、近接した位置に1本ずつ植栽される場合、幹は見えやすくなり材質感が景観形成上重要なものとなる。一般的に、幹の材質感は、平滑なものが都市空間に整合しやすい傾向にある。また、公園空間においても、落葉高木の群植を行う場合幹の材質感が、特に冬季において目立つ存在となる。

写真 3-7　街路樹は、幹の材質感が目立つ場合が多い。　　写真 3-8　落葉樹木の群植は冬季に幹の材質感が目立つ。

イ．葉

　葉の材質感は、大きさ・形・つき方・厚さ・量・表面の滑らかさ等、多くの特徴を有しているため、植物のイメージを形成する際に、大きな比重を占める場合が多い。例えば、大きく厚い葉が多くついている樹木は、「鬱蒼とした」・「重厚な」・「陰鬱な」・「湿潤な」というようなイメージにつながることが多く、小さく薄い葉が日光を通す程度についている樹木の場合「あっさりとした」・「軽快な」・「明るい」・「乾燥した」といったようなイメージにつながる。また、モミジ類・ウルシ類・クルミ類のように、葉の形やつき方に個性があるものは、特徴のあるイメージの形成に大きな役割を果たしている。

写真 3-9　多様な葉の材質感の違いによる演出例　　　　写真 3-10　特殊な葉の材質感は人の目を引き付ける

第3章　緑化の実践技術

③色彩（カラー）

色彩は、大気と光の変異性により変化し人の視覚に直接的な影響を与える。明るく色調の高い色彩は、陽気で生き生きとし元気づけられる（前に出てくる進出色）。濃い色調は地味で豊かな感じである（後ろに下がる後退色）。中間色は、背景に適している。植物の色彩は、主に形態的な部位別に構成される。

ア．幹

幹の色彩は、一般に樹齢によって変化するものが多く、成木になるとその特徴が現れるものが多い。色彩的には、白系から黒に近い茶系までさまざまあるが、一般に都市空間においては明るいイメージの白色系・グレイ系が適合しやすい。暗い色調のものは、成長した時汚れたイメージにつながることがあるので、使用する場合は注意する必要がある。

イ．葉

植物の葉は、色彩的には緑色系統が多いが、わが国のような温帯地域では季節により、多様な変化を生じ、景観形成上季節感を演出する重要な役割を果たす。また、新緑時に赤いもの・葉の裏が白いもの・斑入りのような模様（葉の細胞から葉緑体が失われて白や乳白色の斑が入る）のもの・常に赤いもの・青の強いもの等、色彩的に特殊なものは効果的な演出に使用できる。

葉の色彩の景観形成上の効果は、緑色系統の中でも色の濃いものや薄いもの、青みの強いものや黄色みの強いもの等を組み合わせて群植し、視覚的な変化を演出できる。

また、景観形成上の技法として、遠近感を強調して奥行き感を出したい場合は、背景となる植物に青色系の薄い緑色のものを用い、近景となる植物に鮮やかな色彩や濃い色彩のものを用いると効果的である。

ウ．花・果実

花の色彩は、植物の色彩の中で特に目立つものであるが、色の濃淡や花の数によりその華やかさが異なる。花の色彩を利用した景観形成上の演出効果を計画する場合、色彩の組合せの効果と開花時期を合わせて検討する必要がある。

果実は、季節感を演出するには特に効果があり、色彩のイメージそのものと連動したものであるので効果的な演出が可能である。

エ．枝・冬芽

枝や冬芽は、ほかの部位と比べて地味ではあるが、色彩及び質感に特異なものがあり、景観形成上演出効果があるものがある。

写真 3-5 葉の青みと、黄色みの強いものの組み合わせ

写真 3-6 コニファー類の、多様な色彩の組み合わせ

表 3-3　落葉樹木の樹形の特性（落葉期）　その 2

基準樹形			景観特性	樹木リスト
整形			幹は直幹、枝は規則的に伸長、左右対称の樹形を有するものが多い。都市性の高い空間の街路樹や建物前の植栽、広場のランドマーク等に適している。形がきれいなため、列植や群植でも整然とした静的な印象を与えやすい。	カラマツ・メタセコイヤ　イチョウ・カツラ・ケヤキ　トチノキ・ヒメシャラ
普通			一般にこのタイプの樹形が多い。樹形に個性が少ないため、空間への調和性は高い。	アオギリ・アキニレ　エゴノキ・エノキ・コナラ　エンジュ・シモクレン　スズカケノキ　トウカエデ・ナツツバキ　ハナノキ・ハルニレ　ムクゲ・リョウブ
乱形			幹は直幹ではなく、枝も不規則に伸長し、乱れた樹形をしている。自然的要素の占める割合が多い空間（芝生広場、樹林地）では、景観的な問題は少ないが、都市性の高い空間では、調和しにくいことが多い。動きのあるダイナミックな樹形を活かして、広い芝生地のポイント植栽として効果的な場合もある。	イロハモミジ・ウメ　オオシマザクラ　シダレヤナギ　ウメモドキ・エニシダ　コデマリ・ハコネウツギ　マンサク・ヤマブキ　ユキヤナギ

第 3 章　緑化の実践技術

写真 3-3　ビスタ（見通し線）効果の高い円錐形の樹形は、並木道路や公園の園路においてシンメトリーを形成する場合に効果的である。

写真 3-4　球形や半球形の樹形は成木になると一本でも点景として効果がある。また、並木は、緑量を豊かに感じさせる。

②形（フォーム）

　樹形は、緑の景観形成上最も重要な要素の一つだといえる。樹形は、単に植物の輪郭による形ではなく、枝張り・葉のつき方等の生育形態にも影響する。樹形パターンとして、輪郭線の形状により区分すると**表3-2**のような景観特性がある。また、冬季に落葉する落葉樹木は、季節によりその樹形が変化する。

　植栽デザインにおいては、使用する樹木の樹形と周囲の空間イメージとの整合を図るだけではなく、異なる樹形を使用する場合は樹木間における樹形の相互の関連性にも留意する必要がある。

　樹形による景観形成上の効果を道路や公園で見てみると、道路空間においては円錐形の樹形の列植は、ビスタ（見通し線）形成に効果的で象徴的なイメージを形成できる。これに対し球形の樹形の列植は、ボリューム感による緑量の豊かな景観を形成することができる。また、傘型の樹形の列植は、明るいイメージの景観を形成する。公園空間においては、狭円錐形の樹形の景観木は緊張感のある引き締まったイメージの空間を形成するのに対し、卵形の樹形の景観木は穏やかで涼しげなイメージの空間を形成する。また、房頭形の樹形の景観木は、独特のエキゾチックなイメージの景観を形成する。

表3-2　樹木の樹形の特性　その1

景観形成上の類型	景観形成上のイメージ	樹形パターン	景観形成上の特性	樹木リスト
ビスタ強調型	常緑針葉樹 ・緊張した ・重厚な ・ひきしまった 落葉針葉樹 ・明るい ・伸び伸びした ・きれいな ・上品な	狭円錐形	ランドマーク等の景観を象徴する場合に、効果的な樹形である。列植した場合は、整然とした印象を与える。	イチイ・コウヤマキ・サワラ・スギ ヒマラヤスギ・ヒノキ・カラマツ メタセコイア
		広円錐形	狭円錐形に準じた特性をもつが、やや柔らかなイメージとなる。	イチョウ・カツラ・トチノキ・フウ モミジバフウ
		紡錘形	狭円錐形に準じた特性をもつが、列植した場合、連続性を強調する効果がある。	カイズカイブキ・ニオイヒバ、 アメリカヤマナラシ
ボリューム形成型	常緑広葉樹 ・重い ・暗い ・重厚な ・豊かな 落葉広葉樹 ・穏やかな ・上品な ・繊細な ・明るい	卵形	広葉樹に多い樹形で、植栽景観の骨格となる。ほかに比べて、くせの無い樹形で多用しても煩雑感が少なく調和しやすい。	ウバメガシ・クロガネモチ・サザンカ サンゴジュ・タイサンボク・モチノキ モッコク・ヤブツバキ・アオギリ アキニレ・エゴノキ・コナラ・コブシ シモクレン・トウカエデ ハクモクレン・ユリノキ
		球形	成木では、重量感がある樹形になりボリューム感がある景観を形成する。多用すると、暗いうっそうとした印象になりやすい。	アラカシ・キンモクセイ・シラカシ タブノキ・ネズミモチ・ヒイラギ ヒイラギモクセイ・エンジュ マテバシイ・ヤマモモ・ウメ ユズリハ・ハルニレ・スズカケノキ
		半球型	球形に準じた特性をもつ。重量感のある樹形は、単木でも点景として効果がある。	クスノキ・スダジイ・イロハモミジ オオシマザクラ・シダレヤナギ ソメイヨシノ
キャノピー形成型	落葉広葉樹 ・明るい ・きれいな ・好ましい ・かろやかな	盃形	連続したスカイラインを形成するのに効果がある。ランドマークや緑陰の形成に効果があり、特に連続した緑陰の形成に適している。	エノキ・ケヤキ・サルスベリ ヒメシャラ・ヤマボウシ
アイキャッチャー型	常緑針葉樹 特殊樹 ・エキゾチック ・陽気な ・楽しい ・開放的な ・おもしろい	傘形	葉が上部にあるために、大木でも明るい印象を受ける。独特な形は点景として効果がある。	アカマツ・クロマツ・カクレミノ
		房頭形	個性的な樹形であり、ほかの樹木では形成できない個性をもつ景観を形成することができる。点景の並木とすることで独特の効果を発揮しうる。	カナリーヤシ・ワシントンヤシ ソテツ・ニオイシュロラン

2．修景緑化のデザイン要素としての植物の特性

植栽デザインにおいては、植物の環境に影響を与える機能的特性はもちろんであるが形・色・材質といったデザイン的特性を十分に認識しその特性を活かした統一感のあるデザインを行うことが大切である。

修景緑化のデザイン要素として、植物を主に視覚的に見た場合の特性は、その形を構成する枝葉・幹（茎）・花・果実等の形質と、これらの時間的・空間的変化等が想定される。これらの特性は、言い換えると生育形を表す「形」・「色」・「材質感」、そして規模を表す「大きさ」の四つの要因に整理される。

①大きさ（スケール）

大きさとは、一般に幅や長さ、高さ等の対象物の規模である。都市空間における大きさとは、その空間の閉鎖の規模により示すこともある。植物の大きさ（特に成長による最終の大きさ）は、高さだけでなく、水平方向への広がり、体積をも関連するが、ここでは主に高さ（樹高）として捉える。

一般的に、樹高が8m以上に成長する樹木を高木とし、3m以上8m未満の樹木を中木、3m未満の樹木を低木としている。また、0.3m未満の植物は地被植物としている。

植物の成長の度合いと最終の大きさの関係は、植物がデザイン要素として生きものであり変化するものであることを示している。植栽デザインにおいては、これらの植物の植栽時の大きさと、成長後の成木時の大きさを十分考慮し、植物と植物の組合せ、植物と空間の調和を構成することが大切である。

たとえば、公園等の広場空間において、高木を導入する場合ランドマークとなるとともに周囲に列植すると、人の視線を妨げる高さにより囲まれた環境を形成する。また、人の視線高よりも下にある低木の導入は、緑地空間に広がりをもたらす。

表 3-1　植物の大きさ（樹高）と景観特性

高さの区分	摘要	特性
大高木	H=15.0m以上の樹木	景観のランドマークをつくる。建築物との景観的な調和を生む。
高木	H=8.0m以上の樹木	緑の景観の主体を構成し、緑豊かな景観を創出する。
中木	H=3.0以上8.0m未満の樹木	プライバシーを確保する。境界を明示するなど機能的な緑の景観をつくる。
低木	H=3.0m未満の樹木	季節感のある変化に富んだ緑の景観をつくる。

写真 3-1　針葉樹によるランドマークの強調と落葉樹による変化のある景観の形成

写真 3-2　低木による空間の広がりと、葉色の変化による演出

第3章　緑化の実践技術

　緑化の実践とは、緑化の目的に対応して適切な植物を選択し、この植物を目的とする役割や機能が最も発揮できる構成に組み合わせるとともに、全体が美しい形態となるように配植して植付けこれを育成して、緑の空間の形成・維持を行うことである。

　本章では、前章の緑化の目的の中から、都市緑化の主体をなす生活環境の修景を目的とした緑化を行うための植栽の手法そして技術について解説するとともに、この手法そして技術を具体的な都市空間において実践するための植栽デザインについて作法としての考え方を概説する。

1．修景緑化の基本視点

　修景緑化のための植栽デザインは、植物による美しい配植の追求と快適な空間の創造行為であり、その目的は「美」と「機能」の総合化にあるといえよう。このことは、都市空間等における植栽行為が、単なる表面の美化やうわべの化粧ではなく、植物等により対象空間を美しくかつ快適で機能的な空間に構築していく総合性をもった技術であるからである。

　植栽デザインの構成材料として植物を見た場合、植物が生きものであり、成長するものであり、季節ごとに変化することが大きな特性である。そしてその特性が、無機的な要素の多い都市空間において、四季折々に植物が見せてくれる花や葉の色、そしてその姿の変化により、私たち人間の感性に大きな快適感を与えるものである。このことを踏まえて、生活環境の修景を目的とした植栽デザインにおいては、それぞれの植物のもち味を空間形成の目的・機能に適合させながら、春・夏・秋・冬というサイクルや時の経過の中で一定の秩序と法則のもとに、場の潜在能力を最大限活用した配植を行うことにより、その場に最もふさわしく、かつ人々の五感に訴える時間的・空間的ストーリーをつくることが大切である。

　植栽デザインにおいてもう一つ留意しておくべきことは、植栽空間の完成目標をどの時点に置くかである。つまり、完成目標が長期であれば若木を植えその美的な成長を自然と時に任せることができる。しかし、完成目標が短期であれば、成木を植え自然的な美しい配植を人為的に創出しなければならない。

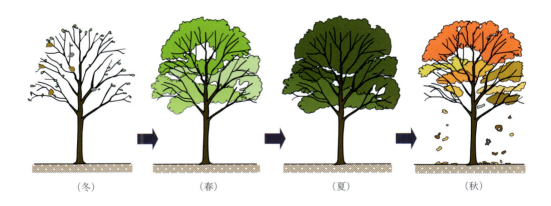

　落葉樹は、冬季には葉を全て落とした状態になっており美しい枝条の形態が見られるとともに、枝先をよく見ると春をまつ冬芽（花芽・葉芽）が確認される。春先には、葉の展開（開芽）が始まり、黄緑色の若葉のまぶしい色彩を見ることができる。夏になると、青葉はますます色を濃くする。秋には、黄色や赤色に色づく紅（黄）葉となる。そして、晩秋には落葉となりその葉は土壌へ還元される。このような植物の季節的過程を植物季節（フェノロジー）という。

図3-1　樹木の季節ごとの変化（落葉樹木の例）

第3章 緑化の実践技術

第 2 章　引用・参考文献

1. 太田猛彦：森林飽和―国土の変貌を考える、2012.7、ＮＨＫ出版
2. 沼田眞：自然保護という思想、1994.3、㈱岩波書店
3. 吉良竜夫：生態学からみた自然、1971.5、河出書房新社
4. 品田穣：ヒトと緑の空間、1980.10、東海大学出版会
5. H.D. ソロー／飯田実訳：森の生活（下）、1995.9、㈱岩波書店
6. 原勝：砂防造林、1950.4.5、㈱朝倉書店
7. 倉澤博編：保安林物語、1982.3.20、㈱第一プランニングセンター
8. 森本幸裕・亀山章：ミティゲーション、2001.9.10、㈱ソフトサイエンス社
9. 山田和司：工場緑化の史的考察からみた軌跡と今後の展望、2013.11、グリーン・エージ、(一財)日本緑化センター
10. 進士五十八：日本の庭園、2005.8.25、中央公論新社
11. 飛田範夫：日本庭園の植栽史、2002.12.20、京都大学学術出版会
12. 渡辺達三：「街路樹」デザイン新時代、2000.9、㈱裳華房
13. 亀山章：街路樹の緑化工、2000.4、㈱ソフトサイエンス社
14. 藤崎健一郎：並木の日本史、1990、樹の日本史、㈱新人物往来社
15. 田中正大：日本の公園（SD 選書 87）、1974.3、鹿島研究所出版会
16. 白幡洋三郎：庭園の美・造園の心、2000.3、日本放送出版協会
17. 丸井英明：森林法 120 年・砂防法 120 年に寄せて、2018、フォレストコンサル No.154、森林部門技術士会
18. 自然をつくる緑化工ガイド、1997.3、㈶林業土木コンサルタンツ、林野庁監修
19. 宇根豊：日本人にとって自然とはなにか、2019.7、㈱筑摩書房
20. 国土緑化運動五十年史、2000.12、㈳国土緑化推進機構
21. 日本花き園芸産業史・20 世紀、2019.11、㈱花卉園芸新聞社
22. 斉藤一雄編：緑化土木－環境系の形成技術として－、1979.8、森北出版㈱
23. 日本農業新聞・農林統計協会編：緑化の新戦略、1974.6、㈶農林統計協会
24. 中尾佐助：花と木の文化史、1986.11、㈱岩波書店
25. 白幡洋三郎：大名庭園、2020.3、㈱筑摩書房
26. 小野良平：公園の誕生、2003.7、㈱吉川弘文館
27. 宮崎良文：森林浴はなぜ体にいいか、2003.7、㈱文藝春秋
28. 京都大学造園学研究室編：造園の歴史と文化、1987.1、㈱養賢堂
29. 中越信和編著：景観のグランドデザイン、1995.11、共立出版㈱
30. 河村武・高原榮重編：環境科学Ⅱ人間社会系、1989.9、㈱朝倉書店
31. 沼田眞：植物のくらし人のくらし、1993.11、㈱海鳴社
32. 東京都造園建設業協同組合：緑の東京史、1979.2、㈱思考社
33. 吉村元男：風景のコスモロジー（SD 選書 230）1997.7、鹿島出版会
34. 上田恭幸：みどりの都市計画、2004.4、㈱ぎょうせい
35. 武内和彦・渡辺綱男編：日本の自然環境政策、2014.2、(一財)東京大学出版会
36. 伊藤邦衛：公園の用と美、1988.5、同朋舎
37. 磯崎新・藤森照信：磯崎新と藤森照信の「にわ」建築談義、2017.9、㈱六耀社
38. 白幡洋三郎：近代都市公園史の研究－欧化の系譜－、1995.3、㈱恩文閣出版
39. 丸田頼一：都市緑地計画論、1983.12、丸善㈱
40. ㈳道路緑化保全協会編：道と緑のキーワード事典、2002.5、技報堂出版

緑と緑化

わが国に固有の緑の文化をはぐくんできた松原を再生して、地域の環境・観光・健康資源として保全に取り組む人たちの支援をする運動を各地に立ち上げる「日本の松原再生運動」を、平成18年度より展開している）。この「山」「里」「まち」「海」を流域としてつないでいるものが河川である。この河川を、地域の水系ネットワークだけではなく、生態系のネットワークとしても機能させるためには、河川空間はもちろんであるが、山地の森林や水田等の治水機能（洪水調節・水源涵養）により国土全体の保水力を高め、地下水や湧き水も含めた健全な水循環の確保とともに、地域の歴史・文化・生活が調和した河川と流域環境を取り戻す取組が流域防災上も大切である。

国土の自然構造と、人為的な土地利用とのそれぞれの立地での調整は、先人がつくり上げてきた人と自然との共生の歴史である。つまり、自然地形に依存しながら都市や集落の骨格が形成され、その景観の構造も自ずと周囲の山並みや丘陵・河川などの地形と密接に結びついていた。そして、都市や集落の内部においては、水辺や崖・谷戸などの小自然が随所に残存しており、それをあえて人工物で改変しようとしなかった。むしろ、私たち日本人はそういう小自然に囲まれて住むのを好んできたといえる。

このように多様性の高い自然構造の国土を持つわが国では、その多様性を生かしたさまざまな緑を創出・保全し、地域に即した風景、すなわちその土地の「らしさ」をもつ「風土の緑」の形成が大切である。

わが国独自の里地・里山・里海文化を、次世代へ継承することが、日本らしい風景の保全と維持につながっていく。

写真 2-82 自然風景の保全が望まれる海岸地

写真 2-83 原風景の一つとしての松原の再生と海浜地

写真 2-84 自然風景地としての河川空間

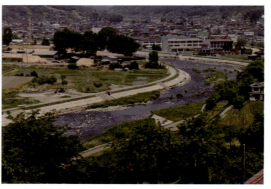

写真 2-85 生態系ネットワークを構成する河川

里地は、集落とともに田や畑等の生産を目的とした農耕景観が広がる地域である。そしてこれらの風景の中に、信仰や祭りの場として点在する鎮守の杜と呼ばれる神社林や人が管理する雑木林や、カヤ場等の草地における草刈りや野焼きの作業が多様な生物相を育み、その地域固有の文化を形成してきた。しかし、多くの日本人の心象風景として定着している里地の田園風景が、今や急速に変貌しつつある。この里地においては、「心の故郷風景の再生」を目標として、農林業の活性化を地域全体で支える仕組みづくりを進める。また、外来種のコントロール等も含めた自然再生や生物多様性を推進しこれを利用する伝統的な知識や技術を子どもたちへ引きつなぎ、地域の文化と結びつく固有の風土継承が大切である。

まちは、住居や交通等に有用な、主として河川による砂礫等の堆積によってできた沖積平野の平坦な地に、建物等の人工物を計画的に配置して形成された場所である。そして、多くの人々の生活の場として日々の活動が豊かに快適に展開される多様な空間が、形成され利用されている。このような人為が主体の地域では、まち全体の魅力や快適性の向上を目的として、緑の導入によりその場らしさを演出し、まち全体としてのアイデンティティの高揚が重要である。また、地域に根付いた社寺の森や民家の敷地において、地域のシンボルとして人々から親しまれている大樹や古木がある。この既存の緑は、人工物の継承が難しいわが国において、その土地の伝える歴史性とともに、まち自体の価値や固有性を表現するものである。このように、人間活動を優先するまちにおいても、街並み景観を構成する公共の緑とともに、新たな緑そして既存の緑の豊かな自然に囲まれて、日常的な暮らしの中で身近な自然との触れ合い確保が大切である。

里海である日本の海岸の形態は、極めて多種多様である。日本は、周りを海で囲まれ、また地質が極めて複雑なので、岩の切り立った岩石海岸もあれば、礫のゴロゴロした礫海岸、そして海水浴や潮干狩りに適する遠浅の砂海岸もある。海岸の形は、地質はもちろん土地の隆起や沈降、波による侵食、海流による運搬などが複雑に作用しあってできたものである。この海岸地は、陸域と海域の接点に位置する地域である。陸域側には、海岸や海浜に日本の原風景を構成するクロマツを主体とした植生がある。海域側には、干潟やサンゴ礁、豊かな藻場が形成され、多様な生物相が生育・生息している。しかし、松原や自然海岸の消失とともに、海岸地の風景や生物多様性は劣化の一途である。海岸地本来の人と海のつながりと、豊かな生物相を取り戻すためには、海と山との生態的関わりに留意しつつ、上流での森づくりや水質改善等の取組を通じて、沿岸域での持続可能な漁業の復活・持続を図ることが大切である。また、私たち日本人の原風景の一つである海浜地の松林の再生も重要な課題の一つである（日本緑化センターでは、

写真 2-80　豊かな文化を表現するまち地域

写真 2-81　わがまちを形成する固有の緑

に活用・維持してきた。しかし今、国土のあちこちでこの水循環の仕組みが壊されつつある。山では、開発による地形改変や植林地等の管理放棄等により、森が不健全な状態となり集中豪雨を支えきれず、表土や草木を流失している。そして、一気に流下した水は、ダムを埋め、河川を氾濫させる。里やまちでは、岸辺や川底をコンクリートで固められた川が、浄化機能を失い汚れた水を里海に一気に放出して、赤潮を発生させ磯焼けを起こしたりして、魚介類や牡蠣等の生息に影響を与えている。このように、自然の水循環に係る問題は、流域単位で複合的に関係し合って引き起こされている。

　緑の保全・再生・創出は、その基盤となる地形構造とともに、私たち人間も含めた生きものの生命線である水循環の健全性に十分留意して展開する必要がある。

　このことを前提として、以下に個々の立地の特性に対応した緑の望ましい方向を整理する。

　奥山は、急峻な山岳地形に、重層的で自然度の高い植生が地表面を覆い、土砂の流出を抑え、雨水を涵養してその下流に存在する里山・里地等に安定的な水の供給を行っている。また、奥山は気象的に厳しい地域が多く、微妙なバランスで生態系が維持され、多くの野生動物・植物の生育や繁殖の拠点となってきた。日本人は、このような奥山の環境を保全するために、古来から山岳信仰等の形で、奥山はむやみに人が踏み込んではいけない神聖な場所として、一定の距離をもって自然と共存するという知恵を培い守ってきた。しかし近年は、山岳道路の整備や観光の推進等により、一般の人々が山に入りやすくなるとともに、林業等の後退により山の荒廃が進行している。このような状況にある奥山地域は、人の働きかけが小さい自然性の高い地域として、自然環境の保全を優先して、登山や観光等の人間活動による生態系への影響を必要最小限にすることが望ましい。そのためには、植林や二次林の自然林や半自然林への移行や、外来種の排除等、人為的改変等により天然更新が困難になった地域の自然再生が求められる（自然の回復力（レジリエンス）強化による減災対策）。

　里山は、地形が比較的穏やかな山地や丘陵地で、植林地や雑木林等からなる身近な森林である。また、この地域を生活拠点とした山村社会は、林業を産業経済の基盤とした生活体系を持つ山の民の土地である。この地域の緑、特に雑木林は、薪炭林や農耕林として活用され、生物多様性の高い明るい林地となっていた。しかし、山村地域の過疎化等による山の手入れ不足に起因する森林の荒廃や、遷移の進行・ササ等の密生による、生物多様性の低下が進行している。この里山は、自然の質や人為干渉が中間的な地域として、生物多様性の再生とともに、持続可能な林業の活性化やレクリエーション林としての活用を通じて、人々に親しみやすい森の形成が望ましい。つまり、里山を文化資源として活用する。

写真 2-78　親しみやすい森の再生が望まれる里山地域

写真 2-79　固有の風土を継承する里地地域

6．緑の望ましいあり方

日本の国土は、地形で見ると山地・丘陵地（57％）、火山・裾野（19％）、洪積台地と段丘地形（11％）、沖積平野（13％）により構成されている。そして土壌で見ると、山地・丘陵地は、概して未熟な山岳土であるが森林が発達することにより褐色森林土が形成される。火山・裾野では、未成熟の火山性山岳土と火山噴出物からなる未成熟土が多い。洪積台地や段丘地形では、火山灰土が多く分布し黒ぼく土が形成されるが、乾燥しやすく酸性（雨によりカルシウムが流される）を呈する。沖積平野では、地下水が高く主に堆積土（未熟沖積土）が発達し、その中でも自然堤防の微高地には排水はよいが腐植の発達の不良な粗砂質性の土壌が、下流の三角州平野には排水の悪い粘土質の土壌が発達する。

日本の都市や集落は、自然特に自然地形と密接に共存して形成されてきた。特に、稲作を食糧の中心に選んだため、沖積平野を中心とした山の辺や盆地、谷戸などに好んで立地した集落や都市は、自然地形に寄りかかり、あるいはその懐に抱えられるように誕生し成長してきた。そして、この地形及びそれに伴う植生・人工景観を合わせた景観を風景として高めるとともに、人間と自然とが織りなす風土として育んできた。この風土を私たちの祖先は、地形構造とその上部の土地利用の形態により「奥山」・「里山」と呼ばれる山地と、野良と呼ばれる耕作地や野辺と呼ばれる草地空間等を含む「里地」、「まち」と呼ばれる市街地、そして「里海」と呼ばれる海岸地に分けて賢く利用してきた。そして、この奥山・里山・里地・まち・里海をつなぐ自然の系（システム）の役割を果たしているのが「水」である。

日本は水に恵まれているといわれている。しかし、降水量が多くても、季節的・地域的偏差があり、地形が急峻で川は急流であることから、人が利用する水資源は非常に少ない。

奥山や里山の森は、大気を冷やして雨を誘い、その雨は森の枝葉で受け止められ、林床を覆う植物や表土を通してゆっくりと浸透し、湧き水や流水となって下方に流出する。そして、里地の田畑（水田は遊水地）を潤して作物を育て、水は再び川に戻される（水を可能な限り森や土の中にとどめ保全）。流量を安定させた水は、この川を流れ下る間に、好気性微生物や水生動物により浄化されるとともに、多くの支流を集めて大河となり里海に注ぐ。里海では、奥山・里山の森から運ばれた鉄分やミネラルにより海藻や魚介類が育てられ、そして海洋の水は蒸発により大気に戻り、再び雨となって大地に降り注ぐ。これが自然の水循環である。

私たちの祖先は、山、とくに里山は「はげ山」と呼ばれるほど過度な利用を行ってきたが、水循環の大きな仕組みには逆らわずに、山・里・海を有機的につなぐ土地利用により国土を大きく劣化させず持続的

写真 2-76　国土は地形と水系により形成されている。

写真 2-77　自然度の高い生態系を有する奥山地域

緑と緑化

　このような調査の結果を見るまでもなく、私たち人間を含む動物は、生命を維持するためのエネルギー源となる炭水化物の確保は、植物を直接食べるか、植物を食べた草食動物を食べることでしか獲得できないことを本能的に感じている。つまり私たち多くの日本人が、「緑がしげり、花が咲き、水辺や水田が広がる空間に多くの動物たちが訪れる風景」を好むのは、人がそのような環境の中で生かされてきたという本能的（生物学では生得的という）な反応であり、遺伝子の中に組み込まれている行動型といえる。

　私たち日本人は、「奥山」の暗い原生自然より明るい「里地・里山」の自然が好きである。それは、奥山を神の領域として畏怖の念を抱き、人々が近寄らないようにするとともに、里地・里山の自然を人為的にコントロールして利活用しながら、身近に接して生活してきたことにも表れている。その意味で、今後私たちが目指していく緑化の目標イメージは、奥山の極相林のような緑ではなく、人間の管理によって保持されてきた二次林、すなわち里山を含めた田園風景に近いイメージの緑であるといえるかもしれない。人は、花や緑に囲まれると、その自然が作る色や形の美しさ、面白さ、清々しい香りや、風で樹の葉が触れ合うかすかな音等に、誰もが安らぎや心地よさを感じる。このような緑に対する人の反応は、さわやかな森の空気を胸いっぱいに吸い込む「森林浴」や、植物を育てる「園芸療法」、そして植物の香りを利用する「アロマテラピー（芳香療法）」等に見られるように、植物が人に与える影響として、血圧・脈拍・脳波等の変化等に表れ、交感神経活動が抑制され鎮静的なリラックス状態を得られるなど、今日少しずつ解明されてきている。このように、人と自然（緑）との関係は、人の進化の過程においてその生存に起因した基本的な結びつきであり、切り離せない一体のものである。つまり、人の生理機能は、その多くが自然環境のもとで進化し、自然環境に適応するように作られている、といえるのではないだろうか。

　今日、生活環境の人工化が拡大していく中で、自然的なものが人々に新鮮な感動を与えたり、自然との触れ合いが渇望されているのは、私たちの本能の中に眠っていた野生の感性が呼び覚まされ、新たなライフスタイルの中に自然との共存を求めているといえる。特に、人工化された現代文明の中で生活している都市型人間にとって、自然（緑）は人としての生活を取り戻すうえで欠かせないものである。

　名著『森の生活』の著者、H. D. ソロウは、「田畑に肥料が必要であるように、人間の健康には草木が必要である。街は、その中に住む善人によって救われるよりも、その中にある草木によって救われることが多い」5. といっている。

写真 2-74　安らぎの空間としての緑

写真 2-75　交感神経活動が抑制される森林浴

第2章　緑化の軌跡と緑の望ましいあり方

人がどのような自然を志向するかについて、面白い調査・研究がある。

品田穣は、人と自然のかかわりの構造を解き明かすため「人間と自然が欠かせないほどの構造的なかかわりがあるとしたら、自然が失われた時、人間の側に何らかの総合的な反応があらわれる」との想定から、東京・千葉・仙台・米沢を対象として58の環境タイプの調査対象地を抽出し、その環境に対する反応について居住者436人に調査を行った。その結果、「人口密度で2,500人、緑の量で（緑地率）で50%位までは、多少緑が減ってもほとんど緑を求めないが、それ以下になるとこの点を境に（分岐点として）急激に緑を求める行動が引き起こされる」[4]。これは、人間にとって緑が無くなることの危険性を本能的に感知して、心情的に緑を求めたのである。また、人と自然を結び付けているものを探るため、SD法（意味微分法）により自然の価値を評価するための基準を調査した結果、「人は自然を評価する時、安らぎ観に代表される尺度を評価の最大の基準にしている」[4]ことを明らかにした。つまり、人が自然を求めて行動する大きな理由は、「安らぎを求めて」という点にある。

こうした人間の帰巣本能ともいうべき緑への渇望は、緑が人間の精神に根源的な意味をもち、緑そのものに内在する人間の存在自体と深くかかわるような緑の価値が求められている表れと考えられる。

そして、「人はどのような自然に最も安らぎを感じるのか」の視点から国内の多様な植生タイプを対象としてSD法による調査を実施した結果、植生の中でも「見通しのよい草原・疎開林型の樹林地が安らぎの高い植生であり、また評価の高い植生では共通して50m以上の見通し距離をもっている」[4]点が確認されている。この見通し距離50m以上は、猛獣に対する人の逃走距離にほぼ一致している。そしてこれは、J.アップルトンの「隠れ場所見晴らし理論（人は本能的に眺望と隠れ場を求める）」にも合致する。

私たちの祖先は、食糧を確保するために森から草原に進出したが、ほかの外敵からの防衛のため、一定以上の見透かし距離があり逃げ込める樹林のある草原・疎開林型の自然地を生活空間としていたと思われる。こうして、見通しのよい自然を「安らぐもの」とする結びつきが人の生存上の必要から、進化の過程で生じたと考えられる。このように、緑によって人間が安らぐのは、人類が誕生した時の原風景が、草原などの緑によって覆われ、それが安全な環境であるとの情報が脳に刷り込まれ、記憶されているからであるといわれている。つまり、安定性を基調とした環境が人間の生存環境の基本である。

この人間の遺伝子を含めた身体の自然に対する適応を、ニュージーランドの研究者であるM.A.OgradyとL.Weineckeは、「自然回帰理論」（人は、人となってからの99.99%以上の年月を自然環境の中で過ごしてきた。これが、人が自然に適応している理由である）として整理している。

写真 2-72　防衛上有利な見通しの良い草原

写真 2-73　見通しの良い疎林はやすらぎ感がある

ギーに変換する能力があり、明暗の 2 情報として視神系細胞に伝える。これは朝夕の太陽エネルギーが乏しい時に大変都合よくできており、多少暗くても物体の像（モノカラーで色の無いシルエット）を感じる。錐状体の方は、昼間の強い太陽エネルギーの時に活動する。その活動は、主に特定の波長の光エネルギー（電磁波）に反応する 3 種の細胞群により感知される。第 1 の細胞群は、約 400 数十ミリミクロン前後の波長に感じ、第 2 の細胞群は、約 500 ミリミクロン、第 3 の細胞群は、約 600 ミリミクロン前後の波長を感じる細胞群である。この網膜で感じた光エネルギーが、視神経細胞で変換されて視覚中枢へ送られる際、第 1 の細胞群が反応して視覚中枢で感じたエネルギー帯が「青色」となり、第 2 の細胞群は「緑色」、第 3 の細胞群は「赤色」を選択的に受容して感じている。この 3 つの細胞群によって感じる 3 種の色を 3 原色といい、人間はこの 3 原色の組合せによって、400 ミリミクロンから 750 ミリミクロンの可視光線の複雑な色を感じ取っているわけである。人間の眼の色の見え方でもう一つ注目すべきは、視感度曲線（どの色が最もよく見えるかを示す曲線）である。この視感度曲線によると、人間の可視部、すなわち青色から赤色までの波長域の内で最も視感度が高くよく見えるのは緑色の部分である。ではなぜ、緑色の部分がよく見えるのか、残念ながら太陽光の分布曲線とは一致しない。これについて、ロシアの科学者セルゲイ・イヴァノヴィチ・ヴァヴィロフは、「昼間視に対する視感度曲線が、緑色植物によって反射・散乱された太陽エネルギーの平均分布曲線とほとんど一致している」[4]と説明している。つまり、人間の目は太陽エネルギーそのものに規定されているのではなく、太陽エネルギーが緑の植物（受容器である葉緑体が最も長い波長を持つ緑の光に対応している）に、一旦反射して目に入ってきた光エネルギーに規定され順応した結果出来上がったものと考えられる。

　人間にとって、緑の色がよく見えるのは、どのような意味を持っているのだろうか。目を使って植物を食べる第 1 次消費者としての動物は、人間とサルなどの霊長類（哺乳類の中で霊長類だけが色が見える）である。そして、特に好んで食べる餌が、熟した果実である。つまり、食べものである植物の微妙な色（緑）の違いを見分け、特に好物である果実の赤や橙（緑と補色の関係：食べてもらうために一番目立つ色になっている）が最もよく見える。緑は背景として常に人間の周りにあった「地」の色であり、「図」としての果実等を目立てさせていたのである。このように、人の目の構造は、緑の環境に包まれて暮らすことに適応していったと考えられる。

　次に、外敵からの防衛について考えてみると、緑は野獣から身を守るために有効な盾であり、その緑も草原や疎開林のように、見通しがよいことが外敵からの防衛上有利である。

写真 2-70　防衛上、見通しの悪い樹林地は不安が大きい。

写真 2-71　防衛上、見通しのよい草原は安全性が大きい。

のが本来の生息環境の中で相互の関係を保ちながら、存続できる自然の豊かさの総体をいう。

これを前提として、今後持続的な開発は、人類が生き残っていくために、人と自然の共生の視点を持ち、人の干渉が地球の資源を劣化させない範囲にとどめるものとされた。

わが国においても、国民全体の相互連携によって持続的に豊かな自然の保全を定めた「生物多様性国家戦略」が 2002 年 3 月に閣議決定されている。

このように、生物多様性の保全の重要性と必要性は、世界共通の認識となった。

この論理は、一応は納得するが、太古から自然の中で食べ物を得て暮らし、生きものを友達とする思いが本能的にあるわれわれ人類にとって、自然（緑）はなぜ必要かの答えがほかにもあるような気がする。とくに、自然の中に神を見出し、これを信仰するとともに、自然と調和する知恵とその体験を蓄積して発展してきたわれわれ日本人にとっては単なる資源とは割り切れない。

自然の恵みを受けて生活を営み、自然の中でほかの生きものとともに暮らしていた人類にとって、自然との関係は、その遺伝子に刻み込まれたものであるのではないか。つまり、人の長い進化の過程で自然との関わりの中、種の生存保障をするために遺伝子の中に温存されたものではないかと思われる。

これを前提に、人と自然を結びつける観点から生命保全のための人間行動の基本原理を考えると、①食料獲得、②外敵からの防衛等への関わりが想定される。

食物獲得を媒介として、自然と人が結びついたとすると、食物の識別のために必要な色の識別能力や、視感度にその関わりが現れる可能性がある。

人間の眼に光が入って見えるという反応が示される。この光というエネルギーが、電気化学的エネルギーに転換させる役割を果たしているのが網膜である。人間の網膜の光受容器は、約 700 万個の錐状体と、約 1 億 3 千万個の桿状体の 2 種類が混じり合っている。桿状体は、わずかな光エネルギーを化学エネル

表 2-3　生態系サービス（以下の 4 点が、人類が豊かに生きていくために不可欠な恩恵であるとされている）

①基盤サービス	全ての生命が生存する基盤である、植物の光合成による CO_2 の吸収や酸素供給、気候の安定など
②供給サービス	食料や木材資源や遺伝資源などの有用な資源の供給
③調整サービス	安全な生活の基盤となる土砂の流失を防ぐことや、豊かな森による安定した水の供給など
④文化的サービス	豊かな文化の根源となる郷土の祭りや民謡、地域の食料や酒・料理など

写真 2-68　人の眼は緑の色の微妙な違いを見分けられる。

写真 2-69　果実（赤や橙色）は緑の中でよく目立つ。

5．緑はなぜ必要か

「緑」、つまり植物は、私たち人間にとって必要か？

多くの人は、植物は自分たちにとって必要かどうかあまり考える機会はないだろう。

私たち人間が地球上に出現した時、植物はすでに存在していた。そして、人間は、この植物の中から植物自体やその果実を食したり、植物を利用して衣・住を確保して生活を営み、その植物が主として整えた環境で生存してきたのである。

このように、植物は、私たち人間の周りに当たり前のように存在していた。この植物を含めた自然環境を総称する言葉としてよく使われるのが「自然」である。私たちは、森や川やそこに生存している生きものなどを捉えて、一般に総称として自然という言葉を使っている。

この言葉は、江戸時代の蘭学者稲村三伯が寛政8年（1796）につくった蘭和辞典でナチュール（natuur）の訳語（英語ではネイチャーnature）として造られた言葉である（この言葉にはもう一つ「自然な」ナチュラル（natural）自ずから然りという形容詞の意味がある－中国（漢の時代）から渡来した東洋的使い方）。それ以前は、山川草木・天地万物・森羅万象・万有・自然（じねん）などと呼び、自然的なるものを大和言葉でいう「おのずから」なるものととらえる、伝統的な自然感が私たち日本人にはあった。

この自然を、なぜ必要かを説明しようとする時、最も一般的なものの一つに「自然は人の役に立つから必要」という主張がある。この考え方は、今日の生物多様性保全戦略の中にも色濃く引き継がれている。

これは、ユダヤ・キリスト教の「旧約聖書」創世記に「神が人間をつくり、動物を治めさせた」とする記述があるように、欧米には「自然は人間への奉仕者」と考える歴史は古くからあった。そして、産業革命により「自然は人間への奉仕者であり、非生物的財貨の材料・資源として使われるべきだ」となって自然保護や生物の多様性の保全を叫び、自然を保全しつつ皆で仲良く使いましょうと主張するようになった。その自然を、今日科学の世界では、生物と非生物を一体的なシステムとして捉えて、「生態系」と呼ぶようになった。そして今、世界的な人類の増加と大規模開発により、地球の生態系はあちこちでほころびが目立ち始め、このまま放置すれば人類の存在そのものに赤信号が灯ると警告されている。

これを受けて、平成4年（1992年6月）に生物の種の減少を防止するための「生物多様性条約」がリオデジャネイロで提起された。その基本的な目的は、生物多様性の保全を人類全体の目標とし、その結果として得られる生態系サービスを、人類全体が公平に持続的に活用できるようにするものである。

この生物多様性とは、生態系（Ecosystem）・種（Species）・遺伝子（Gene）の各レベルで、多様な生きも

写真 2-66　私たち人間にとって植物とは

写真 2-67　自然環境の総称としての自然

企業以外で植木生産に進出してきたグループで特筆すべきは、農家＋農協である。農家の植木生産進出のきっかけは、米の生産調整による休耕田の活用と農業所得の向上である。大手企業が植木生産に乗り出し、各地で農家と契約栽培をはじめ、植木業者が地方で庭木を買いあさる等が農家の関心を高めた。農地を遊ばせておくなら植木でも植えておこうと思う農家が出現してもおかしくはない。そして、企業との契約栽培が広がってくると、企業側でも農協等を窓口として契約農家をまとめて一定の規模を確保したい。農家も、契約時の価格や保証等の交渉に農協や組合団体としての結束が必要である。農協も、新たな農業生産物として植木生産を奨励していきたいが、植木の種類も分からないので、企業との契約栽培を通して技術指導や販売先も面倒を見てもらい、植木経営のノウハウを覚えたら自主的な植木の生産・販売を進めていきたいと考えていた。このような三者の希望の一致は、契約栽培を大きく広げる要因となった。その後農協も、契約栽培の仲介ばかりでなく、国庫補助等を活用して植木センターを開設する等、生産者主体の新しい産地づくりに乗り出す所が現れてきた。これらの農協では、栽培技術の指導とともに、重点樹種の選定と苗木導入対策、そして共同販売の推進対策などに積極的に取り組み、新たな産地が形成されていった。

　植木は、商品化するまでに長期間が必要なため、土地の回転率は低くかつ資金の回収も遅いなどもあり、新たな産地の多くは、「苗木供給産地」・「養成木産地」・「完成木産地」と分業化して行った。

　新興産地の形成などにより、緑化用樹木の生産供給体制は整えられていったが、生産者はどの樹種を作りどう売ったらよいか悩み、需要者は希望の樹種がどこにどれだけあるか分からないという課題を継続的に抱えている。

　この生産者と需要者の課題に対応して、植木産業の秩序立てを図るために国が音頭をとって設立されたのが財団法人日本緑化センターである。

　日本緑化センターにおいては、植木生産の基礎データを収集・公表するとともに、公共用に使用する主要樹木の「品質寸法規格基準（国土交通省）」を定めて、公共で使用する緑化樹木の安定供給を生産者に促すとともに、生産者の生産樹木の在庫情報を「供給可能量」として使用者に伝えて、緑化樹木の需給の安定化を推進している。

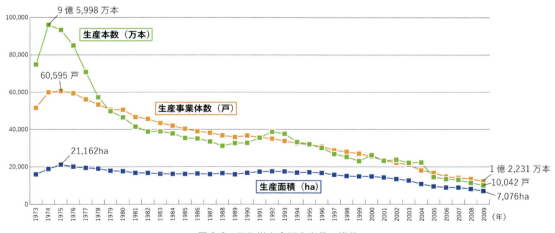

図2-2　緑化樹木全国生産量の推移

需要の増加はより大きいものとなった。

　このような植木需要の増大と需要樹木の多様化は、一生産者で対応できなくなり、不足分を仲間の生産者から購入して対応するという形態を生み、複数の庭師や造園業者との取引関係をもつ生産者が、需要の漸増過程で徐々に仲買業者として成長していった。つまり、緑化工事において、生きものとしての植物を取り扱う特殊性「必要な時に、必要な樹種・規模を、必要な数量」に対応して施工を進めるためには、流通業者である仲買業者（卸売業者）の存在が重要な役割を果たすこととなる。

　民間では、昭和40年代の終りから50年代前半にかけて、余暇需要の変化を受けて、急激なゴルフ場の建設ブームが起こり、芝生とともに植木の需要も大きく増加し「グリーンビジネス」という言葉も生まれた。高度経済成長による緑に対する関心と需要の高まり、特に公共用緑化樹木の需要が、昔からの植木生産の形態や流通を大きく変えた。とくに、高速道路や公園、そして住宅団地等の新設工事に伴う公共的緑化需要は、単に新しい需要であるのみでなく、大型で何らかの政策的裏付けをもって計画的に展開されるのが特徴である。そして、この需要は植木生産側に対しても、樹種や形態の制限、量的確保等を要求する。旧来の個人の庭園用が主体の生産・流通の形態では対応しきれない需要である。この新たな需要に対応するべく農林業関係資本や、そのほかの企業が、植木産業に進出し始めた。しかし、生きものである植木の生産という制約から、土地と育苗技術を持つ製紙・林業会社、自社工場の緑化が主目的の大規模工場を持つ会社、肥料や薬剤等のセット販売を考えている農薬・化学会社、そして、林業部門を持ち流通機能にたける商社などが主な中心となって乗り出した。進出企業の狙いは、大量需要のある公共用緑化樹木である。公共用緑化樹木の場合、発育が早く丈夫で病虫害に強く、自然樹形が主体となって造形技術があまりいらず、大規模な圃場での量産体制がとれるからである。これらの参入企業の生産方式は、直営生産によるもの、委託生産によるもの、この両者を組み合わせたものの3つのタイプに区分される。直営生産は、企業にとって所有の資源を有効利用するため、チャレンジしやすいが、需要の多い大都市周辺には企業が土地をもてず、企業内の労務管理は就業規則に拘束され、生きもの相手の管理は難しいなどの課題がある。委託生産は、主として農家等の労力や土地を利用するもので、苗木・肥料・農薬代は企業もちで管理は農家が行うタイプと、苗木・肥料・農薬代などは農家が負担して生産・管理を行い、販売を企業が行うタイプの大きく二つの形態がある。しかし、委託は長期生産には不安定で契約関係の責務が課題となる。よって、企業としては、樹木需要の変化への対応もあり、苗木生産は委託方式で、完成木の生産を直営方式で行う形態にシフトしていった。

写真2-64　苗木供給産地

写真2-65　植木センター（川口緑化センター）

まだ少量であり、植木需要の主体は依然として、当時の有産階級の庭園であった。

　大正に入ると、新たに中産階級と呼ばれる階層が出現してきた。これらの階層は、生活スタイルの洋風化を好み、家の敷地も有産階級に比べれば、それほど大きくないため、庭づくりにおいて和風等の様式にこだわることなく、垣根等を中心とした自由な庭づくりを行うなど、新たな植木需要が出てきた。このように、この時期には二通りの植木需要が垣間見られる。一つは、従来の「仕立物」和風庭園用の樹木（仕立て樹形）。もう一つは、新たに出てきた公共用や一般住宅用として自然の樹種固有の姿（自然樹形）を基本として育成したものである。自然樹形の樹木は、仕立てのための樹芸技術をあまり必要とせず、生産期間も大きく短縮でき、大量生産に向いていることから価格も安く設定された。

　昭和に入ると、都市の膨張と産業の発達は、植木の需要を増大させ、大都市の周辺部に安行（埼玉県）、稲沢（愛知県）、細河（大阪府）、山本（兵庫県）、久留米（福岡県）等の植木生産の特産地を発展させた。

　安行は、明暦3年（1657）の江戸の大火を契機として発展したといわれており、需要の中心は巣鴨・駒込・大塚周辺の植木屋と江戸の庭師である。稲沢は、柑橘類の接木技術が有名で、果樹や桑の苗木生産から発展した。細河は、杉苗・桑苗や花木の生産がもとである。山本は、古くから盆栽の栽培が盛んで、樹木の剪定・整枝・接木技術が優れていた。久留米は、クルメツツジの生産地として品種改良を競ったのが母体となっている。しかし、この時点でもまだ個人的・庭園的な需要が主体で少量多品種生産であり、植木産業としての形態はまだ十分に整っているとはいえなかった。

　新たな変化が出始めてくるのが、昭和30年代後半から昭和40年代にかけてである。

　わが国の経済成長は、昭和30年代に入ると、急激な高度成長期に入り、都市開発や産業開発が大きく増加するとともに、国民の所得も増加し、多くの国民が中産階級化していった。このような変化は、植木の需要構造にも大きく変化を与えた。一つは、国民の多くが中産階級化していったために住宅庭園の大衆化・洋風化による庭園木需要の増加である。もう一つは、大都市圏を中心とした住宅等の団地開発の急増による、道路や公園等の公共施設の緑化需要の増加や、工場等の産業施設への設備投資の増加である。工場の場合、初期は重化学工業が中心であり緑化はあまり進まなかったが、昭和40年代に入ると、「公害」という社会問題を引き起こし、これに対応するために、昭和48年に工場立地法が制定され、敷地面積9,000㎡以上の工場は、敷地の20％以上の緑化が義務付けられた。このことにより、植木の需要は大きく増加した。また、公共施設の中でも都市緑化の中心となった公園は、昭和46年に都市公園整備緊急措置法が制定され、これに基づく都市公園整備五箇年計画によって、全国の公園整備が促進され、植木の

写真 2-62　公共用緑化樹木（自然樹形）の生産

写真 2-63　根巻資材の改良

緑と緑化

4. 緑化用樹木生産の史的変遷

　緑化の主材料である緑化用樹木等は、植木生産という形で人為的に生産され供給されている。この植木生産つまり植木産業は、基本的に買入者の需要を想定する見込み生産であり、その時代の緑化需要により、その生産量と生産される植物種の内容は大きく変化してきた。一般に植木（野木に対する言葉）とは、庭園や公園等の緑化に関わる植栽工事の材料として、畑等で養苗や樹形の整形、根づくり等の養生的管理がなされている樹木等の総称である。この植木の生産は、わが国において長い歴史を持つものである。

　植木生産の最初の段階は、主に庭師等が自ら作庭する庭造りに使用するため、山野に自生する野生樹木を掘り取りこれを作庭する庭に移植して、これに剪定等の造形を加えていたものと思われる。その後、平安や室町期のように社会が安定してくると、支配者層を中心として庭園の造営需要が大きくなり、それに伴って樹木の量的・質的需要も大きくなり、必要に応じた山取りのみでは対応が困難となってきた。これに対応するために庭師は、農民に樹木の移植技術や簡単な造形技術を教えて、植木生産者に仕立て、山取りの樹木を一旦耕地に移植して育成させたり、苗木の生産等を行わせた。

　つまり、この段階で初めて植木生産者という職種が誕生した。しかし、前記したようにこの時期の樹木需要はまだ庭園にほぼ限定されており、その取引も庭師との個人的関係により個別的に成立するものであったため、農家の副業的な生産にとどまっていたものと思われる。

　この庭園の造営による植木の需要は、江戸期に入り社会がより安定してくると歴代将軍の植物好きが諸国の大名に大きな影響を与え、競って江戸の屋敷等で庭園づくりが行われ、自国の領地から美しい花の咲く植物を取り寄せて献上するとともに屋敷の庭を飾った。これらの植物は、花が終わったら抜いて捨てさせていた。この植物を出入りの植木屋等が貰い受け、植木溜まりに植えて取り木や挿し木等をして増やしていった。また、時の権力者である大名だけでなく、富を蓄えた商人たちも庭をつくるようになり、花卉園芸の流行が一般庶民に広がって、植物の栽培や売買を専門とする植木屋や植木屋村が発生した。この植木屋に、樹木等を栽培して出荷する専業の農家も増加していったものと想定される。そしてこの植木屋や植木行商人により、日本の植物がプラントハンターの手を介してヨーロッパに送られている。

　この植木の需要に、新たな変化の兆しが出てくるのは、明治時代に入ってからである。

　明治に入ると、欧米化の一環として公園や街路、官庁、そして学校等の公共施設の建設が行われ、これらの施設への修景的な緑化により庭園とは違う新たな植木需要が創出された。しかし、これらの需要は

写真 2-60　庭園樹の造形仕立ての生産

写真 2-61　山取り樹木の再生生産

第2章　緑化の軌跡と緑の望ましいあり方

りを目的として、「全国都市緑化フェア」が昭和58年（1983）の大阪府を初年度として、毎年各地で開催されている。当初は、緑化に係る普及啓発の各種展示や見本園的なものが中心であったが、その後民間企業等の参加によりパビリオンや遊園地など博覧会的な要素が取り入れられた。平成に入ると、大阪で「国際花と緑の博覧会」が開催されたことによる、市民の花や緑への関心の高まりを受けて市民グループなど多様な主体の参加へと変化してきた。

そして近年、開催地も地方都市に移り、地域らしさや観光など地域振興の色合いも強くなってきている。また、昭和61年（1986）の第4回の緑化フェアからは、フェアの中心的行事として「全国都市緑化祭」が開催され、例年秋篠宮同妃両殿下（現在は内親王佳子さま）のご臨席のもと式典・記念植樹等が行われている。

昭和58年（1983）3月、内閣総理大臣の指示により、国土の緑化に関し総合的かつ効率的な諸施策の推進のため、内閣官房長官を議長とする「緑化推進連絡会議」が閣議決定により設置された。同会議は、市町村を主体として国民が広く参加し得る緑化運動が全国的に展開されるよう「緑化推進運動の実施方針」を決定し、緑化功労者等の内閣総理大臣表彰が開始された。この実施方針を受け、毎年4月から6月までを「春季における都市緑化推進運動」期間とし、その後その一環として「みどりの日（4月29日）」・「みどりの週間（4月23日から29日まで）」が制定され、全国各地で「みどり」にちなんだ各種行事が実施されている。

平成2年（1990）から「みどりの日」の制定の趣旨を踏まえ、全国の緑の関係者が一堂に集い、緑を守り育てる国民運動の積極的推進を目的として「みどりの愛護」のつどいが皇太子同妃両殿下（現在は秋篠宮皇嗣同妃両殿下）のご臨席のもと開催され、式典・表彰・記念植樹等が実施されている。

また同様に平成2年（1990）から、農林水産省・林野庁、東京都、（公社）国土緑化推進機構、（一財）日本緑化センター等の主催により、「みどりの日」及び「みどりの月間」制定の趣旨等に基づき、国民と森林・樹木・花などの自然とのふれあいを通じて、その恩恵に感謝する、森と花の祭典「みどりの感謝祭」を、秋篠宮名誉総裁ご臨席のもと、全国の地方公共団体・関係団体等の参加・協力と、「みどりとふれあうフェスティバル」に参画する多様な民間団体等の協力を得て開催されている。

このように、緑化に係わる推進運動は、それぞれの時代の要請に対応しながら、国民の緑への関心と理解を深めるために多様な形で実施されている。

写真 2-58　国際園芸博覧会（大阪市）

写真 2-59　みどりとふれあうフェスティバル（東京都）

うに至った。この条例制定がその後の緑化の推進にどのような効果があったのかは、意見の分かれるところであるが、少なくとも「緑化ブーム」の一要因となったのは事実である。

このように、官民ともに緑化の必要性が認識される中で、昭和48年（1973）9月に経済同友会の発議により経済界をはじめ、林業・農業・造園建設業・植木生産業等の民間各界が中心となり「財団法人日本緑化センター」が当時の農林省・建設省・通産省の認可を得て設立された。このセンターは、環境緑化を国民共有の社会資本としてとらえ、その推進は官民挙げて取り組まなければならない課題として、緑化に関する総合的調査研究、技術開発、情報の収集・提供ならびにその成果にもとづく緑化思想、新技術の普及・指導等を担う研究・開発集団として出発し、今日に至っている。この昭和48年（1973）には、「都市緑地保全法」が公布され、都市計画区域内に緑地保全地区が指定されるとされ、地区内の開発行為の制限や土地の買入れが規定されるとともに、住民参加による緑化推進のための緑化協定も規定された。また、同時期に、市街化区域内に残存する農地を保存するために「生産緑地法」が公布されている。

昭和50年代に入ると、国土、特に都市環境の改善の重要性が社会的な認識として高まる中で、緑の量的な拡大や質的な充実への対策が強く求められるようになってきた。これに対応するためには、公園の整備や道路の緑化等の公共施設の緑化はもちろんであるが、住宅地の緑化や商業地・工業地の緑化そのほか自然地の緑の保全といった都市の過半を占める民有地の緑化の積極的な推進が重要な課題となった。

このような状況に鑑み、建設省（当時）においては、国民運動として都市緑化を推進することを目的として、昭和50年（1975）から国及び地方公共団体において毎年10月を「都市緑化月間」と定め、都市緑化意識の高揚に資する行事を実施している。この都市緑化月間行事の一環として、（社）日本公園緑地協会主催の「都市緑化・都市公園整備推進全国大会」（後に「『都市に緑と公園を』全国大会」に改める）が毎年開催され、都市緑化及び都市公園等整備・保全・美化運動における都市緑化功労者建設大臣表彰等が行われている。また、市民の緑化意識の高揚や緑の知識の普及と相談等を目的として、昭和51年度（1976）から都市緑化植物園の整備を推進している。

昭和57年（1982）6月に建設省（当時）の都市計画中央審議会において、「都市の緑化に関する意識の高揚と知識の普及等を図るための中心的行事として定期的に開催都市を選定し都市公園を会場として全国都市緑化フェアを実施すべき」との答申がなされた。

これを受けて、建設省の提唱により都市緑化意識の高揚、都市緑化に関する知識の普及等を図り、国・地方公共団体及び民間の協力による都市の緑化を全国的に推進し、そして緑豊かな潤いのある都市づく

写真 2-56　全国都市緑化フェア（浜松市）

写真 2-57　全国都市緑化フェア（横浜市）

このように、大都市を中心に盛り上がっていった緑化運動であったが、戦時体制に入るや終息をせざるを得なかった。戦時下では、樹木全てを軍事燃料として使用する方針が出された時代であった。その後、戦後の混乱の中で、昭和22年（1947）に大日本山林会・興林会・日本林業会・日本治山治水協会・帝国森林会・林友会の6団体が会員となり、徳川宗敬貴族院副議長を会長として「森林愛護連盟」が結成され、これまで中断されていた愛林日記念植樹行事が皇太子殿下のご来臨を得て、東京都下多摩郡帝室林野局林業試験場で行われた。

　次いで昭和23年（1948）には、行事の規模を拡大して天皇・皇后両陛下の行幸啓を招聘し、東京都青梅町大神平において植樹行事が行われ、翌24年（1949）も同様に神奈川県箱根仙石原で実施された。

　昭和25年（1950）になると、国会の衆・参両院の決議を受け、国土緑化運動を一大国民運動として展開するために、森林愛護連盟を解消して、新しい組織として衆議院議長を長とした「国土緑化推進委員会」が設立された（この時緑化という言葉が初めて公式に使用された）。そして、この委員会の主体事業として天皇・皇后両陛下の行幸啓を迎え行う「植樹行事並びに国土緑化大会」（全国植樹祭）が毎年継続して実施されている。この国土緑化の運動の、シンボルとして繰り広げられることになったのが「緑の羽根」募金運動である。児童・生徒及び婦人団体・青年団等の街頭募金の活動は、緑に対する国民の理解と協力を呼び掛け、緑化思想の定着と深化が図られている。

　また、消滅していた学校植林運動もこれを復活させようと、昭和24年（1949）に文部・農林両省で検討の結果、「学校植林5ヵ年計画」が作成された。その後、国土緑化推進委員会発足を機に当委員会と読売新聞社が共催で「全日本学校植林コンクール」が実施され、新たな展開が始まった。

　そして、終戦後の戦災都市の復興は、緑を考える余裕はとてもなかったが、昭和23年（1948）2月に戦災復興院の後身である建設院は「都市緑化運動実施計画指針」を定め、全国に指示している。

　再び、緑化運動が世の中に再登場してくるのが昭和40年代に入ってからである。

　戦後の経済成長の波を受けて、昭和30年（1955）の末になると都市においては、建物等の平面的過密や自動車交通量の増大によって、都市環境が著しく悪化していったが、この環境悪化への対応はほとんど顧みられなかった。しかし、その中で都市の緑化に真剣に取り組む自治体が現れだした。その第一は、戦前からの工業都市であった宇部市であり、大阪市であり、その後の岡山市等である。特に、忘れてならないのはこれらの自治体にはこの運動を推進する有望な人材がいたことである。

　その後、昭和46年（1971）5月に自治体の長の統一選挙が行われ、それぞれの知事・市長・町長の各候補が一斉に「緑と太陽」を標榜して選挙に望み、当選後には「自然保護条例」、「緑化条例」の制定を行

写真 2-54　工場緑化推進全国大会

写真 2-55　震災地海岸の松原再生運動（陸前高田市）

3．緑化運動の史的変遷

わが国の緑化運動は、米国人バードジー．ノースロップ博士が明治28年（1895）に来日した際、時の文部大臣西園寺公望・文部次官牧野伸顕に、アーバーデー（愛林日）の精神を説いた機会が発端であるといわれている。

アーバーデー（Arbor day）は、明治5年（1872）に米国ネブラスカ州において州知事J.S.モートンの発案により州民全員で植樹をしたのが始まりである。ノースロップ博士はこの運動を、国土開拓に伴う森林の過剰な伐採が原因で起こる洪水等の打撃を受けていた全米に広めようとしていた。また、彼は州の教育委員長であったことから、この運動を教育的観点からも重視し、全米の学校の特別授業として取り入れていた。牧野文部次官は、早速その年の全国師範学校長会議で、アーバーデーについて講演し、これを実行するよう訴えた。そして、明治政府は、11月30日を「学校植林日」とし、全国の小学校で植林を実行した。しかし、この植林運動は、日露戦争の非常時を迎えて消滅してしまった。

この緑化運動が再び復活したのは、大正時代に入ってからである。大正11年（1922）に、当時の東京府は4月3日（神武天皇祭）を「植林日」と定めて緑化を推進することとした。この運動は、当初山林の植樹が主体であったが、都市部においては、都市美協会が大正15年（1926）4月3日に「植樹祭」を開催し、記念植樹や公園及び街路樹の植栽等の行事を開催して、緑化の啓発を行い、都市美化の推進を図った。この植樹祭行事は、第二次世界大戦勃発まで続けられた。これらの植樹日や植樹祭の運動は、やがて全国の山林緑化に波及した。昭和8年（1933）に、大日本山林会の和田国二郎会長が中心となって「愛林日設定委員会」を設け、愛林思想の普及啓蒙の方法を協議した結果、毎年4月2日・3日・4日の3日間を「愛林日」と定め、森林愛護と植林の推進を図った。そして、翌9年（1934）より、大日本山林会主催・農林省後援による全国統一的な「樹木植栽日」としてポスターの作成や苗木の無償配布、愛林日記念植樹等の行事が行われ、昭和19年（1944）まで植樹行事が続けられた。

このような東京における緑化運動の動きは、大阪にも刺激を与えることとなった。昭和10年（1935）大阪ロータリークラブは、23名の学識者を集めて都市環境と緑化に関わる座談会を開催した。その中で「環境悪化の防止を目的とした緑化を目指す」を提言している。これらの世論を受けて、昭和12年（1937）10月16日〜22日の1週間、大阪府・堺市・布施市の共同主催で「都市緑化運動週間」が行われ、植樹等の行事がなされている。国においても、昭和12年（1937）10月に、内務省計画局が首唱して、都市緑化運動週間が設けられ、都市内の施設への緑化の推進が実施された。

写真2-52　全国植樹祭

写真2-53　全国植樹祭

第二の課題は、保全・再生する「種の多様性」に係る考え方である。野生植物は、元々その地域に分布していた自生植物と、地域外から入り込み野生化した外来植物（含む帰化植物）に区分される。一般に、外来植物が増えればその地域の種数は増えるが、地域間の多様性は低下する。一方、自生植物の中でもその地域だけに分布する固有植物が多ければ、その地域を含むより広い地域の生物多様性を高くできる。また、種の多様性だけではなく、種内の多様性も重要である。他家受粉をする集団では、同じ種でも遺伝的に全く同じ個体は無く、多様な変異を有する個体が明らかにされている。この種内変異があるため、環境の変化や病虫害への耐性が高まり、野生集団が維持されてきたと考えられている。したがって、野生集団を保全する場合、個体数だけではなく集団がもつ多様性も重要な指標となる。

　つまり、野生集団の多様性を保つためには、同じ地域内の多くの個体を有性生殖に関与させる状態が重要で、安易な他地域からの導入はできるだけ避けるべきである。しかし、地域内の遺伝的多様性が低くて正常な増殖が困難な場合には導入は仕方がないが、導入によって地域固有の遺伝子が消失し集団の適応性が低下するリスクは考慮しておく必要がある。

　一般に、緑化用の樹種は、トレーサビリティー（生産・流通履歴）が不明なものが多く、その流通も広範囲であるものが多いので、自然再生等への使用には十分に留意する必要がある。

　第三の課題は、対象となる自然及び生きものが有する「不確定性」である。

　自然つまり生態系というものは、大変複雑である。何と何がどう関係して、全体としてどうなっているのか。それを研究するのが生態学等の自然科学であるが、個体と個体の関係、個体と個体群の関係、そして、対象とする地域の生態系と外部との関係など、余りにも変数が多すぎて、現実に研究できるのはそのごく一部に過ぎない。また、保全や再生を考える人の側にも、その時の社会の状況により目的や必要性が変化する。このように、人と自然の関係には何重にも不確実性が横たわっている。

　これを前提とした場合、自然再生や保全には確実な正答は無いということになる。

　つまり、自然再生的な緑化を検討して行う場合は、現状の自然環境や生きもののデータを適正に分析・確認をして、これをもとに再生・保全等の暫定的な目標や計画を立てて実施する。そしてその結果を調べ・確認して、予想通りなのか、予想と大分違うのかを確認し、それによって計画の目標や内容を調整してその推進を図る「順応的管理」（1970年代後半にカナダ・ブリティッシュコロンビア大学のC.S.ホリングラが提唱した概念）という自然管理の考え方が大切である。

写真 2-50　自然再生事例（シラネアオイ群落の再生）

写真 2-51　自然再生事例（目黒川崖線の復元）
（首都高速道路㈱ おおはし里の杜、
撮影：(一財)日本緑化センター）

第一に、改めて対象となる自然とは何だろうか。最初に頭に浮かぶのが、「原生自然は大切だ」という言葉である。しかし、この日本列島の中で人の関与がなされていない自然がどの程度あるのかという疑問が浮かぶ。そして、次には「自然の中の貴重な動・植物を守る」ということになる。だが、この貴重な動・植物、特に絶滅のおそれのある種は、レッドデータブックが示しているように、その多くが里地・里山として田園環境といわれる人の手が加わって維持されている自然地に生息・生育するものである。つまり、絶滅が危惧される生きものの個体を守ればよいというものではなく、生きものは生態系の中でほかの種や人間との関わりをもちながら生活しているのであり、絶滅危惧種であってもその生きもの及び環境構造の相互システム（生態系）の一員に収まるような扱い方が重要である。そして、この生態系の成立・維持に深く関与している人間社会との関わり方に留意することが大切である。

　このことは、自然再生として生きもの個体の保護を考える場合においても、その個体を含めた「生育・生息空間全体」つまり、生態系の留意が大切である。そして対象である自然を見る場合、人と切り離された形で自然を考えるのではなく、自然と人の関係の歴史はどうだったのか、それを踏まえて対象となる地域における自然と人の関わりを今後どうあるべきか考慮することが大切である。

　図2-1は、生物生息空間の観点から「空間配置の原則」を、国際自然保護連合（IUCN）が提唱しているもので、①生きものの生息空間はなるべく広い方がよい、②同面積なら分割された状態よりも一つの方がよい、③分割する場合には分散させない方がよい、④線状に集合させるより等間隔に集合させた方がよい、⑤不連続な生物空間は生態的回廊（コリドー）で連結した方がよい、⑥生物空間の形態はできる限り丸い方がよいとしている。この原則を集約すれば、保全・再生の対象となる生きものの人との関わりの経緯を前提として、生きものの生育・生息を主体とする空間は、高次消費者が生息可能な生物空間をより広い面積で、より円形に近い形で塊として確保し、それを生態回廊で相互につなぐことが望ましいといえる。

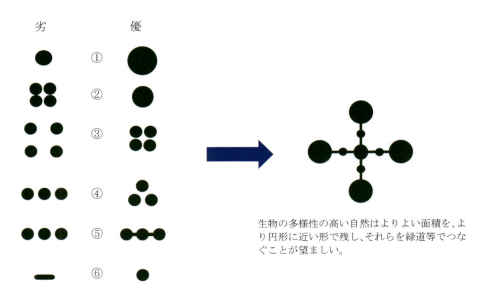

生物の多様性の高い自然はよりよい面積を、より円形に近い形で残し、それらを緑道等でつなぐことが望ましい。

図2-1　生物生息空間の形態・配置の原則（Diamond, 1975）

境保全措置、つまりミティゲーションを含めてこれまでにつくった人工物を撤去して、取り去った後の悪化した自然環境を回復するという積極的な考えに変わってきている。

平成に入ると、生物多様性（バイオダイバーシティ）という新しい観念が広まってきた。これは、昭和61年（1986）に米国の植物学者ウォルター.G.ローデンが政治的に企画した「生物多様性に関するナショナル・フォーラム」で意図的に使われ、これがメディアに取り上げられ、一気に広まった。そして、平成4年（1992）リオデジャネイロでの国連環境開発会議において「生物多様性条約」が採択・調印された。その後わが国においても、「生物多様性国家戦略」や「絶滅の恐れのある野生動・植物の種の保全に関する法律」平成4年（1992）等が制定された。

自然再生の言葉がわが国において公的に使用されたのは、「21世紀『環（わ）の国』づくり会議」の報告書（2001年7月）においてである。この会議に参加した東京大学の鷲谷いづみ氏により「自然再生事業により河川・農地・林地・草地・海岸などの生態系の機能的な関連性を高めながらその健全性と生物多様性を保全し、同時に災害に対する安全を確保し、地域の人々がその営みを通じて豊かな自然の恵みと安全性を享受できるようにすることが大切」との指摘を受けて、会議では自然再生を国民の協力を得て公共事業として展開することが望ましいとした。このような動向を受けて、「新・生物多様性国家戦略」平成14年（2002）、「自然再生推進法」平成15年（2003）が相次いで制定され、過去に失われた自然や不健全な生態系を復元・修復する、自然再生的な緑化が積極的に推進されることとなった。

都市域においても、里山的な雑木林や生きものを中心とした水辺空間等への関心が高くなり、公園や都市緑地として確保するとともに、生きものや野生の草花の豊かな空間として再生する緑化が全国の多くの地で行われるようになってきた。特に、郊外地に位置する規模の大きい公園等は、里山や田園地に立地するものが多いため、既存樹林地や野生草地の再生緑化が重要な役割を担っている。

このような自然再生緑化は、地形・地象の復元・修復と植物の生育環境及び植生の再生を中心とするものであるが、植生と共生関係にある動物の生息環境の保全も含まれるものである。また、過去の自然の復元に限らず、適切な人為の基に成り立つ二次的な自然の維持・再生も含まれる。そして今日では、海岸部の藻場やサンゴ礁の海岸生態系の再生も盛んに行われている。

ただ、この緑化手法を発展させていくにあたって重要な課題がいくつかある。

写真 2-48　自然再生推進法に基づく自然再生事業による湿原生態系の再生・回復（釧路湿原）

写真 2-49　絶滅のおそれのある種の保全（さいたま市田島ヶ原のサクラソウ）

出され、大正8年（1919）に制定された史蹟名勝天然紀念物保存法による「天然記念物制度」では、学術上価値のあるもの、日本特有のもの、貴重なものの保護が目的とされた。同時期に、三好がドイツ経由で紹介したアメリカの国立公園を意識した、日光そして富士山周辺を帝国公園にして風景を保護し観光に役立たせようとする運動が起こり、帝国議会で論議が行われた。その後、昭和6年（1931）にわが国独自の自然地の保護と産業的土地利用を規制・調整する「地域制」の「国立公園法」が制定（昭和32年に自然公園法となる）され、昭和9年（1934）に雲仙・霧島・瀬戸内海を第1号公園として指定された。

　この流れとは別に、自然環境を無制限な人為的環境の拡大から守ろうという市民運動による自然保護的な考え方の流れがある。自然保護的な考え方が、近代的な運動として新たな歩みを開始したのは、第二次大戦後にわかに実行に移されようとした尾瀬沼の電源開発に対して、生物学者を中心として盛り上がった反対運動（尾瀬保存期成同盟）である。しかし、この運動はまだ専門家を中心とした小規模なもので、市民運動と呼べるものではなかった。その後、雌阿寒岳の鉱業開発による硫黄採掘問題を契機に全国的な運動の母体が必要として、昭和26年（1951）に（財）日本自然保護協会が発足している。

　わが国の自然保護運動が、市民運動的色彩を帯びるようになったのは、昭和40年代に入ってである。
　昭和40年代、戦後の高度成長の時代に入り、当時の行政ぐるみの山地等での乱開発の問題がクローズアップされ、その粗雑な開発行為に対して、自然保護を標榜する市民団体が全国各地に名乗りを上げて、反対運動を盛り上げた。これは、昭和42年（1967）に公害対策基本法が制定され水俣病やイタイイタイ病などの公害が問題化したことが背景ともなっている。

　昭和46年（1971）に環境庁が設置され、総合的な自然保護行政がスタートした。その後自然公園法から自然保護的観点を切り離した「自然環境保全法」が昭和47年（1972）に制定され原生自然環境保全地域などが指定された。しかし、この時の自然保護の主な対象は原生的自然や奥山の動物等が主体であり、緑化を伴うような仕組みはこの時期にはまだ整備されていなかった。

　昭和50年代の後半になると、地方自治体の中に大規模開発に対応するため「環境アセスメント制度」を条例化するところが現れ始め、その評価結果に基づく希少な動物の生息地や植物のミティゲーション（影響を回避・軽減・代償する行為）対応、特に植物の移植に伴う修復緑化等が行われるようになってきた。この緑化は、開発行為の自然環境への負荷と攪乱を緩和するという観点から、原地形の環境構造を尊重した土地造成や土地周辺の在来種を用いた修復緑化を行うものである。このミティゲーション対応は、最初は開発によるマイナスの影響が軽減できればよいというものであったが、今日ではプラスになる環

写真 2-46　尾瀬沼

写真 2-47　市民参加によるミティゲーション対応

「厳正保存思想」があった。初期の国立公園管理の基本的理念になったのはこの考え方である。これに対して後に、自然資源の賢明な利用と保続を主張し、主として森林資源や国土資源の保全を唱えた初期の「保全思想」が現れた。そして、この時からこの二つの保護・保全思想が対立と融和の形を取りながら発展してきた。

今日の自然保護は、沼田眞によると「自然を人間のためによい状態で保存し、荒廃しないように利用・維持管理し、悪化しないように処理し場合によっては改造することまで含めた広義の概念である」[2]としている。この広義の自然保護は、今日一般に自然環境保全という用語で用いられている「保全」の概念とほぼ同じ意味であると考えられる。つまり、自然や環境をよい状態に保ちつつ、合理的な利用を図ることを意味している。

この保全の考え方を吉良竜夫は、「保全とは、自然の系の弾力的平衡の範囲内で、そこから最大の利益あるいは収穫が得られるように系をできるだけ壊さないよう保存する。必要によっては、壊れた構造の回復を人為的に助ける、さらに収穫量を規制する」[3]としている。

このように、保全は保護に比べてより広義の積極的・保続的な概念であるといえる。

以上の観点から、今日の自然保護は、個々の自然物や優れた自然風景の保護にとどまらず、自然の全体的な環境を対象とし、人間と環境の新たな関係をも明らかにし、環境の精神的・文化的・審美的な価値を認識し、その保全を目的とするものになってきている。さらに、その手段は、単に保護にとどまらず、自然破壊を事前に予測してこれを防止し、計画的に自然環境の管理を考え行うとともに、一度破壊された自然を積極的に復元・育成していく「自然再生」の領域にまで拡大してきている。

それではわが国において、自然や生態系を保全しようという考え方はいつどこから始まったのだろう。

江戸の藩政時代には、それぞれの藩ごとに山地や河川に対してきめ細かな保護的な政策がなされ実施されていたといわれている。しかし、明治になってしばらく自然地の保護は無法時代が続き、日本の自然地や生態系は急激に荒廃した。これに対応しようとした一つの流れとして、明治6年(1873)の「鳥獣猟規則」がある。これは狩猟の管理に主眼を置いたものであり、明治28年(1895)に資源としての野生鳥獣の個体群の減少防止を目的とした「狩猟法」が整備された。その後、希少な野生鳥獣保護のための「鳥獣保護法」(1963)となっている。日本の場合は、トキやコウノトリなどの大型鳥類が姿を消してしまったことがきっかけとなっている。明治5年(1872)に国産の村田銃が発明され、その銃による乱獲が大きな原因の一つであるといわれている。また、明治44年(1911)に、三好学らにより貴族院に建議案が提

写真 2-44　天然記念物指定による保護（屋久島）

写真 2-45　国立公園指定による保全（志賀高原）

緑と緑化

２−３．自然地の生態系の再生・保全を目的とした緑化の変遷

　最後に、自然環境や植生の復元・再生等、自然地の生態系の再生・保全を目的とした緑化である。

　具体的な変遷の話に入る前に、本緑化においては、自然環境の「保護」と「保全」の考え方を事前に整理しておくことが必要である。

　自然を保護及び保全するという思想や行動が始まったのは、比較的近代（18 世紀）になってからで産業革命以降のことである。これはヨーロッパにおける自然破壊の歴史への反省からである。

　初期の自然保護思想は、ヨーロッパで誕生した。18 世紀後半から 19 世紀にかけて、自然の喪失や文明化・機械化に対して先駆的な警鐘を鳴らした思想家・芸術家・文学者の中から保護思想が生まれた。ついで、地理学・博物学・生態学などの自然科学の発展とともに、科学的な自然の認識が始まり、この中から失われる自然を保護しようとする科学的な保護の理論が発展した。特に、ドイツを中心にヨーロッパで起こった第 1 期の自然保護運動は、産業革命により失われつつあった郷土景観の保護と天然記念物の保護を目指したものであった。そして、英国では、一般市民によって自然の景勝地や歴史的文化財を国民の共有財産として保護しようとする市民運動が起こり、1907 年にナショナル・トラストへと発展した。しかし、この時期の運動は、主として樹齢の高い樹木や科学的・教育的に価値のある動物・植物・地形地質など、個々の物件を点的に保護の対象としているものが多かった。

　19 世紀の後半になると、自然保護の新たな動きが米国において起こっている。この時代の北アメリカ大陸の西部には、多くの手つかずの自然が残され野生動物等の宝庫であった。アメリカの自然保護運動の父といわれるジョン・ミューアたちは、この地に踏み入り、自然の驚異を人々に伝える活動を行った。この啓発活動は、広大で原始的な自然景観を国民共有の財産として保護しようとする運動に発展した。そして、ここに原始的な大自然を面的に保有し、開発と個人の占有を規制しようとする国立公園の思想が生まれ、明治 5 年（1872）に世界初の国立公園・イエローストーン国立公園が誕生した。その後、大正 5 年（1916）に米国連邦政府により、国立公園政策大綱が制定され「公園や保存物の基本的な目的に合致するような手段と方法によって、国立公園等の地域の公園利用を促進し、保護を図らねばならない。この基本的な目的とは、自然景観や自然的歴史的物件、野生動物等の保全を図り、さらに手段と方法で、保存しながら、レクリエーション利用を促進することである」と定められた。この大綱は、単に米国のみならず、その後の世界各国における国立公園や自然保護の基本的考え方となって今日まで継承されている。

　米国には、自然を宗教的・精神的畏敬の対象と考え、原始境の絶対保護と自然の生態学的遷移に任せる

写真 2-42　ナショナル・トラスト保存地（ストウヘッド）

写真 2-43　イエローストーン国立公園

してその配置計画について欧米の動向を参照しつつ検討されるが、新たな公園の開設は少なかった。

公園の設置が大きく動いたのは、大正12年（1923）の関東大震災である。震災復興事業の一環として公園事業が進められ、東京では被害の大きかった下町を中心に大規模な区画整理と合わせて大小55の公園が新たに設置された。特に、小公園は小学校の校庭と併置させることにより相乗効果を持たせる設計となっている。この復興計画に見る公園へのスポーツ施設の導入や小公園の配置等の計画手法は、以後の公園事業に少なからず影響を与えた。昭和に入ると昭和7年（1932）に東京緑地計画協議会なる検討会が内務省主導で組織され、昭和14年（1939）に「東京緑地計画」が策定されている。これは、欧米の事例（大ロンドン計画のグリーンガードル等）や理論を背景に、東京のグリーンベルト構想（原案は北村徳太郎）として作成された都心からおよそ50km圏までの広域緑地計画である。この計画は当初は絵に描いた餅であったが、戦争体制下に入ると防空空地制度が誕生し、その「防空空地」に指定することにより緑地として買収がなされた。戦後になると、獲得された緑地が農地解放の対象となって多くが消えてしまったが、その残りが現在の砧・水元・神代・小金井・舎人・篠崎等の大公園や、駒沢・和田堀・石神井等の中公園であり、今日の東京の公園の骨格を作っている。昭和8年（1933）には、「都市計画調査資料及び計画標準に関する件」が内務次官通達として各地に通報され、それにおいて「公園計画標準」・「風致地区決定標準」・「土地区画整理設計標準」（この中に地区面積の3%以上を公園のために留保と明示）等が示され、それぞれの制度の実施等が急速に進行した。第2次世界大戦後には、政教分離による全国の社寺境内地公園の解除や、自作農創設特別措置法による公園用地の開放（全国で約1100ha）は、公園にとって大きなできごとであった。このような、戦後の荒廃した都市の状況や公園への対応に対処する必要から「都市公園法」の制定が急がれ、昭和31年（1956）に都市公園法が成立し、公園の設置目的や整備水準が定められ今後の公園政策の基礎を築き、ほかの分野からの用地侵食の脅威から公園を守る法的根拠が整えられた（昭和51年の改正で、国が設置する国営公園の規定が盛り込まれた）。

昭和35年（1960）代後半からのわが国の急激な経済発展は、都市地域へ人口や産業を集中させることになった。その一方で、緑地等の急激な減少や生活環境の悪化が見られ、これに対応するために都市環境の整備に合わせて、公園や緑地の整備が必要とされた。このような社会情勢を踏まえて、都市計画中央審議会は「都市における公園緑地等の計画整備を推進するための方法に関する中間答申」を昭和46年（1971）に答申し、これに基づいて昭和47年（1972）に都市公園等整備緊急措置法が制定され「都市公園等整備五箇年計画」が当年からスタートして、計画的な公園整備が全国で図られることとなった。その後、都市公園等整備緊急措置法は、平成15年（2003）の社会資本整備重点計画法に統合され、現在の公園の整備・発展につながっている（2023年時点で約11万か所、約13万haの公園が供用されている）。これらの公園に植栽された植物は、その立地する地域の歴史や文化も加味された緑地空間を形成して、地域の緑の核としての役割を果たしている。今後は、都市インフラとしてさまざまな都市活動を誘発する装置としての役割が期待されている。

写真2-41　防空空地であった砧公園（東京都）

緑と緑化

再告示された。大正7年（1918）には大阪・名古屋・神戸・横浜・京都にも市区改正条例が準用された。

日比谷公園は、審査会時にはその配置計画には存在せず、その後の委員会で日比谷練兵場跡地を敷地として計画に追加されたものである。本公園は、設計案の決定に極めて時間を要し、坂本町公園に遅れること14年の明治36年に開園している。この公園は、林学博士本多静六により設計された「西洋式」を下敷きにして「和」を取り込んだ「洋風公園」である。そして、この公園の大きな特色である洋風花壇や洋風レストラン、そして洋風音楽堂により、当時の人々は洋風を体感できたのである。しかし、植栽は予算の減額により当初は小さな苗木（新宿御苑や目黒の林業試験場等の外国樹種を研究している施設から提供）が中心であったが、その後の適切な育成管理により、現代では大木に育っている。

大正期に入っての大きなトピックは、明治神宮内苑・外苑の造営である。神宮苑地は、都市公園ではないが、公園に準ずるものとして、その造営の内容はわが国の造園史の上で一時代を画するものである。

明治天皇崩御の後、神宮奉祀の儀が起こり、大正2年（1913）に神社奉祀調査会が設置され、その調査会により南豊島御料地を最適地とし、大正3年（1914）に内定した。大正4年（1915）4月に、「明治神宮造営局」が設けられ、同年より内苑の造園工事が始められている。この内苑の森づくりには、本多静六・本郷高徳・上原敬二などの林学系の造園技術者が深く関わり、植生の遷移を前提とした天然更新による100年単位の森づくりが計画され、全国から集まった10万本近い献木が約11万人の全国青年団の勤労奉仕によって植樹され、大正10年（1921）11月に竣工している。一方、外苑については、大正4年（1915）9月に民間有志からなる「明治神宮奉賛会」が中心となり、旧青山練兵場とその周辺の地を含んだ地（48ha）に大正7年（1918）から昭和12年（1937）にかけて国民からの寄付と全国青年団の勤労奉仕によって整備が行われている。この外苑は、原煕や折下吉延などの園芸学系の造園技術者が計画・設計を担当し、西洋の整形式造園の様式を基調とした一大総合運動公園を完成している。そして、内苑と外苑をつなぐ連絡道路（幅員約36m）として、馬車道と歩道の両側に美しい植栽帯を持つ公園道路（パークウェイ）が整備されている（残念ながら、昭和39年（1964）東京オリンピック開催に伴う、高速道路建設により縮小されている）。また、参道周辺の景観や風致をコントロールするために、日本初の都市計画による「風致地区制度」の適用地区として、大正15年（1926）7月に「明治神宮内外苑風致地区」として表参道、代々幡明治神宮線（西参道）と、内外苑連絡道路周辺が指定されている。この明治神宮苑地の造営は、その後の造園の植栽技術や計画・設計技術の進展にさまざまな影響を与えた。

大正8年（1919）に、都市計画法が公布され、市区改正は「都市計画」に継承され、公園も都市施設と

写真2-39　明治神宮内苑（東京都）

写真2-40　明治神宮外苑（東京都）

の境内続きの土地を公園地として充て、明治4年（1871）に開設したものである。横浜公園は、やはり居留外国人の申し出により、今日の横浜公園の場所に「彼我公園」として、明治9年（1876）に開設（R. H. ブラントンが基本設計）されている。この公園は、その名称が示すように居留外国人の専用ではなく、「外国並みに日本彼我に用うべき公の遊園」として設けられたものである。このほか、外国人居留者の要請により整備が始められた公園としては、明治8年（1875）に神戸の内外人遊園地（東遊園）・河岸公園と、明治12年（1879）に函館の函館公園があげられる。函館公園は、英国領事ユースデンが公園の必要性を説き、開拓使がこれに応じて公園の整備に着目（整備費を一部負担）し、その後地元の豪商が多額の寄付を行い、住民の勤労奉仕によって整備されたものである。

　明治期において公園に関するもう一つの画期的なでき事は、市区改正事業である。都市計画の誕生による、計画的な公園の配置計画の始まりである。明治13年（1880）に東京府庁内に、市区取調局が設けられ、17年（1884）に、内務省に市区改正の公園配置案が提出された。これを受けた政府は、18年（1885）2月に東京府知事（兼任内務少輔）を会長とする「東京市区改正品海築港審査会」を作り、公園配置案を作成した。この案は、元老院で否決されたものの政府は明治21年（1888）8月に「市区改正条例」を公布し、一方新たに「市区改正委員会」を組織して、先の審査会案を審議して再作成を行った。この公園配置案は、ヨーロッパの主要都市を手本として公園の数や配置を決めたものである。つまり、都市の面積と人口に比例して公園を配置したものであり、人口の多い市街地部には公園を多くし、人口の少ない都市周辺部には公園が少ない配置となっている。なお審査会では、公園ではなく遊園の名称を使っていたが、告示では「公園」に統一されている。この計画は、先進国の公園の配置計画の最先端を取り入れた合理的なものであり、計画的に新たな公園をわが国で初めて配置したものであったが、計画案のうち実現したのは明治22年（1889）に開園された日本橋の坂本町公園と明治23年（1890）に開園された清水谷公園と湯島公園、明治24年（1891）に開園された白山公園、その後明治36年（1903）に開園された日比谷公園ぐらいであった。公園の理想的な配置は、まだ時代的に早計であったのかもしれない。坂本町公園は、最初の審査会の段階から配置計画されたもので、面積約3,000㎡と狭小ながら、コレラ患者の収容所であった避病院（伝染病病院）の跡地を敷地として、小学校と警察署に隣接する形で明治22年に開設されている。なお、本公園の設計は、東京府においてはじめて公園の専門的技術者として職に就いていた、長岡安平（日本のオルムステッドといわれている）によるものである。この市区改正条例の計画は、日清戦争終結後（明治30年）に再び審議が開始され、縮小案（49公園から22公園）が明治36年（1903）3月に

写真2-37　山手公園（横浜市）

写真2-38　日比谷公園（東京都）

緑と緑化

第2章　緑化の軌跡と緑の望ましいあり方

　明治6年1月（1873）の太政官布達第16号により多くの緑地が「公園」として制度的に認定された。まだ政府の機構が整っていない早期の布告は何か理由があるのだろうか。一つ考えられるのは、地租改正に絡む寺社領の処置や居留外国人の要求に学んだ欧化施設への対応ではなかったのか。また、布告の内容を見ると「古来ノ勝区、名人ノ旧跡等、是迄群集遊観ノ場所」を公園と定めるとしている。これは、新たに欧米のような公園を作れといっているのではなく、今までレクリエーション的機能を果たしていた遊観の地を、公園として申請すれば認定するといっているに過ぎない。つまり、対応に苦慮していた従来の遊観の地を地域からの申請により再評価して、破壊から守ろうとしていたのかもしれない。これを受けて、東京府は浅草寺・増上寺・寛永寺・富岡八幡宮の境界地および飛鳥山の5か所を公園候補地に決定した。しかし、決定して申し出ればすぐ公園となったわけではない。それぞれ、公園として開設するまでに多様な課題も解決しなければいけなかった。例えば、上野寛永寺の場合、ここは江戸時代には江戸随一のサクラ等の名所といわれていたが、この時、寺の用地は狭められ、その多くの土地が陸軍省と文部省の用地となっていた。そして、この文部省用地に大学及び大学病院の建設を検討している時に、建設用地を検分した大学教官オランダの軍医ボードウィンが「この景勝の地は公園とするべきで、病院地はほかに求めるべきである」とオランダ公使を経て政府に建議した。これにより、大学建設の流れは一時中止となったが、これで公園建設となったわけではない。その後、種々のいきさつを経て公園開設へと動き出したのは、この用地が内務省のあずかりとなったことによる。これは当時、ヨーロッパでは万国博覧会が盛んな時期であり、わが国においても殖産興業推進のために博覧会を催そうとした。そして、そのためには博覧会の中核をなす大博物館を作ることが急務であるとし、その建設地として上野の地が望ましいとなったのである。つまり、博物館は国家の博物館であり、その付属の公園は単に東京府の公園ではなく、国家の公園（上野御料地）であるとしたのである。よって、本公園の開園式である明治9年（1876）5月9日には、明治天皇が行幸されている。そのほか、茨城県の常磐公園、大阪府の住吉・浜寺の2公園、広島県の厳島・鞆の2公園、高知県の高知公園などが開設している。ついで、明治7年（1874）には石川県の兼六園、明治8年（1875）には香川県の栗林公園が開かれている。このように、旧来の勝区旧跡を利用した公園の設置が全国各地に波及していった。

　同時期に、この流れとは異なる公園の開設があった。それは、横浜における、山手公園や横浜公園等の外国人居留地における公園の開設である。山手公園は、英国公使が西欧諸国の例を引いて遊園地（パブリック・ガーデン）の必要性を説き、居留外国人専用の遊園の敷地提供の申し出を受けて、山手の妙香寺

写真2-35　上野公園にある東京国立博物館（東京都）

写真2-36　兼六園（石川県）
（「金沢城と兼六園」©Ishikawa Prefecture Japan.）

105

2) 公園緑化

「公園」は、英語のパブリック・ガーデンを、明治の初めに日本語に翻訳した言葉である。一般には、英語のパーク＝公園だと思われがちであるが、パークは「林苑」及び「狩猟林」のことであり、食用のイノシシやシカを囲い込んでおく森である。1870年代にニューヨークのセントラル・パークが完成し、世界的に有名になってから、「パーク」が公園の代名詞のようになり、その後イギリス自然風景式庭園的なデザインの大規模な公園緑地に限定的にパークの語を用いる例が多くなったのである。

わが国で、公共の用に供する緑化された緑地的空間が出現したのは、江戸時代享保2年（1717）に徳川吉宗による寛永寺の花見（夕刻）禁止の代替として設けられた花見園地としての隅田堤（木母寺門前から寺島村上り場に至る堤の左右）のサクラ等の植栽地や、品川御殿山のサクラ植栽地、享保5年（1720）の飛鳥山のサクラやカエデ等の植栽地がある。その後、享保18年（1733）に浅草奥山のサクラ植栽地、享保20年（1735）の中野桃園のモモ植栽地、そして元文2年（1737）の小金井のサクラ植栽地等が東西南北にそれぞれの趣きの違う園地を計画的に配置している。また、政治的に安定期となった江戸時代の社寺は、花木等を植えて名所を作ったり水茶屋や芝居・勧進相撲等の興行を行っていた。これらの社寺は、市街にあっては景勝地としての性格を有していた。この代表的な社寺地が、浅草寺の奥山や鬼子母神である。このほかに江戸は大火が多かったので、火除地（防災用空閑地）の機能をもたせた広小路や馬場が計画的に設けられ、キリ等の樹木が植えられた。普段は見世物・露天店・水茶屋等が集まり遊観所として使われていた。その代表的なものが、平川門と竹橋の対岸にあった護持院ヶ原や高田馬場である。

享和元年（1801）に福島県の白河に、庶民遊楽のための南湖公園（唐の詩人李白の「南湖秋水夜無煙」にちなんで命名といわれる）が開園している。これは、徳川吉宗の孫に当たる松平定信が「四民共楽」を目標として、大沼と呼んでいた低湿地の堰堤を改修して農業用水の貯水池を造成し、その周辺にアカマツ・クロマツや吉野のサクラ・嵐山のモミジ等を取り寄せて植え園地としたものである。この開放的な大園地には、門も柵も無く野には松虫・鈴虫を放ち湖には魚を放ち、また庶民にも開放された茶室を設けるなどして行楽の場所とした。南湖開さくの碑に「田に漑ぎ民を肥やし、衆とともに船を泛べ、以て太平の無事を娯しむべきなり」と記してある。これを公園とみなすとしたら、欧米のパブリック・ガーデンよりも前に、日本に公園が誕生していることになる（世界初の新たにつくられた市民のための公園は、イギリスのビクトリア公園（1845）といわれている）。天保13年（1842）には徳川斉昭が水戸に偕楽園を造り、民衆の保健享楽に資している。このほか、多くの藩や大名が風景園地の創出や保全に尽くしている。

写真 2-33　飛鳥山のサクラ
（東京都北区フォトデータギャラリー）

写真 2-34　南湖公園（福島県白河）

道路として整備する。

　復興街路の街路樹種選定では、街路樹の早期回復を図る上から、成長が早いもの・近代建築に調和するもの・耐火力の大きいもの（後藤新平が招聘したチャールズ・ビアード等の意見をふまえて火災防護に配慮）等の観点が基準となり、イチョウ・ヤナギ・スズカケ・ユリノキ・ニセアカシアなどが選ばれている。この復興事業は、昭和5年（1930）頃にほぼ終了し、歩車道の分離・街路樹の植栽・道路の舗装が初めて導入され画期的な街路景観が形成されている。しかし、その後の車道の拡幅や高速道路の建設などにより、4列並木や遊歩道などの道路緑地の大部分が使われ、残念ながらその多くが失われてしまった。

　第2次世界大戦後の昭和21年（1946）には、「戦災地復興計画基本方針」が取りまとめられ、延焼の防止や避難路の確保とともに、美観の形成という観点から、主要幹線街路を整備し、必要な個所に50～100mの広幅員の街路や広場を配置する方針が打ち出されている。この方針に基づいてつくられた代表的な街路は、名古屋の若宮大路通り・久屋大通、仙台の定禅寺通り・青葉通り、神戸のフラワー通り・広島の平和通り・豊橋の駅前通り・堺のフェニックス通りなどがある。東京では、すでに帝都復興事業で整備された昭和通り・八重洲通りなどを100mの幅員で再整備する計画がつくられている（100mの内40mを緑地とする予定であった）。しかし、昭和25年（1950）のドッジライン（緊縮財政）による計画の見直しによって、事業は大幅に縮小され、広幅員街路はほとんど実現しなかった。

　昭和31年（1956）には、新たに「道路技術基準」が通達され、その中で街路樹についての基準も示されている。そして、その翌年には、都市局長通達として、斉一で健全な街路樹を育成するための公営苗圃の設置、樹姿・色彩の美しいローカル色ある樹種の選定などを内容とする「街路樹等の緊急整備について」が出されている。しかし、その後は街路樹の整備は、あまり進展することなく推移していった。

　新たな動きが始まるのは、昭和45年（1970）前後からの環境問題の高まりとともに、道路からの騒音や排出ガスへの対応が叫ばれるようになってからである。

　昭和49年（1974）に作成された「第7次道路整備5箇年計画」において、道路整備上の最重要課題として緑化を取り上げ、翌年の「道路環境保全のための道路用地取得および管理に関する基準」の通達の中で、「環境施設帯」の設置基準を示している。これは、良好な居住環境を保全する必要のある地域の幹線道路の両側に、車道の端から幅10mまたは20mの土地を取得し、そこに植樹帯や防音壁などを設けるというものである。しかし、狭い国土のわが国においては、あまり普及しなかった。現在利用されている「道路緑化技術基準」（1976）は、道路緑化事業の推進に伴う統一的な技術基準の要請を受けて、それまでの「道路技術基準」（1961）の中に示されていた街路樹の章を発展させる形で、管理に関する説明を加えたうえで独立して取りまとめられた。このような動きの中で、街路樹による緑化は急速に進展して、また植栽樹種についても大気汚染に強く、環境保全効果の大きいクスノキやマテバシイ・シラカシなどの常緑広葉樹の使用が多くなるなど、使用樹種の多様化が進んだ。

　道路の緑化は、並木・路傍樹の緑として出発し、都市においては街路樹、郊外にあっては行道樹、そして高速道路における修景緑化へと発展していった。平成24年（2012）時点における全国の街路樹本数は、約675万本となっている。この中で最も多く植栽されている樹種は、イチョウの57万本（構成比8％）で、次いでサクラ類の52万本（同8％）、ケヤキの49万本（同7％）の順となり、この上位3種で全体の1/4弱を占めている。また、プラタナス類までの上位10種で全体の約半数を占め、わが国の代表的な街路樹として位置づけられている。

樹の管理が明治30年代にはそれまでの道路係から、植物の専門家がいる公園係に移った。公園主任であった長岡安平は、街路樹に関する意見書を出し、当時多く用いられていたヤナギやサクラは不適当であり、これに替わる樹種として、トチノキ・センダン・イイギリ・アカメガシワ・トネリコ・エンジュ・クヌギ等をあげた。また直営の苗圃を作って大きさのそろった苗を育てることなども提案した。この長岡に、街路樹種の研究を委嘱された白沢保美（林業試験所長）と福羽逸人（新宿御苑長）は、明治40年（1907）に、東京にふさわしい街路樹として「東京市行道樹改良按」を取りまとめ、これを基に長岡らがイチョウ・スズカケノキ・ユリノキ・アオギリ・トチノキ・トウカエデ・エンジュ・ミズキ・トネリコ・アカメガシワの10種を選定した。以降、これらの樹種が多く用いられるようになった。そして、一つの路線等において同一樹種を等間隔（7mを標準）で植える方式が定着していった。また、大阪市においても、明治20年頃からヤナギ・ポプラが河岸地を中心に植栽され始めている。

道路の定義、整備から管理に至るまでの手続きや費用負担等に関する事項を定めている「道路法」は、大正8年（1919）に制定されたが（現行法は昭和27年（1952）に新たに制定）、「並木」は当初から道路の付属物として規定された。さらに、同年に道路法の細則を規定する「道路構造令」と「街路構造令」（昭和27年廃止）が制定され、街路構造令では、都市及び市街地の道路に「並木」の植栽や「植樹帯」の設置が位置づけられた。街路樹を植栽する際の技術的基準としては、明治19年（1886）に国・県道の新設、改築を行う場合の築造保存方法を規定した「道路築造標準」（内務省訓令第13号）において、並木に関して「並木は地方の形状に依り、主として雨を防ぎ、日光を覆い若しくは風を防ぐ目的を以って植付くべし。其の種類は成長速やかにして、且、行人若しくは道路に障害無きものを選用すべし」などが示された。

その後、大正12年（1923）に勃発した関東大震災の復興のための東京の都市改造において、歩車道が分離された幹線道路が新設され、緑による震災時の延焼防止などの効果が大きかったため、2万本の街路樹の植樹が計画された。その時の、街路樹等に関する計画の概要は、次の通りである。

①歩道幅員3.5m以上の全ての幹線道路に並木を設ける。
一等大路には2列の並木を、昭和通り・大正通り・千代田通り・八重洲通りの広路には4列の並木を設ける。日比谷公園周辺の街路は、「市区改正」によってすでに整備済みであるが、公園と一体となった公園道路とするため、4列の並木を持つ街路に再整備する。内幸町通りの街路中央に遊歩道を設ける。
②幹線街路の橋詰や主要な交差点に広場を、街路の余剰地などに広場、街苑を設ける。
③隅田公園（本所側）と浜町公園の入口の街路を公園整備に合わせ、多列植栽や遊歩道などを持つ公園

写真2-31　戦災地復興街路（名古屋の久屋大通）

写真2-32　戦災地復興街路（仙台の定禅寺通）

類寄」の中に、「枯木になった松木 20 本は伐って片付けよ。根付きのよい苗木を選んで跡地に植え付けよ。成木になるまで心付けするべき旨申し渡す。今後とも、風折れや根返り等の分はこれまで通り取り計らえ。右のように立枯れた場合は、その都度毎に問い合わせの上、取り計らい有るべき旨、回答に及ぶことなり」と細かな管理指針が発令されている。この時代の並木で特筆するものは、日光杉並木である。日光東照宮に参詣するために整備された日光街道・例幣使海道・会津西街道に松平正綱・降綱によって寛永 5 年（1628）から慶安元年（1648）にかけて植えられたものである。

　幕末から明治になると、市街地に街路樹が西洋の都市を模して作られるようになった。安政 6 年（1859）の横浜開港の後から明治の 2〜3 年（1869〜1870）にかけて、関内の海岸通り元浜町から本町通りを中心として、街の形を成すにしたがって各商家では店頭の飾りや遮光そして家々の目標として、それぞれ好むところにしたがってマツやヤナギなどを道路に植え込んだ。また、慶応 2 年の大火を受けて慶応 3 年（1867）に「横浜居留地改造及び競馬場墓地等約書」に基づき、日本人居住区の本町と吉田橋の間に、幅 10 間（18m）の馬車道が開通し、その沿道にある商店が木を植えたところ、それにならうものが次々と現れ、マツやヤナギなどの並木が出来上がっているが、まだ統一的に行われたものではなかった。明治に入ると、東京府開庁後に京橋・新島原、本郷・根津門前、猿楽町の道路中央に、サクラが植えられている。明治 4 年（1871）には、前記の「約書」により横浜に日本大通りが R. H. プラントンの設計により作られており、広い歩道に街路樹が植えられている。これは、日本人居住区側からの延焼を防止する目的で設けられたとされている。明治 5 年（1872）には、銀座大火によって焼失した東京銀座の町を、防火構造の町に作り替えるため英国人ウォートルスの設計による西洋式の街づくりが行われた。そして、明治 6 年（1873）に、パリのブールバールをモデルに銀座通りが作られ、広い歩道（レンガ舗装）の歩車道境界の道路側にサクラ・クロマツ・カエデが植栽された（明治 20 年代前までは主に、車道上に植えられた）。また、明治 8 年（1875）に八重洲河岸通り・大手町濠端にニセアカシア、神田橋通りにシンジュの植栽、明治 11 年（1878）には皇居濠端にヤナギ、霞ヶ関にシンジュが植えられている。この時に植えられたニセアカシアやシンジュは、明治 6 年（1873）にウィーンで開催された万博に派遣された田中芳男と津田仙が種子を持ち帰り、その後播種して育てた西洋樹種である。このように明治の初期には、街路樹にさまざまな樹種が提案され使用されたが、その後の管理がうまくいかず、銀座やお濠端の街路樹も次第にヤナギに植え替えられた。しかし、このヤナギの管理もあまりよくなく、樹形が乱れてきたようで、明治 30 年代には東京市の参事会で「根元から切れ」と批判されるに至った。このような状況に対応するため、東京市の街路

写真 2-29　日本大通り（横浜）

写真 2-30　ユリノキの街路樹

（2）公的空間の緑化

公的空間の緑化の代表は、道路緑化と公園緑化である。

1）道路緑化

道路の沿道に植栽される樹木を「路傍樹」と総称する。その中で、列状に植栽されるものを「並木」という。そして、都市の中の道路である街路に植栽される樹木を「街路樹」という。

並木は、世界の各地で古代から植栽されてきた。最古のものは、紀元前10世紀につくられたヒマラヤ山麓のグランド・トランク道といわれている。街路樹は、中国の唐の都長安が知られており、7世紀以降にヤナギ・モモ・エンジュ・ニレが植えられている。日本の街路樹は、中国の都を模した藤原京や平城京に、都の装飾を目的に大路にタチバナが、その後延暦13年（794）に桓武天皇が平安京に都を移して大路にカワヤナギ・エンジュを植えている。そして、この街路樹を守る専門の番人が置かれている。

並木植栽は、天平3年（731）に東大寺の僧普照の建白により、太政官符において「応畿内七道諸国駅路両辺種菓樹事」（畿内七道の諸国駅路の両側に果樹を植えること：樹があればその傍らで足を休めることができ、夏は陰によって暑さを避け、飢えた時には実を採って食べることができる）が通達され、地方往環道に果樹（モモ、スモモ、タチバナ等）が植えられたのが最初ではないかといわれている。しかし、これらの植栽木は、その後日陰になる等の理由から地元民による伐採が多発したため、大同元年（806）に太政官符により「路辺の樹木を破損することを禁ず。」という趣旨の樹木保存令が出されている。

鎌倉時代になって特筆されるのは、京都の朱雀大路になぞらえて造営された若宮大路（段葛）である。鎌倉街道等には道標（一里塚等）としてヤナギやヤマザクラが植えられていたが、安土桃山時代以降にはマツが主に用いられている。戦国時代は、各地の大名が街道を整備し、並木等の植栽も行っている。織田信長は、天正3年（1575）に4人の道奉行を任命して、東海道・東山道にマツ・ヤナギを植えさせた。さらに、1里を36町と決め、塚の上にエノキを植えさせている。豊臣秀吉も、諸街道にヤナギ・マツを植えさせた。上杉謙信は、越後で道橋奉行にマツ・カシワ・エノキ・ウルシ等を植えさせた。前田利家は、加賀の金沢下口住環道にマツ並木をつくっている。加藤清正は、豊後道にマツ並木を作り、阿蘇神社に至る道はスギ並木とした。徳川家康は、五街道の修理につくし幅員を広げマツ・スギを植えさせた。

江戸時代に入ると、幕府により全国の主要幹線道路の改修工事が行われ、マツ・スギが並木として植えられ、各藩に維持管理をさせている。特に、主要な五街道には道中奉行が任命され、厳格な定めのもとに街道の管理が行われている。道中奉行が発した諸々の取締令等をまとめた史料である「五街道取締書物

写真2-27　スギ並木（箱根）

写真2-28　マツ並木（熱海）

もあり、主要な企業においては、環境が企業経営の中に占める位置が少しずつ大きくなってきた。これに伴い、工場緑化もバブル期のような過剰な投資は無いが、各工場の建物と一体となって個々の企業のイメージを表したデザインや個性的なものが多くなってきた。また、工場によっては、環境への対応をアピールするために、地域の自然環境と一体となった生物多様性等への貢献を大きく掲げる企業が出てきた。

そして近年、産業環境が大きく変わってきている。これは、工場そのものに求める社会的ニーズが変化していると同時に、工場の機能の分散と複合である。分散は、製造の第一次工程部門を、土地及び労働賃金等の安い海外へ流出・設置させることで、国内は最終工程である組立等の完成品工場が多くなってきている。複合は、工場に研究施設・研修施設・展示施設・企業博物館等の文化施設、そして本社機能の一部などの事務部門との一体化や物流施設等、工場そのものの機能が大きく多様化している。このように、今日では「工場」という言葉による表現が難しいほど形態の変化が進んでいる。

欧米では、企業の本社等を郊外の自然豊かな地に設けている事例が多い。これは、交通の便が多少悪くても自然環境のよい地でのワーキングの方が、社員の創造性を高め、生産性を向上するといった効果が大きいからである。工場にも、この事例が多くなってきている。

そしてまた、工場自体の変化とともに、社会的にも工場に対する認識が大きく変わってきている。業種にもよるが、工場は汚くてうるさい所だという見方は少なくなり、地域社会に十分溶け込んだ存在となってきており、むしろ市民企業としての役割を求められている。

写真 2-23　生物多様性の推進に配慮した緑化
（写真提供：大塚製薬㈱）

写真 2-24　企業のイメージを表現する緑化
（写真提供：富士通㈱沼津工場）

写真 2-25　ファクトリーパーク風緑化
（写真提供：㈱関ケ原製作所）

写真 2-26　地域の環境と一体となった緑化
（写真提供：キヤノン㈱富士裾野リサーチパーク）

昭和40年代の中ごろ緑化の社会的認識が高まるとともに、団地の規模も大きくなり立地も丘陵地での造成が多くなったため、造成のり面や調整池そして共通緑地の比重が高まった。さらに、臨海工業地帯で設置され始めていた緩衝緑地が工場地帯と市街地等を緩衝するために一般的に必要なものと社会的に受け止められ、新たな工業団地の外周にバッファーゾーンとして緑地帯を設ける例が多くなっていった。

　昭和40年代の後半になると、環境保全に対する考え方の重要性が高まり、工業団地の開発・造成においても環境保全の観点から既存の緑地を保全し、新たに環境保全林を造成する緑化手法も試みられるようになった。また、表土の保全も考慮されるようになってきた。そして、自治体では、自然保護条例や開発許可基準により、団地等の開発にあたって既存樹林の保全や緑地率について規制・指導を行うようになってきた。それとともに多くの自治体で工場緑化に対する「条例」が制定されるようになった。国においても、昭和48年（1973）に「工場立地の調査等に関する法律」の改正による「工場立地法」が制定され、この中で一定規模（敷地面積9,000㎡以上又は建築面積3,000㎡以上）の新設工場に敷地の20％以上の緑地の確保を義務付けた。これは、工場及び事業所から公害や災害を出さないようにするとともに、工場自体も快適な環境を構成し、地域社会と産業活動を調和させ、生産性の向上や労働条件の改善に資するとともに、より優れた環境をもつ地域社会を形成させる基礎を作り出そうとする趣旨のものである。この工場立地法の制定により、工場緑化は新しい時代を迎え大きく展開する。昭和51年（1976）には、「石油コンビナート等災害防止法」が制定され、その中に規定する「緩衝緑地の設置」に係る事業が宮城県塩釜地区を第1号として始まっている。しかし、昭和56年（1981）ごろからオイルショックの影響もあり、わが国の産業構造が基幹資源型産業から、加工組立型産業へと移行し、それに伴い工場の立地も臨海部の工業地帯から、内陸部の工業団地や地方へと分散していった。工業団地等の緑化も、団地として外周部に緩衝用の緑地を確保する（工場立地法に基づく工業団地特別制度）ようになり、各工場も「インダストリアル・パーク」の思想を取り入れた芝生園地等を多く取った開放的な緑化が多く出現した。このように、工場自体もあまり人に見せたくない施設ではなく、工場の建物と緑地等が一体となってその企業のイメージを表現する目的で緑化を行う工場へと変わり始めた。

　昭和60年代に入ると、バブル経済の最中に、企業は工場等の施設や再整備に多額の投資を行うようになり、工場緑化も企業戦略の一部として行われるようになってきた。特に、食品系の工場においては、商業施設を併設して、一般の人々に工場の一部を開放した観光型の施設作り（企業のテーマパークや野外レストラン等）や公園的な園地を造る工場も出現した。平成時代になると、地球温暖化対策推進法の制定

写真2-21　市街地等との境界に造成された緩衝緑地

写真2-22　環境保全林の形成を目的とした緑化
（写真提供：東レ㈱三島工場）

等の好景気を経て急成長する。高度成長の時期に入ると、薬品・食品・家電等を始めとする工場において、企業イメージが販売戦略上の重要な観点となるなどの理由から、宣伝効果を意図した「美しい工場」を創設するための緑化が、数多くみられるようになった。特に、主要交通路線沿いなどの人目に触れやすい場所の工場地では、自家広告としての美しい庭園をもつ工場緑化が、思い思いの趣向を凝らして展開された。しかし、中には将来の工場拡張の余地としての暫定的な緑化にとどまるものや、それぞれの趣向による緑化が隣接工場との調和を欠き、地域の統一景観を構成しないものがあるなどの問題も見られるようになった。このころアメリカの「インダストリアル・パーク（1950年代に米国において発展した緑の多い産業団地）」がわが国に紹介され、工場団地や工場緑化に対する関心が識者の間に著しく高まった。

　昭和40年代に入ると、急進な高度経済成長の弊害として、工場による公害が大きな社会問題となり、世間の関心を集めるようになった。工場緑化は、この公害の影響の軽減・緩和・防止の観点から改めて見直されることとなった。特に、これまでの工場緑化が企業内部のためのものから大きく転換を余儀なくされ、緑を通しての地域住民・地域社会との協調性が要求されるようになった点が大きな特徴といえる。そして、この公害への対策として、自治体と工場の間に「公害防止協定」（横浜市では1964年に公害防止協定を締結、千葉県では1963年に公害防止条例を制定し1968年に初締結）が行われた。これらの中で「工場の緑化協定」も進められた。このように公害防止への対応として、緑のもつ「社会性」が強調されるようになってくると、個々の企業の限られた空間領域での緑化対策にとどまることなく、共同的に団地緑化を通して地域社会との地縁的連帯性を保ち、さらにそれを地域住民との人間的連帯にまで広げる場としての緑地的空間の必要性が生じてきていた。

　わが国において、工場の団地化が広まったのは昭和30年代の後半である。昭和35年（1960）にスタートした所得倍増計画の具体的対策として、地域開発計画が大きく取り上げられ、この中で特定地域における新しい工場の集団的配置が意欲的に進められた。一般に工業団地といっても、その集団化の契機はさまざまで、既存市街地にあって拡張用地の不足や近隣とのトラブルからの回避と同時に、体質の改善を進めたい主として中小企業中心の団地、臨海部にコンビナートを形成するための工業団地、さらに広大な新規用地や地場労働力を求めて地方に進出する工場の集合団地など各様である。また、開発の主体も、企業の協同組合や、公共・公社または公団などさまざまである。これらの工業団地は、当初は共有緑地等が計画的に配置されず（一部区画整備手法によって造成される場合に、3%程度の公園・緑地が確保された）緑化もほとんど見られなかった。

写真2-19　米国のインダストリアル・パーク

写真2-20　既存の樹林を活用した日本の工業団地

2）工場緑化

「工場緑化」は、工場という生産に係る施設を主体とした産業空間を修景するための緑化である。このことは産業空間であるがゆえに、時代の社会的動向や経済的影響を受けやすいという特性をもっている。

工場の緑化は、明治初期の殖産興業時代にその萌芽が見られる。しかし、この時代の工場は官営の工場が主である。そして、その多くの工場で洋風建築が採用され、緑化もこれに合わせて整形式でありながら庭園風に行われた。現在でも「造幣局の通り抜け」として有名な大阪造幣局の桜並木は、明治4年（1871）に同局が設置された時に植栽されたといわれている（現在のサクラの多くは植え替えられたものである）。

民間の工場が勃興してくるのは、明治の終わりから大正の初めにかけてである。最初に成長していったのは、電力・電機・通信・工作機械・車両・化学・薬品等のプラント工場が主体であり、緑化においては特筆すべきものは見当たらない。（この頃から、工場の美化及び慰安の観点から「工場緑化」という言葉が使われ始めた。）

大正の末期になると、キリンビール横浜工場や森永製菓鶴見工場などの食品製造工業では衛生上の見地から、また、精密機械工業では製造工程での必要性から、工場内の緑化が進められている。

昭和の初期になると、労働問題がようやく活発になり始めた。工場労働者の疾病問題が、富国強兵の国策上の由々しい問題として提起されて、工場の生産性の向上や労働力の再生産を目的とした、工場従業員に対する保健衛生対策としての緑化の考え方が、徐々に工場の経営や計画の中に浸透し始めた。また、この時期には、女子の労働力に多くを依存していた繊維工業等の工場にあっては、情操教育や文化・厚生の向上を目的として、花ものを中心とした緑化が推進され、無味乾燥な職場環境を改善する試みがなされている。このように、昭和に入ると工場の緑化は、ようやく工場空間の修景・改善という面から、工場の従業員のための緑化へと質的な変化を見せ始めた。昭和10年（1935）頃になると、主要な港がある臨海部に、大規模な工場が集積して工場地帯を形成するようになり、個々の工場も緑地をもつものが多くなってきた。特に京浜工業地帯においては、神奈川県の指導のもとに工場緑化の推進が図られ、県下において数か所の工場が緑化モデル工場となるなど、ようやく本格的な工場緑化の展開の兆しが見えてきた。しかし、昭和12年（1937）に日華事変の勃発により日中戦争となり、戦時下の工場では生産力増強が至上目的として全てのものを犠牲としたため、工場緑化も当然挫折の一途をたどった。

そして、昭和16年（1941）からは、第二次世界大戦への日本の参戦により戦時下となり、その後の昭和20年（1945）の戦争終結からの復興期は工場緑化の停滞期である。

昭和30年代に入ると、戦争で大幅に立ち遅れた日本の経済は、神武・岩戸・オリンピック・いざなぎ

写真 2-17　環境や保健衛生対策としての庭園的緑化
（写真提供：㈱関ケ原製作所）

写真 2-18　修景の観点から芝生を主体とした緑化
（写真提供：ミネベアミツミ㈱浜松工場）

また、この時代は、平穏であったことから植物の栽培が盛んとなり、ボタン・シャクヤク・ツバキ・ツツジ・サツキ・ウメ・サクラ・キク等の収集・栽培の流行が最高潮に達した時期であり、多くの種類に渡って園芸品種の数が増加した。これらの植物は、当初は鉢に植えて楽しむというものであったが、その後庭園に持ち込まれて植栽が一層華やかになっていった。この時代のもう一つの特色としては、植物の栽培や品種の改良そして売買を専門とする「植木屋」(販売から作庭まで行う者と行商だけを行う者がいた)や「花屋」の出現とともに、その植木屋に樹木等を栽培して出荷する農民も存在していたことである。

明治・大正時代は、江戸時代の流れを受けた文人風なものから、西洋風あるいは自然的なものへと変化している。植栽は、文人風庭園では中国風の文物への嗜好からカンザンチク・サルスベリ・ザクロなどが好まれた。自然主義的な庭では、カヤ・モミ・ビャクシン・サザンカ・ツバキなどの在来種が利用され、クヌギ・カシワなどの落葉広葉樹や野草も使われ、箱根や軽井沢の別荘地に自然のよさを見いだした雑木の庭が現れるようになった。大正時代には明治初期に渡来したヒマラヤスギ等が使われている。草本は花壇の流行もあり、かなりの外来種が輸入されて華やかなものとなっている。このように、わが国の庭園は、各時代の手法や技法が併存し積層性をもった空間として造られてきたことが大きな特徴である。

上記のような規模の大きい特権階級の庭園の流れとは別に、平安期の末頃から農家等において、農業の生産行為の中で機能的に必要な空間や防風・防火・堆肥供給等を兼用した「屋敷林」を包含する庭が出現する。特に江戸時代に入ると新田集落の形成が盛んになり、当初から屋敷林が計画的に造成された。この屋敷林を抱える庭は、農民が地域生活や風土の中で作り出したものである。農家の屋敷林の第一の目的は防風である。つまり、寒い北風を防ぎ、隣家からの火災の難を防ぎ、枝葉は薪になり、間伐した幹は用材となる。落葉は、かまどの火付けや田畑の肥料となった。また、家の東側と西側には落葉樹を植えて、夏季の日射を防ぎ、温度や湿度を調整するなどして快適な居住空間の創出を図った。このような樹木のもつ機能的な効果により、快適な居住空間を合理的に作り出していたことは、庭という生活空間のもう一つの方向と思われる。

今日のように、一般の人々が、自らの宅地内に修景を主目的とした庭をつくり、緑化を始めるのは、大正から昭和に入ってからといわれている。昭和の初期には、欧米の影響を強く受けた住宅建築が出現するようになり、それに対応して「実用庭園」と呼ばれるものが流行している。パーゴラや花壇がある広々とした洋風的なもので、休養等の利用を主にした庭である。植栽には、ヒマラヤスギ・タイサンボク・アカシアといった外来種が多く使われている。そして、その後戦争等を経て今日の庭園へとつながる。

写真 2-15　明るく軽快な明治の庭(無鄰菴)

写真 2-16　実用的で機能性の高い屋敷林を備えた庭

樹よりも、水墨画的な緊張が感じられるマツ・スギ・ヒノキ・ビャクシン・ゴヨウマツ・マキ・カヤといった針葉樹が多く使われ始めたのが一つの特色である。もう一つこの時代の特色としては、花卉園芸文化の発達により植栽される植物の種類の増加がある。周辺の野山から採集した植物や外来種、そして改良品種が積極的に利用されている。特に、ツバキとサクラは品種改良により多くの品種が出現している。また、ツツジ類の園芸品種の流行と合わさって、庭園内への植栽も始まっている。

　安土桃山時代に入ると、庭の造営主が武家に移り、力強い豪快な作風の豊かな色彩で装飾的な庭づくりが行われ、赤や青の庭石やソテツのような珍木が使用された。しかし、権力の誇示を指向する時代の中から内面的な深化を目指す「茶道」が、茶人である千利休により完成・発展すると、その装置として優雅な簡素を好む「茶庭（露地）」の形式が発展していった。この庭は、侘びた山里や山路の風景を模して、華美な花木や果樹等は基本的にあまり使わず、カシ・カナメモチ・ヒサカキ等の常緑樹やシダ・コケ等が主に植栽された。また、これ以降の鑑賞用の庭園に果樹が少なくなったのは、茶道の流行によって庭園における果樹類植栽の否定が一つの原因といわれている。

　江戸時代に入ると、まず京都の公家の庭で、池等の周りにいくつもの茶室と茶庭を連続的に配置した「茶庭回遊型」ともいうべき初期の回遊庭園が造営され始めた。その後、武家特に大名家において、花卉園芸や庭園文化が大きく花開く。これは、将軍である家康・秀忠・家光が並外れた「花癖」と呼ばれた嗜好をもっていたことが大きな影響を及ぼしている。将軍の、花・木・盆栽などに対する愛着心に対応するため、諸大名の間では花卉園芸が重要な話題となるとともに、各屋敷において競って庭園をつくるようになっていく。当初は、書院式の「築山林泉」であったものが、大面積の大名屋敷の敷地に展開するために、茶庭回遊型を発展させるとともに、デザイン的にも総合化した「回遊式庭園」が形成された。これは、敷地を区分し、それぞれに近江八景や東海道五十三次の景等のテーマを設定して、その風景を作庭し、さらに垣根や堀の外部にある自然をその庭園の一部として取りこみ（借景：単なる眺望ではなく主景として生け捕る手法）、その風景を一層広大なものとした。そして、この庭園を周遊して楽しむというものである。これらの大名庭園は、大名の私的な慰楽空間だけを目的としたのではなく、公的な儀礼（社交）空間として将軍家やほかの大名家との儀礼と交際、そして家来たちへの饗応のための場としてつくられた。そのため、今までの庭園のように座敷に座って庭を眺める鑑賞主体の庭とは違って、回遊つまり歩くことにより次々と変化する景観が目を楽しませ、園内に設けられた多彩な施設により驚きと楽しみを提供している。特に、池と芝生を活かした意匠が「使う庭」としての機能をより高める役割を果たしていた。

写真2-13　山里・山路の景による茶庭
（金沢21世紀美術館　松涛庵）
（「金沢市画像オープンデータ」© Kanazawa City）

写真2-14　庭園様式の複合体である池泉回遊式庭園
（浜離宮恩賜庭園）

り、その意匠等は、当初は大陸（道教の神仙思想や仏教の須弥山思想を加味した造形）からの導入であったが、その後自然のままの石の活用など、日本独自のものに工夫され形作られている。この時代の庭園に使用されている植物は、ウメ・スモモ・マツ・タケ・シダレヤナギ・ヤマザクラ・サツキ・アセビ、そしてハス等の水生植物である。この植物は、山野や果樹園から移植したものや、渡来植物が利用された。渡来植物は、薬用として導入されたものが、次第に庭園に利用されるようになった。

　平安時代は、京の貴族たちにより庭に遊宴のための大きな池を設け、舟を浮かべたり池泉の周りを巡る「池泉舟遊式」・「池泉周遊式」と呼ばれる庭園が営まれている。この時代で注目すべきは、作庭のモチーフとして実在の風景地を模写する手法が始まったことである。これは、その後の自然風な庭園意匠の発展につながっている。この時代の庭園は、寝殿造りの建物と一体となって行われた年中行事や饗宴の空間であった。それは、庭園が建築の付属物ではなく、建築群を統合する構成要素であったことを意味している。平安後期になると、仏教の末法思想を信じる貴族たちにより、極楽浄土を地上に再現しようとした「浄土庭園」がつくられた。浄土庭園とは、仏の浄土（楽園）を荘厳にするために仏堂と一体的に建設された園地である。使用された主な植物は、園池の岸にシダレヤナギ・マツ・タケ・ミカン類、中島にススキ、園路に沿ってはタケ・シダレヤナギ、平地部分にはサクラ・アオギリ・カエデ・ウメ等明るい落葉広葉樹が好まれている。なお、この時代に、初の造園書『作庭記』が書かれている。

　鎌倉時代に入ると、庭園の文化は貴族から武士の中にも広がり始め、そして寺院の果たした役割も大きくなる。また、この時代には花卉植物の栽培がなされるようになり、特にキクは上流階級で好まれ、後鳥羽上皇がその紋様を衣服などに付け、その後皇室の紋章となっている。そして、庭づくりのプロが出現してくるのもこの時代である。作庭指南を得意とする専門家集団「石立僧」である。その代表が西芳寺や天龍寺をつくった夢窓国師である。この頃から、庭園が思想のうえで仏教とつながり、寺院に多くの庭がつくられていく。また、この時代に活躍した作庭家集団に「山水河原者」がいる。この時代の植栽は、一般に少し簡素となり、サクラ・カエデ・シダレヤナギ・マツ・キリ・ウメ、そしてウツギ等が主であった。

　室町時代に入ると、禅宗の臨済系の寺院を中心に、浄土庭園を前身に禅味を加えた庭が現れ、その中から水を用いず比喩的に石と砂により構成される「枯山水」の表現手法が出現した。そしてこの時代の庭園のもう一つの大きな特徴は、「坐観式」及び「定視式」と呼ばれるように、書院や座敷の中の一点から座ったまま注視する形で庭を鑑賞することに対応した絵画的な庭園構成がなされ、全体が象徴性を帯び閉ざされた哲学的な庭づくりがなされた。このような庭園構成の変化に伴って、穏やかな感じの落葉広葉

写真 2-11　夢窓国師の傾斜地立地型の庭（瑞泉寺）

写真 2-12　山水の縮景や象徴化による枯山水の庭（龍安寺）

２－２．生活環境の修景を目的とした緑化の変遷

次に発展したのは、人が集まり集積することにより、集落そして街を作り、自然から離れて都市を形成していく中で、人及び人々の周辺や生活環境を美的・快適な観点から修景（審美的な観点を主とした創造行為）を目的に樹木等を植える緑化である。つまり、私たち人間の利便性・機能性、そして生活の快適性などを追及するために行う緑化である。

この緑化は、今日の緑化の主要な目的をなすものであるが、対象地の所有形態により、大きくは私的空間の緑化と公的空間の緑化に分けられる。

（1）私的空間の緑化

1）庭園緑化

私的空間の緑化の代表が「庭園緑化」である。

この庭園という言葉は、実は二つの異なる空間を指す言葉である「庭」・「園」からできている。庭は、植物も生えていない平坦な土の地面を指し、各種行事や農作業が行われる儀礼・仕事の場であった。園は、果樹や花木等、人にとって好ましい植物が植えられ、多くは囲われた場所であった。

わが国においては、今日の庭園に当たる空間を「庭」・「園」という言葉で、それぞれ対象を区別しつつ使われていた。その後、江戸時代には「林泉」と呼ぶいい方が定着し、明治の中頃から徐々に「庭園」という言葉が使われるようになっていった。

古代の庭園は、主に王侯貴族の趣味や酒宴のためのものであり、わが国においては飛鳥・奈良時代を原点として、特に平安時代に発展し、江戸時代の大名庭園へと展開していく。

古代の庭園は、『日本書紀』に記されている推古天皇20年（612）の記録から、百済から来た路子工に宮廷の南庭に須弥山の形と呉橋をつくれと命じたとあり、これが日本における庭園の最も古い記録である。また、その頃蘇我馬子が自宅に池を掘り、そのなかに小島を築いたので「島の大臣（おとど）」と呼ばれた、という記述も『日本書紀』にみられる。飛鳥・奈良時代の遺跡の中から、天皇や朝廷の貴族の庭園らしきものが多く確認されている。万葉集の歌の中にも、庭園を詠ったものがいくつかある。それによると、飛鳥地方に邸宅を構えていた貴族が、池をつくって水を落としたり、木を植えて花を咲かせていた。大和は、盆地のため、海洋風景に対するあこがれが強く、これを縮景したものが「荒磯」や「州浜」などの庭園意匠に見られる。つまり、主に水景をモデルにしているといってもよい（この水景・海を中心に捉える観点は回遊式庭園までつながっていく）。この時代の庭園は、儀式や宴遊の場としてのものであ

写真 2-9　奈良時代の海景をイメージさせる庭
（平城宮東院庭園）

写真 2-10　平安時代の浄土庭園
（毛越寺）

緑と緑化

近年に入り、土地保全の対策は、対象地の特性により土木工作物の設置を主体とした、土木的手段によって行う場合と、植物群落の形成を主とした生物的手段によって行う場合と、技術的に大きく分かれる。

このうち、生物的手段として、草本や樹木によって土地とくに斜面部の面的緑化を行い、土壌の侵食を防ぎ土地の生産力を高める工法として張芝や筋芝ののり面工から発展したものが「緑化工技術」である。

緑化工という用語は、倉田益二郎が用いたのが最初（1951年）といわれている。旧日本道路公団では、植生のり面工、旧国鉄では植生防護工と称していた。昭和14年（1939）頃、九州大学の佐藤敬二・小野陽太郎により、樹木と草の種子を混播する緑化を、治山分野で試みたのが最初ではないかといわれている。この緑化工技術は、昭和の中期に入ると土壌・人工培土・侵食防止剤等による植物の生育基盤材と種子・肥料を混合し、機械によって吹き付ける極めて能率的な工法が開発されるとともに、発芽が斉一で初期成長が速くなるように改良された栽培種である外来牧草を活用して、これを播種し急速に緑化・被覆を図る「のり面緑化工」へと発展した。安価に早期の侵食防止緑化が行えるため、その後の高速自動車道路や住宅地造成等の大規模開発による斜面地の緑化に広く活用されるようになった。

また、つる性植物を使った岩盤緑化も出現した。

このほか、昭和38年（1963）にヘリコプターによる山腹緑化工を、滋賀県志賀町比良山で中日本航空が試験工を行っている。この工法は、資材搬入の困難な山奥の治山工事に適するものとして、その後林野庁において研究が重ねられ、航空緑化工という名称で、現在奥山等の治山工事に活用されている。

「海岸林」は、森林法の成立により新たに発足した保安林制度の中で、三種類の海岸防災保安林（飛砂防止林・防風林・潮害防備林）として規定されるとともに、明治32年（1899）からは国有林野特別経営事業による砂防造林事業として各地で実施された。昭和7年（1932）からは民有林も含めて砂防造林事業が行われ、現在のような海岸防災林の造成手法が確立・本格化した。この海岸林の造成手法は、試行錯誤のすえ堆砂垣によって人工的に飛砂を堆積させて砂丘を造成し、その前砂丘に砂草（草本性海浜植物）を活着させ、内陸側にアキグミ等の灌木を植栽し、その後に静砂垣で囲った中にクロマツを植栽する方式が定着し、大きく展開することとなり今日に至っている。

このほか、農耕地等を風害や雪害から守る「防風林」や「防雪林」も、土地の保全を目的とした緑化である。このように、土地の保全を目的とした緑化は、自然災害の防止のために植物の機能的な効果を活用して環境の再生や保全を行う緑化技術として発展している。

写真 2-7　機械により基盤材と種子を吹き付ける緑化工

写真 2-8　静砂垣で飛砂を調整する海岸防災林の造成

上で成林させることができるのはクロマツ以外になかったものと推定される」[1]。このように江戸時代では、水源の涵養・土砂の抑止・防風等のため、樹木の禁伐や制限が各地で行われた。

　その後、明治維新を経て、日本が近代化を進めていく過程で、日本の森林は急激な乱伐のため過去最も荒廃状況にあった。そのため明治中期頃までは豪雨災害がしばしば発生し、特に明治29年（1896）にはわが国の災害史上で特筆される大水害が発生し、全国各地に甚大な被害をもたらしている。

　この状況を踏まえて明治政府は、国土保全と林業生産の保続の観点から、治水三法と呼ばれる「森林法」・「河川法」・「砂防法」を制定し、その後のわが国の洪水災害対策及び土砂災害対策の根幹を規定し、国の施策として災害の軽減対策を行った。

　森林法はドイツ・フランスの森林法を母法として、明治30年（1897）に国土保全機能を発揮する森林の保護を目的とする「保安林制度」と、森林の乱伐を禁止する「営林監督制度」を根幹として制定している。河川法は、明治29年（1896）に「洪水氾濫の防止」を目的として制定。砂防法は、明治30年（1897）に「土砂災害の防止」を目的として制定している。これらの法制度が同時期に制定されたのは、河川等の洪水対策を効果的に実施するためには、上流域の山地等の荒廃対策との一体的な対処が重要であると認識されていたからである。これは、森林等の土地保全機能、とりわけ治水上の機能を重視する考え方が根底にあったと思われる。

　わが国は、国土の地形が急峻なため、河川が急勾配で短く、雨の多い時期には洪水が起こりやすい。また、地質ももろくて弱いところが多く、雨が多量に降ると山崩れを起こしやすい特質をもっている。このような悪条件の中で、山地等の地形が急峻で裸地化している所を緑化して、流域流量の平準化と山地の安定化を図る必要がある。つまり、山に降った雨を林冠部で受け止め、そして下部の落葉・落枝や土壌層に貯え、貯えた水を少しずつ川に流し出すことにより洪水を防ぐのである。また、樹木等により直接地表に雨が当たるのを防ぎ、土の中に張っている根がしっかりと土を抑え込んでいるため、土砂崩れを防ぐことができる。

　明治期のわが国の治山・砂防技術は、ヨーロッパアルプス諸国の技術的知見が多く導入された。特に、オーストリアの治山・砂防技術の体系を見ると、堰堤や流路工等を用いる土木的対策と並んで荒廃地における森林造成技術を用いた緑化や植物によるのり面保護対策などが多く行われているのが特徴である。いずれにせよ、治水三法の制定により、国土保全政策を推進する制度が整えられ、森林等の有する土地保全機能の効果的な発揮を前提として、治山事業並びに砂防事業が実施され、土砂災害を軽減し安全な生活空間や良好な農林業空間を確保するという目標に対して、多大な貢献をなすとともに、これに対応する緑化の工法も多様なものが開発され推進された。

　昭和に入り、「治山治水緊急措置法」が制定され、砂防事業及び河川事業を含めた水系一貫の計画的な治山治水事業が推進され、相応の効果を発揮してきた。特に、砂防事業において砂防ダムによる土砂流出調節を主体とした渓流工事が強力に推進された。当初は、技術的な制約もあり渓流に設置される人工構造物の規模も比較的小さく、使用材料も自然石や雑木等の環境への影響の少ないものが主体であったが、その後コンクリートの使用が一般的になってくると大規模な構造物が建造されるようになった。

　近年に至って、渓流工事・河川整備は相当程度進捗し、災害の防止・軽減に大きな効果を発揮している。しかし、その一方で本来の自然の渓流や河川が激減する状況が出現してきている。たしかに、自然災害を未然に防ぐことは最大の目標であるが、それのみへの対応だけでなく、自然と人工を融合させる自然の摂理に合った土地保全を追求していく試みも大切である。

砂災害も大規模化していったことから、万治3年（1660）江戸幕府は、山城・大和・伊賀の三国に山の木の根の掘り取りを禁じ、土砂留用の苗木の植え付けを命じる布令を発している。そして、寛文6年（1666）には『諸国山川掟』など災害防止に関する布命がたびたび発せられ、災害対策としての土砂流出防止のための土砂留用緑化工事が全国に広がった」1.。

慶安元年（1648）幕府は、土砂留奉行、貞享4年（1687）に土砂留方を設置し、土砂留事業を推進している。各藩においても、水野目林・田山などの名で御留山、すなわち禁伐林が指定され、また山崩れや地表侵食で大量の土砂が流出して田畑を埋め、川底が上がるのを防ぐため、砂留山・砂防林などの名の御留山も指定されている（山地への新たな植林が本格的に始まるのは江戸後期とされている）。

この時代の土砂流出と森林回復を目的に行われた土砂留・緑化工事は、「一般的には①山腹に芝を張る（張芝）、②粗朶や芝・藁を埋める（筋芝）、③木杭を打って雑木などで柵をつくる（杭柵）、④階段を切って松苗を植える（松留）、などを状況に応じて単独かまたは組み合わせて行っている。さらに、江戸後期18世紀になると谷筋や渓流内に①石垣を築いたり（石垣留）、②松丸太を組み合わせて枠を組み上げたり（鎧留）、③土を盛った（築留）等による堰堤を築き土砂流出を防ぐ砂留工事も行われるようになった。また、竹で編んだ籠に石を詰める蛇籠も多く使われている」1.。

これらの土砂留・緑化工法は、時代とともに次第に精巧なものになり、現在ののり面緑化工法や渓川工事に活かされているものもある。

山地の森林の劣化・荒廃による土砂流出が引き起こした自然災害は、流域での洪水氾濫だけではなく、海まで流出した土砂が沿岸流によって各地の砂浜海岸に到達して、これが飛砂となって内陸の住居や農耕地に害を与える「飛砂害」をも引き起こしていた。

日本の海岸、特に砂浜海岸には、貧栄養の立地でも生育するマツ類、特に塩害に強いクロマツを主体とした自然植生が定着していた。しかし、飛砂による砂の動きが激しくなると植生が衰退し、海浜砂漠になっていった。海岸地域での飛砂害防止のため、砂堤及び砂丘林等での土砂工事と並行して、「砂防林造成」は製塩等による海岸林の劣化もあり、比較的古くから行われていた。

戦国時代から江戸時代初期には、海岸林造成は主に関東以西を中心に行われていたが、江戸時代中期以降になると海岸を有する全国のほとんどの藩で行われるようになった。これは、江戸時代に盛んとなった新田開発に伴う農民の入会林の必要性も大きく関係している。そのため当初は、「植栽木として建築材としてのスギ・ヒノキや農用林としての落葉の樹種も植えられたが、試行錯誤の結果なんとか砂丘の

写真2-5　松留・筋芝工の組合せにより土砂を安定化

写真2-6　竹を活用した杭柵工による築留

このため、天武天皇は、天武5年（676）に「南淵山、細川山は草木を切ることを禁ずる。また、畿内の山野のもとから禁制のところは勝手に切ったり焼いたりしてはならぬ」としてこの山一帯の禁伐や近畿諸国の草木の保護を命じている（『日本書紀』巻29）。この勅命は、日本で初めて山地災害の防止を目的として森林などの伐採禁止を命じたものである。

平安時代には、地方の荘園農地の開発が盛んとなり、その実質的支配層として武士が登場してくる。こうして、地方にも実力者が現れると、屋敷や社寺などの形態を整え、その建築用材の確保により山地の森林の劣化は地方にも広がることとなる。

鎌倉時代になると、鉄製の鋤・鍬・鎌の普及や牛馬の使用が進んで農業生産力が大きく増大した。それに伴い室町・戦国時代には商工業も発達し、人口も大きく増えることとなった。このように、人口が増加し、産業が発達すると、当然ながら建築材ばかりでなく燃料材や肥料など森林への依存度はますます高まることとなる。そして、室町時代以降に盛んになる製塩業・製鉄業・窯業などの産業の発達に伴う薪炭材の大量使用により、森林の劣化・荒廃が大きく進展していった。

江戸時代の中庸以降には、日本の森林は国土の半分以下にまで減少していたといわれている。そして、その大半がはげ山や劣化・荒廃の指標木といわれているマツ林となっていた。

山地での植生の劣化は、森林資源の欠乏だけでなく、自然災害を多発させていた。この森林等の劣化・荒廃によって引き起こされる自然災害には、豪雨時の表面侵食・山崩れ・土石流などの「土砂災害」と、土砂の流出により発生する「洪水氾濫災害（水害）」がある。

土砂災害の主な原因である降雨による土壌侵食は、最初に雨滴衝撃による土壌粒子の破壊と飛散が起こり、同時に土壌表面に土膜が形成され、浸透能の低下が起こる。さらに、降雨の量が土壌の浸透能を上回ると、雨水は地表流となって土壌粒子を押し流して、土壌侵食を発生させる。この降雨による土壌侵食を軽減させるためには、山地等の植生を再生させて雨滴衝撃の緩和を図るとともに、落葉等により土壌化を促進させて浸透能を改善し、地表流量を減少させる必要がある。そして、樹木等の根の繁縛力により土壌の保持能力を高めるとともに、細根により土壌粒子を保持し地表流の掃流力を低減させることである（緑被率が60〜70%以上になると、土壌侵食が抑制されるといわれている）。

土砂災害への対応の実態はつかみにくいが、戦国時代以降、多発する洪水氾濫に対応するため、諸国の大名により治水事業が新田開発事業と関連しつつ非常に多く行われている。

「江戸前半から江戸中期にかけて山地の森林の劣化・荒廃が全国的に激しさを増していくに従って、土

表 2-2 諸国山川掟令

諸国山川掟
①風雨の時、土砂が川に流れ込んで水流を遮るから草木の根の掘り取りを禁止する。
②川に土砂が流れ落ちないように上流の左岸・右岸に苗木を植え付ける事。
③川筋に土砂が流れ込む場合は川が細るので新たに田畑を開発する事もこれまであった田畑を耕作する事も、竹木を植えて築出し（川の流路へ張り出す形の土地）を作る事も禁止する。
④山中での焼畑を禁止する。

2. 緑化の史的変遷

土地の保全や生活環境の修景そして自然地の生態系の再生・保全を目的とした緑化という行為が、どのように始まりどのように変遷してきたのか、その過程をたどってみる。

2-1. 土地の保全を目的とした緑化の変遷

土地の保全を目的とした緑化とは、私たち人間が生活の糧を得るために利用してきた自然地や森林等の劣化・荒廃により引き起こされる自然災害から、生活の基盤をなす居住地や農耕地等の土地を守るための緑化である。

古代日本人は、縄文時代以前には森の中で狩猟や木の実等を食料として暮らしていた。縄文時代後期になると、水田稲作の技術が伝来し、居住の中心が水を得やすく水田を耕作しやすい低山地帯のすそ野の谷地や小河川沿いの平地に移っていった。そして、稲作による食糧の生産は、人口の増加を生み、水田の水管理等のためには共同作業が必要となり、人々は集団生活を行うようになる。

豊かな生活を支える稲作とその生産技術の展開は、それまでの自然地の風景を変えるとともに、社会の構造変化をもたらし、宗教・政治・人々の価値観を変えていった。

弥生時代に入ると、稲作による生産力の高まりは人々の集団の規模を拡大し多くの集落の成り立ちを促した。しかし、食料以外の資源の多くは依然として森に頼っていたため、集落や耕作地の周辺の山の木材や下草、そして落葉等の利用が激しくなり山地の森は灌木地や草地に変わっていった。

古墳時代前期になると、いくつかの集落を統合した政治権力を持つ集団が出現し、その組織力によって小河川の沖積平野まで開発が進み、さらに人口も増え木造の建物も多く建てられることとなり、森林等の劣化はより進んだ。

日本に古代国家が成立した記紀や飛鳥の時代には、ため池等の築造もあって水田の開発は大きく進み、人口はますます増加した。そして、都の造営や寺院など巨大な建造物の建設による木材の大量伐採が行われるようになり、その伐採跡地は火入れされ焼畑化されるなど山地のはげ山化が進行した。

『日本書紀』には、応神天皇の5年（394）諸国に「山守部」を配し、40年（429）には、皇子の大山守命に山川林野の保護を司らしめたという記録がみられる。

飛鳥時代に入ると、大和国などの都の周辺の山には大きな建造物用の大径木はすでに無く、近江国の田上山など近隣諸国の山から調達する状況となっていた。特に、都が置かれていた飛鳥の地を流れる飛鳥川の水源にあたる南淵山や細川山の一帯は、はげ山化していて大雨時には飛鳥川は暴れ川となっていた。

写真2-3　稲作のため築造されたため池

写真2-4　飛鳥川に張られた水分神社の注連縄

第2章　緑化の軌跡と緑の望ましいあり方

　緑化という植物を植える行為は、私たち人間が森の中から出て定住化し、食べものを得るために植物を自ら移植したり、生産しようとした時から始まっている。そして、人々の集住や食料生産の拡大により自然に対する人為的行為の展開が始まり、その行為による環境の改変に対応して新たに植物を植える目的が付加され、今日では植物を植える緑化という行為の目的が、地球温暖化や生物多様性の保全等地球規模にまで広がっている。

　緑化を行うためには、その行為を行うための目的と、その目的となる課題が出現した背景が存在する。そして、そのことに多様な人々が関わる人為的要因や社会的・経済的条件等の促進要件が加わることで、個々の緑化が推進される。

　本章は、わが国の緑化が、どのような目的及び観点から始められ、そしてどのような考えの基に進められてきたかを歴史的に概観することにより、個々の緑化の目的に対応した緑化の視点と特性、そしてその緑化がどのような人的・社会的条件を背景として推進されてきたのか、その変遷を再確認し、今後の緑化の推進につなげるものである。

1．緑化とは

　緑化とは、狭義には植物を植える行為そのものを指す言葉であるが、広義には既存の植物群や樹木の保護等のための植物が生育する土地、つまり緑地の保全等も含めた用語として使われる言葉である。このことは、衣・食・住に係る農業や林業の行為も緑化の一つの形態であるといえる。

　植物を植える行為は、下表のような目的が想定されるが、生産を目的（食料や建設資材を生み出す生産緑地）として植えられた植物は、収穫・伐採される。よって本書で考える緑化は、文化的な背景をもととして生活環境の再生・保全を主な目標とすることから①の生産の目的を除いた、②の土地の保全を目的、③の生活環境の修景を目的、④の自然地の生態系の再生・保全を目的とした植栽及び管理行為とする。

　つまり、緑化とは「土地の保全や生活環境の修景、そして自然地の生態系の再生・保全を目的として、その対象とする地に植物を植え、これを育て、その対象地である緑地を管理、そして利用する行為」である。

表2-1　植物を植える目的

①衣・食・住に係る植物の生産を目的
②防風・砂防・水源涵養・土砂流失防止等土地の保全を目的
③生活環境の美的及び快適性の観点から修景を目的
④自然環境の復元等自然地の生態系の再生・保全を目的

写真2-1　食に係る植物の生産（農業生産）

写真2-2　住に係る植物の生産（林業生産）

第2章 緑化の軌跡と緑の望ましいあり方

第 1 章　引用・参考文献

1. R.T.J. ムーディ、A.Yu. ジュラヴリョフ、D. ディクソン、I. ジェンキンス／小畠郁生監訳：生命と地球の進化アトラス Ⅰ．Ⅱ．Ⅲ．2003-2004、㈱朝倉書店
2. 国立科学博物館編：菌類のふしぎ―形とはたらきの驚異の多様性（第 2 版）、2014.6、東海大学出版部
3. 大場秀章：はじめての植物学（植物たちの生き残り戦略）、2013.3、㈱筑摩書房
4. 沼田眞：植物たちの生、1992.10、㈱岩波書店
5. 米倉浩司：新維管束植物分類表、2019、北隆館
6. 岩槻邦男監修、樹木・環境ネットワーク協会編：グリーンセイバー―植物と自然の基礎をまなぶ、2001.12、㈱研成社
7. 金井康彦編：学研の図鑑　植物のくらし、1974.10、㈱学習研究社
8. 苅住曻：最新樹木根系図説、2010、誠文堂新光社
9. 苅住曻：森林の根系　特性と構造、2015、鹿島出版会
10. 堀大才：樹木土壌学の基礎知識、2021.7、㈱講談社
11. 堀大才：絵でわかる樹木の育て方、2015.3、㈱講談社
12. 正木隆：森づくりの原理・原則、2018.5、全国林業改良普及協会、
13. 只木良也：森の文化史、1981.4、㈱講談社
14. 福田健二編：樹木医学入門、2021.4、㈱朝倉書店
15. 石井弘明他：森林生態学、2019.4、㈱朝倉書店
16. 濱谷稔夫：樹林学、2008.5、㈱地球社
17. 藤森隆郎：森づくりの心得、2012.12、㈳全国林業改良普及協会
18. 林弥栄：花木栽培の基礎知識、1972.3、㈳全国林業改良普及協会
19. 山本紀久：造園植栽術、2012.1、㈱彰国社
20. 足田輝一・姉崎一馬：樹、1983.10、㈱講談社
21. 山岡好夫：図説―木のすべて 1　さまざまな木のすがた、1999.3、大日本図書㈱
22. 大場秀章：自然景観の読み方　森を読む、1991.7、㈱岩波書店
23. 四手井綱英：森に学ぶ―エコロジーから自然保護へ、1993.6、㈱海鳴社
24. 吉良竜夫：生態学からみた自然、1971.5、河出書房新社
25. 日本造園学会編：ランドスケープ'大系（4）'ランドスケープと緑化、1998.12、技報堂出版㈱
26. 久保山京子：教養のための植物学、2022.6、㈱朝倉書店
27. 嶋田正和他 22 名：改訂版生物、2018.1、数研出版㈱
28. 上原敬二：造園植栽法講義、1980.2、加島書店
29. 平野恭弘・野口享太郎・大橋瑞江編：2020.12、森の根の生態学、共立出版㈱
30. 週刊朝日百科　世界の植物―142 植物の形態、1978.3、朝日新聞社
31. ビジュアル博物館、第 5 巻樹木、1990.7、㈱同朋舎出版
32. 田中修：誰かに話したくなる植物たちの秘密、2023.2、大和書房
33. 藤原辰史：植物考、2022.11、生きのびるブックス㈱

緑と緑化

「日本は、森林極相区域に属するため、一般に低地ではどこでも極相林が成立するはずである。北海道では、エゾマツ・トドマツ等の常緑針葉樹林、東北地方などではブナ等の落葉広葉樹林、関東以南ではシイ・カシなどの照葉樹林ができる。そのような極相林は、今日極めて少なくなっているが、社寺林等にその面影を偲ぶことができる場合が多い。日本の土地の多くは、潜在的にそのような森林を成り立たせる力をもっているといわれている」[4]。個々の立地において緑化を推進していく場合、そうした植生の成立特性や潜在的な極相を念頭においた目標像や緑化手法の検討が重要である。

今日、私たちが目にする植生景観の多くは、人為の加わった植生である。それは人の手の加わる段階にしたがって、自然群落から亜自然群落、半自然群落、人工群落（三次的自然ともいう）へと移っていく。

緑化による植栽の目標形態は、極相に近い自然的な森から、遷移初期の芝生地等さまざまであるが、人為的に形成した植栽であっても、その後の経年的な変化により自然の二次遷移の流れに取り込まれることから、この変化を前提とした植栽目標を選択し、立地の生育環境に適合した植物を使用すれば、植栽はその土地に馴染んだものとなり、管理の手間も少なく経費も低く抑えることができる。しかし、目標形態を遷移途中の植生形態とした場合、管理によって遷移を抑え個々の植物の形態を維持しなければならないことから、経費も高いものとなる。

自然の再生力が高い日本では、確かに緑の管理に手間がかかる。しかし、それは裏を返せば人間との共存に対して高いポテンシャルをもった緑であるともいえる。

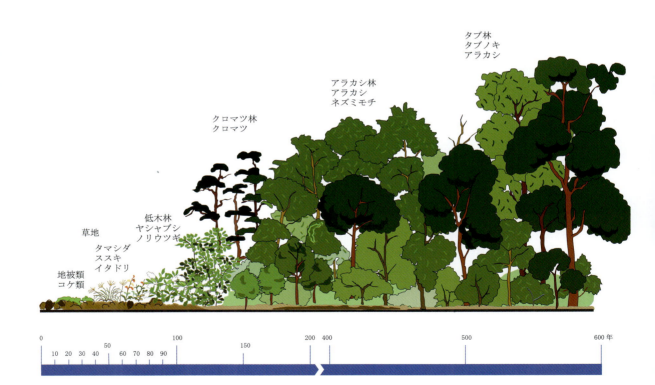

図 1-45　ヤブツバキクラス域（桜島）における遷移（乾性遷移）の概念図
（只木、1984、森林と人間を参考に作図）

壌が侵食されにくく、肥沃で適潤な土壌条件となる。湿地部は、地下水位が高く常にじめじめしているためこれに適応する湿生植物群落が成立する。そして、水深が変化するにしたがい抽水性・沈水性・浮葉性の水生植物が生育する。このように、植生は地形の条件によっても異なる植物群落となる。

植生には、現状の植物群落が、植物そのものの衰退や周りの環境の変化等の影響により、ほかの植物群落に移り変わる「遷移」という特質がある。これは、そこに存在する植物群落が、微気象や土壌条件などの変化を引き起こし、それに応じてより安定した群落へと発展する現象である。この遷移には、地形等の変化により植生等が何もない無機質な地表の状態から始まる「一次遷移」と、何らかの植生が過去に成立していた状態で伐採や放棄状態から始まる「二次遷移」がある。

一般に、自然植生が遷移するのは、腐植が堆積したり、葉が茂って日光を遮る等植物群落の生育の過程でその土地の土質や環境が変化することにより、その土地がさらに新しい群落を成立させる現象である。この群落と立地の間の相互作用は繰り返されるが、ついには立地環境も変化をしなくなり群落も安定して遷移をしなくなる。この安定した群落は、気候の変化や土地の大きな変動などが無い限り、目立った遷移をしなくなる。この植物群落を「終局群落」または「極相」という。しかし、極相が照葉樹林にあたる地域でも、植物にとって悪い環境、例えば岩だらけで土もほとんど無い岩尾根のような所では、終局群落である照葉樹林を形成するまでには至らず、草本ややせ地に耐える能力に優れている陽樹がずっと長い間その場所を占め続ける。このような場合の草原やアカマツなどの陽樹林は、その土地での遷移の実際の最終段階にあると考えられ、これを「土地的極相」という。

「遷移のコースは、スタートの植生から安定した植相へ向かって次々と進んでいく『進行遷移』と、何かの理由で逆戻りする『退行遷移』の2通りある。しかし、進行遷移も途中で足踏みをしたり、途中から横道にそれたりすることがよくあり、必ずしも順調に進んでいくとは限らない。このように遷移の本道から横道にそれたものを『偏向遷移』と呼ぶ」[4]。

植物群落の成り立つ基盤である気候・土壌・地形・動物や人の働きなどの条件によって極相もさまざまに姿を変える。そして、その条件は極相まで進む遷移のコースにもいろいろな制約を与える。しかし、遷移を進める一番大きい原動力は、群落をつくっている植物同士の働き合い、特に「競争」である。そういう違った種類の間の競争を通して、ある時期にある植物が優占し、最終的な覇者として極相群落の「優占種」が決まる。

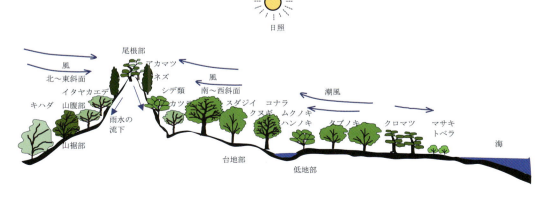

図 1-44　地形と植生
(山本、2012、造園植栽術を参考に作図)

植生に置き換わっている「代償植生」（人為的な植栽も含まれる）がある。これらの植生は、その最上層（上層部を林冠、地表部を林床という）を形成する植物の様子によって人々に異なった印象を与える。これを植生の「相観」という。その土地の原風景とは、立地する地形とこれを覆う水面や地域固有の植生の相観により、立体的に構成される。

日本は、森の国といわれるように、亜寒帯から亜熱帯までのほぼ全域が森林に覆われる条件を備えている。これらの森は、主に標高と緯度の違いによって異なる樹種により構成され、それが森林帯として区分されている。植生域と森林帯とは厳密に一致するわけではないが、おおむね、コケモモ-トウヒクラス域には常緑針葉樹林が、ミズナラ-ブナクラス域には落葉（夏緑）広葉樹林が、ヤブツバキクラス域には、照葉樹林である暖温帯常緑広葉樹林と亜熱帯常緑広葉樹林が成立する。ここでは、便宜的に照葉樹林（ヤブツバキクラス域）を、南西諸島の亜熱帯性の照葉樹林と、九州から北の温帯性の照葉樹林に区別している。しかし、九州に特にそのような境界は無く、両地域の照葉樹林は、本質的に同じものであるという研究者もいる。これは、1万2000年前の最終氷期に気候が寒冷化した時に、赤道圏の熱帯地方まで南下避難した照葉樹林が、気候が温暖に転じると再び北上したことにより植生上の境界がはっきりしなくなったことが原因ともいわれている。

日本の場合、森林帯（植生）の分布に大きな影響をもつのは温度である。この温度による森林帯（植生）の分布を説明する数値に、吉良竜夫により考案された積算温度による「温量指数」がある。その一つである暖かさの指数は、植物が5℃以下では生育できないと推定して、毎月の平均気温が5℃を超える月だけの平均気温から、5℃を引いた値を計算して1年分を合計したものが指数である。この指数により、およその目安として110から240位が照葉樹林、46から90位が落葉広葉樹林、23から46位が亜高山帯の針葉樹林が成立する温度範囲としたものである。

森林分布図（植生図）をよく見ると、照葉樹林帯の中に落葉広葉樹林が点在し、落葉広葉樹林帯の中にも針葉樹林等の森林帯（植生）が出現している。それは、山のある所で、山の麓から頂上まで同じ植物が生えているのではなくて、高さに従って違った植物の群落が出現する。これは、標高が、100m高くなると0.6℃の割合で気温が低下することが関係している。これを平地での気温の低下に置き換えてみると、水平距離で約250km北方へ移動したことと同じである。このように、気温の変化により緯度として北方へ向かって森林帯（植生）が変化することと、標高により上方へ向かって森林帯（植生）が変化することは同様の現象である。

山地や丘陵地における地形の構造は、植生に大きな影響を与えている。地形には、自然の隆起や雨水・風等の侵食作用等により形成された自然地形や、人為的な造成によって作られる地表の形態がある。この地形の凸凹は、土壌の水分や養分、日照の多寡に大きな影響を与え、それが植生に反映される。山頂や尾根等の凸部は、一般に陽当たりがよく風当たりも強く、土壌水分や養分は流下して乾燥や貧栄養な土壌構造となっている場合が多いので、陽当たりを好む耐乾性の植物群落が成立する。山腹部においては、急斜面地では土壌は薄く排水性がよく日照や風の影響を受けやすいが、緩斜面地になると土壌は厚く肥沃になる。また、斜面の向きによっても植生が異なり、南・西斜面地は直射日光を受けることから乾燥を好む植生が、北・東斜面地では比較的湿潤を好む植生が成立する。山裾部では、尾根や山腹から土壌や雨水が流下してくるが、山裾が急斜面地の場合は土壌がとどまりにくく岩盤が露出しているところが多いが、緩斜面地の場合は土壌が厚く積もり適潤な土壌基盤となる。谷・沢部では、尾根や山裾から雨水等が集まることから、湿潤を好む植物群落が成立する。台地や低地部では、比較的緩やかな地形条件のため土

このように日本は、国土としては狭いが、南から北へと細長い島々により構成され、個々の地域の気象・地形・土壌・地歴等の変化や、さらには人を含む全ての生きものとの相互作用等により多様な「植生（一定区域に集まって生育している植物の集まり）」が成立している。植物の生育に最も大きな影響をもつのが「水」と「気温」であるが、年間を通して豊かな降水量に恵まれた日本では、特に気温が植物の分布に大きな影響をもち、「植生」や「森林帯」の区分けも、おおむね気温の差に連動している。

つまり、緯度や海からの距離によって異なる温度に連動する「水平分布」と、標高によって異なる温度に連動する「垂直分布」である。

日本に自生している在来の植物の分布域は、その地域の植物群落の分布を地図に示した「植生図」と、植物群落との種の構成を表した「組成表」とによっておおむね知ることができる。

植生には、人の影響を受けないで成立している「自然植生」と、直接的間接的に人の影響を受けて別の

写真1-56　常緑針葉樹林（コケモモートウヒクラス域）
亜寒帯に位置する常緑針葉樹林は、トウヒクラス域に成立し、高木は、トウヒ・シラビソ・コメツガ・エゾマツ等の針葉樹、林床はジンヨウイチヤクソウ・コフタバラン・コイチョウラン等の草本と、タチハイゴケ・セイタカスギゴケ等のセン類によって特徴づけられる。

写真1-57　落葉（夏緑）広葉樹林（ミズナラーブナクラス域）
冷温帯に位置する落葉（夏緑）広葉樹林は、ブナクラス域に成立し、ブナのほかに、ミズナラ・イタヤカエデ等の高木性の広葉樹などによって特徴づけられ、中層・下層にはヤマモミジ・アオダモ・オオカメノキ・イワカガミ等が生育し、ツタウルシ・ツルアジサイなどのつる性植物や、オシダ・ミヤマカンスゲ等の草本類が出現する。

写真1-58　暖温帯常緑広葉樹林（照葉樹林）（ヤブツバキクラス域）
暖温帯に位置する常緑広葉樹林は、ヤブツバキクラス域に成立し、シラカシ・アラカシ・スダジイ・タブノキなどの常緑広葉樹が優占する樹林となり、中層・下層にはヤブツバキ・シロダモ・アオキ・ヒサカキやテイカカズラ等の常緑樹やつる性植物が生育し、下草にはシュンラン・ヤブラン・ベニシダなどが出現する。

写真1-59　亜熱帯常緑広葉樹林（ヤブツバキクラス域）
亜熱帯に位置する常緑広葉樹林は、ヤブツバキクラス域の南西諸島と小笠原諸島に見られるが、その構成は大きく異なる。奄美大島以南の沖縄諸島を含む南西諸島にはリュウキュウマツ・アダン・ビロウ・ヒルギ類等が全域に生育し、山岳丘陵地帯にはスダジイ・タブノキ・イヌマキ等が茂り、ヘゴ等の木性シダやリュウキュウチク等が混生する。一方、日本唯一の海洋島である小笠原諸島には、広域種のテリハボクやオオハマボウ・アカテツ等に加え、固有種のコブガシ・ムニンヒメツバキ・オガサワラビロウ・ノヤシ等が出現する。

緑と緑化

3．日本の風景を形成する植生

　日本には、四季折々の美しい緑の風景があるといわれている。そして、この風景は、大陸型の雄大さには欠けるが、極めて変化に富む繊細優美な特色をもっている。

　日本列島は、中緯度にあってユーラシア大陸の東側に位置し、太平洋の西側にあり、その気候は海洋性と大陸性の両方の要素を有したモンスーン気候である。夏は太平洋の高気圧の圏内に入り高温多湿であり、冬はシベリア高気圧の影響を受けて強い季節風が吹き、日本海側では多量の雪が降り、太平洋側では乾いた低湿の風が吹く。このように基本的には温暖多雨でありながら寒暖の差は大きく、台風や洪水が頻繁にあるなど気象的変化の激しい環境下にあるため、それに応じた植生と植物の特色がみられる。

　日本列島は、南北に細長く連なり標高差が大きく、海では南からは暖流の黒潮、北からは寒流の親潮が流れ、この特性により亜寒帯（亜高山帯）気候から亜熱帯気候にまたがる特有の気候が形成される。その特性により、北方系と南方系の生きものが交わりやすい位置にあることから、それが植物種の多様性を高いものにしている。また、地形条件も複雑・急峻でそれに対応する土壌条件も複雑に変化する立地環境により、植物の種類や植生のタイプを複雑にしている。

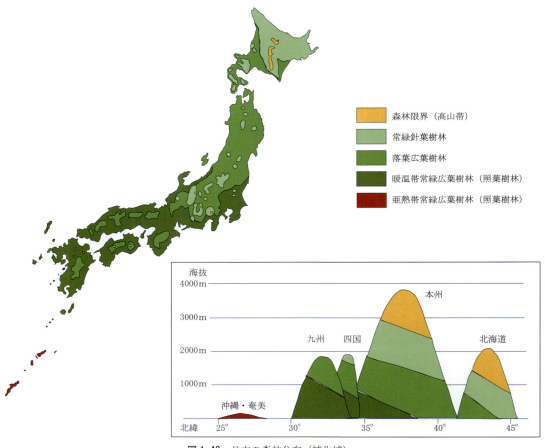

図1-43　日本の森林分布（植生域）
（只木、1984、森林と人間を参考に作図）

て引き起こされる一方的な被害を受ける敵対関係に偏った生態系被害もある。例えば、昆虫による葉の被食やスス病などの葉の表面に付く菌害は、光合成器官としての葉の機能を阻害している。また、シカなどの動物による樹木の皮剥ぎは、樹皮の内側にある師部における炭水化物の輸送を低下させ、樹勢の低下や枯死をもたらしている。このような被害に対して樹木等は、細胞壁を堅くして菌類などの侵入を防ぐ物理的防御や防御物質を生成する科学的防御といった防御対応の仕組みが知られている。

　このほかに、植物が環境に働きかける「環境形成作用」がある。一番わかりやすい例は、火山の溶岩流の上に森林が成立するまでの環境の変化だろう。できたばかりの溶岩には、貧栄養にも耐えられる地衣類等がまず進入して最初の有機物を残す。岩の風化や微生物による空気中の窒素の固定等とともに、栄養塩類が蓄積してくると高等植物も生育を開始する。植物の根は、岩の隙間に侵入して風化を促進する一方、分解された植物の遺体（有機物）と風化された岩石の細かい粒子が混ぜ合わされて土壌が生成される。土壌が薄くて保水力に欠けるうちは、草原しか維持できないが、だんだんと土壌が発達してくると樹木等が生育できるようになり森林が形成される。

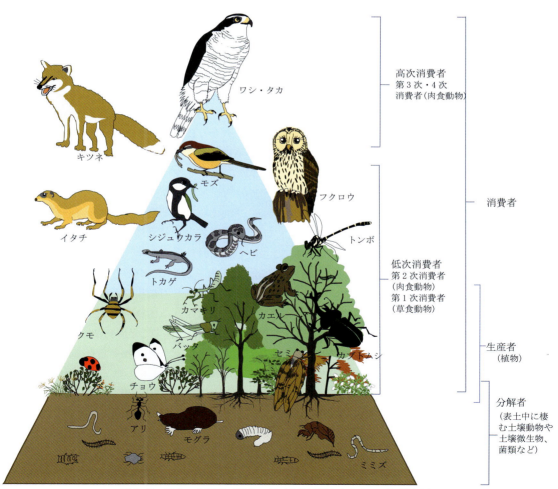

図1-42　森林の生態系ピラミッド（食物連鎖を中心として）概念図
（山水、2012、造園植栽術を参考に作図）

の極相という安定した状態の生態系も、このままこの段階が続くわけではない。これらの生態構造を突然破壊する強風・土砂崩れ・洪水等による「攪乱」（物理環境を改変する時間的に不連続なでき事）が発生することにより、樹木等が枯死し、林冠層に「空隙」（林冠ギャップ）が生じ、それにより環境の変化が起こる。その環境の変化の度合により、新たな植物個体の発芽・定着や植生群集の世代交代等の、再生・更新が行われる。

　このほかに、人為的ではあるが、植物個体間の問題として、外来植物との競争がある。生物が、本来の生息地ではない場所に、人によってもち込まれ野生化することを「生物学的侵入」という。生物学的侵入に成功する外来植物は、攪乱依存戦略（激しい環境変化に適応する）や競争戦略にたけた草本類が多く、頻繁に人為攪乱を受ける都市的な環境に多く生育する。自然地に侵入する外来樹木も、二次林に侵入しているトウネズミモチ・ニワウルシ、林冠ギャップに依存して更新するアカギ・ニセアカシアのように、ある程度開けた明るい場所で更新する種がほとんどである。

2）動物及び微生物

　植物と動物及び微生物との相互作用の中で、「食物連鎖」は最も基本的なものである。この食物連鎖を構成する生物要素は「生産者」、「消費者」、「分解者」に分けられる。

　生産者は、植物であり光合成により全ての生物の存在基礎となる有機物を合成する。消費者は、動物一般であり、直接植物を食べるバッタ・ウサギ等の捕食者（一次消費者）や、捕食者を食べるクモ・イタチ等の肉食者（二次消費者）、肉食者を捕食するタカ・オオカミ等の高次の肉食者（三次消費者）等に分けられる。また、動物・植物の遺体や排泄物を、主に餌とする腐食動物も消費者に含まれる。分解者は、細菌や菌類等の微生物が相当し、有機物を分解して再び植物が利用できる無機物に戻す働きをする。菌根菌から根の細胞へ菌糸等が吸収した窒素やリンが渡され、代わりに植物の根から炭水化物などが供給されている。樹木等の材木を食べるシロアリや、土壌中の有機物を細分化するダニ・ミミズ等の土壌動物は、消費者と分解者との橋渡しをするものとして位置づけられる。このように、食物連鎖でつながっている生産者・消費者などの各段階を、「栄養段階」という。

　動物（消費者）が植物（生産者）を食べることにより、植物の体に貯められたエネルギーが、動物に移動する。微生物（分解者）は、有機物を無機物にまで分解し、有機物に残された最後の利用可能なエネルギーを絞り取って自らの活動エネルギーとする（生物に利用されたエネルギーは最終的には熱エネルギーとして大気中に放出される）。そして、この分解者は「還元者」として、分解された無機物を生産者に光合成の原料として還元している。この生物の働きを通じた生産者－消費者－分解者－生産者という物質の循環が、大規模に行われているのが森林生態系である。ただし、森林の場合は、生産者から消費者（動物の餌）を通らず、落葉・落枝として直接分解者へという経路が多いことが特徴である。

　森林等の植物群落では、生産・消費・分解の三つの過程を経て、たえず無機物から有機物、有機物から無機物へと色々な物質がそれぞれ定まった経路を経て、量的にも環境に対応した一定量が流れ循環している。これを、生態系（エコシステム）と呼んでいるのである。また、「共生」や「寄生」という現象も、生きもの同士の関係の現れとして理解できる。植物が花をつければ、訪花昆虫がやってきて受粉をしてくれ、果実を実らせれば鳥がやって来てついばみ、硬い種子を糞と一緒に撒き散らしてくれる。昆虫や鳥が、餌を集めたり食べたりすることは、植物にも相利的に役立つのである。このようにいかなる生きものも、その種だけで孤立して存在する選択はない。生態系の中のそれぞれの種は、生存のために相互に作用しあう関係性の中で生活しているといえる。しかし、相互作用ではなく、微生物や昆虫・動物などによっ

（2）有機的環境要因

　有機的な環境要因である生物的環境と植物の関わりは、植物同士の関わりと、動物及び微生物との関わりに分けられる。

1）植物

　植物という個体に影響を与える生物要因としては、まず同じ「植物」が考えられる。

　植物の成長過程では、光・水・養分等をめぐる植物個体同士の「競争」が起き、劣位の個体に成長抑制や枯死が起きる。この個体間の競争には、個体Aの存在は個体Bの成長に影響を及ぼすが、Bの存在はAに影響しないという「一方向的競争」と、AとBが互いに影響を及ぼし合う「双方向的競争」がある。

　一方向的競争の典型は、光を巡る競争で、サイズの大きい個体は光をさえぎって小さい個体の成長に負の影響を及ぼすが、小さい個体は大きい個体が得られる光量に影響を及ぼさない。一方、基盤土壌中の水分や養分を巡る競争は、全ての個体がそのサイズに比例した影響を相手に与えるため、双方向的になる。一般に、森林等の個体の多様性が高い場所での生存や成長に関しては、一方向的競争の方が大きいが、都市部の緑化のようにサイズが似た個体同士の間では、双方向的競争の影響が大きいと思われる。

　個体の競争は、植生等の水平構造の変化にも現れる。各階層を高木・低木・草本という生育形ですみ分けられており、これを「生態的地位（ニッチ）」と呼ぶ。個体間の競争は、個体密度が高いほど厳しくなるが、種内競争の結果、局所密度の高い場所に生育している個体が死亡するにつれて、生き残った個体間の距離が大きくなり、植物個体の分布は集中度の低い一様分布に向かって変化する。しかし、種内競争の効果が大きく、競争力の弱い種が競争相手の密度が低い場所で生き残りができる場合は、集中分布になることもあり、結果として異種個体が排他的に分布する。また、ある種の分泌する物質により、ほかの植物の生育に影響を与える場合がある。これを「他感作用（アレロパシー）」という。

　複数の植物種がまとまり群集として、その種組成や構造が時間の経過とともに安定な状態に向かって変化することを植生の「遷移（サクセッション）」という。植生の基盤として土壌が形成されて、植物の侵入が促進され繁茂するようになると、地表に届く光が植物の葉により遮断される。その結果、生育のために強い光を必要とする種の定着が抑制され、耐陰性（光の乏しい条件において生存・成長する能力）が高い種への置き換わりが起こる。このような生物の環境形成作用によって進む遷移を「自発的遷移」という。これに対して、湖沼の陸地化や人為的な土砂の堆積等、生物が関わらない環境の変化によって進行する遷移を「他発的遷移」という。遷移が進行すると、種組成や構造の変化が小さく、長期間安定を続けるような植生が成立する。この最終段階を「極相」といい、樹林地の場合は「極相林」という。しかし、こ

図1-41　植物の光を巡る競争等により起こる遷移（自発的遷移）

裸地 ➡ 地衣類 ➡ コケ ➡ 草原 ➡ 低木林 ➡ 陽樹林 ➡ 陰樹林

⑤土壌中の養分

　土壌の中には、多様なものがさまざまな形で存在しているが、植物の根が吸収できるのは、土壌の中に電荷を帯びて水に溶けている「イオン（電解質：水に溶けると電気を通す物質）」だけである。

　水に溶けたイオンの内、陽イオンは土壌粒子がもつ負電荷に、陰イオンは正電荷に吸着することで、土壌中に保持されている。このように、土壌中の負電荷に保持されている陽イオンを交換性陽イオンといい、その状態のカリウム・カルシウム・マグネシウムの量は、「肥沃土の指標」とされる。また、陽イオンが吸着される量を、陽イオン交換容量といい「保肥力の指標」とされ、陽イオン交換容量の大きい土壌の方が植物の根に養分を持続的に供給できる。

　植物が必要とする養分の多くは、土壌粒子を構成する鉱物に含まれており、植物に吸収されても鉱物の風化に伴って新たに少しずつ溶け出し補給されている。また、落葉・落枝や土壌動物や微生物などによる生物遺体の分解によって、土壌に再び供給される養分もある。しかし、その中で窒素・リン酸・カリウム（肥料の三要素とも呼ばれる）は、自然土壌の中でも不足しがちな元素であるといわれている。

　窒素は、植物が多量に必要とする元素であるにもかかわらず、鉱物には含まれていないので、生物遺体からの供給に大きく頼ることになる。生物遺体は、土壌動物や微生物によって分解される過程で、複雑な有機化合物となって腐植を構成するが、一部はアンモニアや硝酸となって植物が吸収できるイオンとなる。また、大気成分の8割を占める窒素を、土壌細菌（共生窒素固定菌）が取り込む（窒素固定）働きによっても、土壌中に窒素が供給される。リンも、鉱物に含まれることが稀で、やはり生物遺体が主な供給源である。さらにリンは、土壌中に豊富にあるアルミニウムや鉄、カルシウムなどと結合する性質があるので、可給態のリンは極めて少ないといえる。一方、カリウムは、鉱物に多く含まれており土壌中の可給態の割合も比較的多いが、植物にとって細胞質基質に必要な陽イオンとして多量に取り込む必要があるので、供給が要求量に追いつかない場合が多い。

　このように、自然地では土壌中の養分はある程度の継続的な供給があり、そこに生育する植物も、立地する土壌からの養分供給の内容や量の範囲内で生育している。

　しかし、新たに造成された植栽地では、畑等で育成された樹木が根を切断されたりして移植されるため、植栽地として養分の少ない土壌の場合、活着のための施肥が必要になるとともに、その後の土壌への養分供給が断たれている環境であれば、何年かおきに追肥等の配慮が必要となる。

⑥土壌中の空気

　土壌中の空気は、土壌の間隙を通じて地上の大気から酸素が供給され、この酸素を植物の根や土壌動物・微生物が呼吸によって消費し、そして二酸化炭素を排出している。このことは、土壌中の空気は、地表近くは大気中の空気に近い状態であるが、深くなるにしたがい酸素が少なくなり二酸化炭素が多くなることになる。

　植物の根の呼吸障害は、粗孔隙量の少ない堅密な土壌やシルト質の土壌で起きやすい。これは、気相の少ない土壌では、土壌中の空気と大気中の空気の間でガス交換が行われにくいためである。

　また、土壌中の間隙が水で満たされているとガス交換が妨げられるので、酸素が少なくなり根が酸素欠乏による過湿障害を起こしやすい。この過湿障害は、透水性・通気性の不良な土壌に現れやすい。

　人為的な障害としては、人等の踏圧などによって土壌が締め固められると、土壌粒子の間隙が押しつぶされて狭小となるため、酸素不足となり、樹木等の根の機能低下による樹勢の衰退をもたらす。

積重)は、土の硬さの指標ともなる。硬い土壌は、間隙が狭く腐植の少ない土であるため、通気性が乏しく水分や酸素の供給が妨げられることから植物の根系が正常に機能できない。

液相と気相は、土壌の間隙を作っていて、その水分状況によって比率が変わる。土壌中の水とは、土壌の粒子と粒子の間の空間(孔隙・空隙ともいう)に存在する水であり、土壌の粒子との結合の強さの大きい方から順に、吸着水・毛管水・重力水に分類される。毛管水は、土層間隙に長くとどまり、植物が最も吸水し利用できる水である。一方、吸着水は、土壌の粒子の表面に強く吸着されており植物の根による吸収力では引きはがせない水である。そして重力水は、降雨後等に重力によって速やかに土壌から排出される水である。このことは、植物の根が適正な吸水を続けるためには、毛管水(有効水)が多く保持できる粒子間の隙間が狭くもなく広くもない、適度なサイズの間隙に富む土壌が植栽基盤としては適しているといえる。

そして、団粒構造の中で重力水が占めている空間は、通常気相として土壌の通気性の保持に役立っている。土壌中には、多くの有機物が含まれ、微生物による分解が盛んに行われているため、植物の根の呼吸と相まって酸素の消費、二酸化炭素の増加が起きている。そのため、気相が大きければ酸素の補給が容易で、微生物と根の働きが正常に保たれる。また、植物の養・水分の吸収には、液相が大事である。植物の根は、水に溶けている養分しか吸収しないので、液相が不足すると水分だけでなく養分の吸収も十分に行えない。さらに、植物の根の細胞は、呼吸しなければ生きていけないことから、気相が少ないと呼吸のための酸素の供給と二酸化炭素の排出が滞る。つまり、植物の根が健全に機能するためには、土壌の三相のバランスが重要である。

これらの三相分布は、土壌の種類によって異なるとともに、天候や季節によっても絶えず変動がある。

「自然土壌の固相率は、概ね20〜45%で、間隙が55〜80%を占める。畑地土壌では、自然土壌より固相率が大きいことが多い。なお、雨が降ると液相が増加して気相が減少し、乾くとその逆となる」[14]。

湿地のような場所では、気相が少なくなるため植物の根の呼吸が阻害される。また、腐植が少なく固い土では通気性が悪くなる。

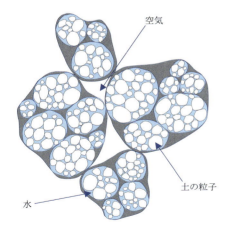

図1-40　団粒構造
(片山、2013、グリーンセイバーを参考に作図)

表1-18　土壌中の水

吸着水	土壌粒子の表面に吸着されている水。粘土のような表面積の広いものに多く吸着し、植物の根毛による吸収が難しい水。
毛管水	土壌粒子の間に、毛管現象で保持されている水で、多くは植物の根毛によって吸収される。植物にとっては重要な水。
重力水	降雨後一時的に土壌中の大きな隙間に存在し、時間とともに重力によって落下する水。

③土壌粒子の粒度区分と土性

土壌の粒子は、大きさによって物理性・化学性が異なり、粒径が小さくなるとともに比表面積（表面積/体積比）や、水分保持能・粘着性等が高くなる。そのため、土壌の粒子の組成は土壌の物理性・化学的特性と密接に関係しており、粒径に基づいた粒度区分が設けられている。国際土壌学会法では、粒径の大きいものから礫（>2mm）、粗砂（0.2～2mm）、細砂（0.02～0.2mm）、シルト（0.002～0.02mm）、粘土（<0.002mm）と定義されている。

「土性」は、粗砂と細砂を合わせて砂として、礫を除く3区分（砂・シルト・粘土）の重量を合計し、各区分の重量百分率を算出して三角座標軸上に示すことで、その土壌の土性を決定している。

土性は、精密な粒径分析ができない場合でも、土を手に取ってこれに水を加えた時のザラザラ感とネトネト感の多少により大まかに判断ができる。土の重さの25～40%以上を粘土が占める土を「埴土」という。埴土は、粒径の細い粘土が多いことから粒構造が狭く細い間隙の割合が大きいので、水分を保持する力が強すぎて有効水が少なく、また透水性・通気性にも乏しく、水に濡れるとひどくぬかるむが、乾くと固くひび割れるなど、植物の植栽用の土壌としては相応しくない。逆に、ほぼ砂だけの土を、「砂土」という。砂土は、水はけや通気性はよいが保水性が乏しいので、水の管理が難しい。植栽用の土壌として適しているのは、程よくシルトも含んでいる土である「壌土」である。

このように土性は、土壌の透水性や通気性、養分保持能などを示す指標であり、粘土割合が高いと透水性や通気性は低いが養分保持能は高く、砂割合が高いと透水性や通気性は高いが養分保持能は低い。

④土壌の構造と三相分布

砂や粘土のように、土壌の粒子が単に集まっただけの状態を「単粒構造」という。一方、これらの粒子が腐植等の有機物によって互いにくっつけられ、さらに大きな粒子（団粒）を作ったものを「団粒構造」という。団粒の内部の小さな間隙には水を貯え、団粒間の大きな間隙には空気を貯えることによって、土壌の「保水性」と「通気性」という一見矛盾した性質を併せもつことができる。こうした形態を「土壌構造」という。

土壌の性質を捉える時には、個体の部分と、液体・気体の部分の割合が重要視され、それぞれ「固相（個体）」・「液相（液体）」・「気相（気体）」と呼ばれる。

固相は、岩石の物理的風化によって粒子状に細かくなった無機質のものが大部分で、それらが雨水によって溶解・再結晶して化学的風化したものが粘土である。固相にはこのほか、植物の根や生物の遺体、微生物も含まれる。礫や砂からなる土壌は、水はけがよく、粘土の多い土は保水力がよい。固相の体積比率は、単粒構造の土壌では高いが、腐植を含み団粒構造が発達するほど低くなる。また、この固相の重さ（容

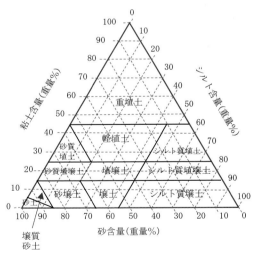

砂・シルト・粘土の重量比で、土性は区分される。ただし、砂・シルト・粘土の重量比にかかわらず、礫が50%以上の場合は礫土、腐植含量が20%以上の場合は腐植土に区分する。

図1-39　土性三角図
（森の根の生態学を参考に作図）

②森林地の土壌断面

　森林の中で土壌の断面を観察すると、いくつかの層に分かれている。土壌の表層は、植物や動物の遺体が堆積したAo層と、その下の岩石の風化物を主成分とする部分に分けられる。

　Ao層では、分解の程度に応じてさらに3つの層が認められる。最上層は、L層（落枝落葉層）と呼ばれ落葉・落枝や動物の遺体等がそのままの形をとどめている層である。その下のF層（発酵層）は、菌糸層が発達して分解が進行中の層で断片化した落葉等がまだ原形をとどめている。最下層は、微生物による分解がかなり進み粒状となったH層（腐植層）である。Ao層は、土壌動物や微生物が落葉などを分解するため有機物を多く含む腐植の集積層が形成される。

　Ao層の下には、母岩の風化によってできた土壌母材があるが、雨水とともに浸透してきた腐植の作用により、さらに3つの層位に分けられる。最上部には、腐植の色で暗黒色になったA層がある。この層は、腐植の働きで団粒構造が発達し、通気性と保水性に優れている。このため、生物による活動も盛んであり、植物の吸収根はこの層の上部に集中している。ブナ林などの発達した極相林では、しばしば1m以上の厚さになるが、針葉樹林などでは腐植酸による無機塩類の溶脱が起きる場合がある。B層は、腐植の影響の少ない層であるが、時にはA層で溶脱した無機塩類の集積が見られる。最下層は、土壌母材そのものの層でC層と呼ばれる。

　各層の発達の程度は、地形や植生、土壌母材の性質に加えて、一年を通じての気温や降水量等に影響されるため、土壌の断面を観察することによってその土壌が置かれていた環境を総合的に捉えることができる。このように、森林地の土壌には植物が必要とする養・水分を十分に供給するとともに、養・水分自体を再供給する土壌環境が整っている。しかし、都市地の土壌は、自然地の土壌環境とは大きく異なり、生物環境が破壊された土壌であり、植物が生育する基盤土壌としては劣悪な状態であるものが多い。

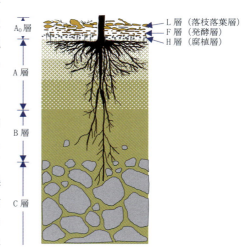

図1-38　土壌断面の模式図
（片山、2013、グリーンセイバーを参考に作図）

表1-17　森林土壌と都市土壌との主たる違い

森林土壌	都市土壌
・層位の分化がはっきりしている	・層位の分化が不明瞭
・礫などの夾雑物は少ない	・礫・礫層あるいはほかの夾雑物が多い
・土壌は膨軟である	・土壌の硬度・緻密度が大である
・透水性に富む	・透水性の低下
・保水性に富む	・保水性の低下
・腐植に富む	・腐植の欠如、肥料成分の不足
・有害物質を含まない	・有害物質の過剰
・微生物量豊富	・微生物量貧弱

5）土壌要因

土壌は、植物にとって地上部の体を支える物理的支持基盤であるとともに、その生存・成長に関わる水及び養分を供給する重要な環境要因である。

①土壌の生成と構成要素

土壌を生成しその違いを作る要素としては、地形・気象・岩石・生物とともに時間が関わっている。

土壌の基となる地質的材料が母材であり、母材の元となる岩石が母岩である。母岩は、その成因から「火成岩」・「堆積岩」・「変成岩」に大別される。火成岩は、マグマが冷却固結した岩石で、安山岩や花崗岩がある。堆積岩は、水底や地表の堆積物が結成作用により固結した岩石で、侵食や火山放出物の堆積によってできる砕屑性堆積岩（砂岩・頁岩・凝灰岩等）と、海水や湖水で化学的あるいは生化学的に形成された沈殿物が主構成物質である化学的堆積岩（岩塩・石膏等）に分けられる。この内、生物遺骸あるいは生物の作用によるものは、生物性（有機）堆積岩（チャート・石炭・石灰岩等）として区別する場合がある。変成岩は、火成岩や堆積岩あるいは変成岩が強い圧力や高い温度の作用により変成した岩石（片岩・片麻岩等）である。

岩石は、鉱物（造岩鉱物）の組合せによってできており、その主体はマグマが冷却される過程で形成された一次鉱物（長石・石英・輝石・角閃石・雲母等）である。この一次鉱物の細粒化や変質により新たに生成された鉱物を二次鉱物（ケイ酸塩鉱物・酸化物鉱物・水酸化物鉱物等）と呼ぶ。二次鉱物は、微細で大部分は粘土画分の土壌粒子として存在することから粘土鉱物とも呼ばれる。

岩石は、地表に出現した時点で、外界の温度や圧力といった環境条件が大きく異なるため、新たな変化が進行する。この際に働く作用を「風化作用」と呼ぶ。風化作用には、岩石や鉱物の物理的崩壊による細粒化の過程である物理的風化と、鉱物の溶解による変質の過程である化学的風化がある。この物理・化学的風化によって生成されたものが、細粒物質といわれる「礫」・「砂」・「シルト」・「粘土」である。

土壌は、母材の物理・化学的風化によって生成された細粒物質に、生物や生物遺体などの有機物が加わって生じる物理・化学的な変化により生成されたものである。

この土壌は、個体部分（固相）である無機物（土壌粒子）と有機物、そして液体部分（液相：土壌水）と気体部分（気相：土壌空気）により構成されている。土壌化が進行することにより、土壌の三相（固相・液相・気相）がある程度の容積バランスをもつようになり、土壌層位（色や構造等が異なった水平の層）が発達して垂直方向の物理・化学的性質の違いによる「土層」の分化が生じる。このように土壌は、母材となる岩石が風化して、細粒物質となった砂・シルト・粘土に生物の遺体や、その分解物である「腐植（落葉などの原形をとどめている未分解物を含まない分解中間生成物）」が加わってできたものであり、砂・シルト・粘土だけでは土壌とはいわない。このため、土壌はその場所の生物的・無生物的環境によってさまざまな違いを生じる。特に土壌を特徴づける腐植は、植物や動物の遺体が土壌中の小動物や微生物により分解される過程でできるさまざまな有機物で、粘土とともに土壌中の無機塩類を吸着する働きがある。また、水分や通気性の保持に重要な役割を果たすとともに、養分保持にも関係している。

写真 1-55　森林地の土壌層位

の発芽の時期を、春の生育可能な時期に合わせるための適応と考えられる。

植物の花の開花には、光周性と温度変化の両方が関係している。越年生植物（秋発芽し、翌年の春に開花する植物）の多くは、日長に対する応答性が抑えられており、低温処理をすることで花芽を分化する。このような低温によって花芽を誘導することを「春化処理」という。

落葉は、温帯から寒帯にかけて見られ、秋になって、気温が低下すると葉から栄養分を幹に回収したのち、葉柄の基部に離層という堅い組織を作って葉を落とす。薄い葉は冷却されやすく、水分が凍結しやすいが、落葉によって水分の損失を少なくするという点でも優れた方法である。なお、落葉現象は、乾燥に対する適応としても知られていて、熱帯・亜熱帯の季節風帯では、乾季に多数の樹木が一斉に落葉する。植物の落葉現象は、まず乾燥に対して作り上げられたものであり、それが寒冷に対する適応としても有効であったといわれる。

④温度と植生の分布

植物には、寒さに強い種と寒さに弱い種がある。気温は、赤道から遠ざかるにつれて温度が低下し、両極で最低になる。また、高度的には100m上がるごとに約0.6℃の温度の低下が見られる。この「緯度的変化」と「高度的変化」の温度の変化に応じて、植物つまり植生の分布が制限され「南限と北限（水平分布）」、「下限と上限（垂直分布）」の分布域が決まってくる。

わが国のように、水が植物の生育域の分布の限定要因（日本全域が豊かな降水量をもっている）でない地域では、温度が植物の地理分布の主な限定要因となっていて、植生の分布は緯度と標高に沿って移り変わっている。緯度による温度の差は、南は北緯24度の石垣島の平均気温23.7℃から、北は北緯45度の稚内の平均気温6.3℃までの温度差があり、この温度傾斜に沿って「亜熱帯常緑広葉樹林（照葉樹林）」、「暖温帯常緑広葉樹林（照葉樹林）」、「冷温帯落葉（夏緑）広葉樹林」、「亜寒帯常緑針葉樹林」が広がっている。これらの植生帯と温度の関係を詳しく調べてみると、照葉樹林帯の常緑樹の北限は、冬の最低気温によってうまく説明がつくが、多くの植生帯の分布は必ずしも最高気温や最低気温、平均気温によって決まっているとはいえない。むしろ、植物の生育に適した気温がどの程度の期間続くのか、また、生育に不適な期間がどの位あるのかという積算温度の考え方が重要となってくる。そこで、考案されたのが「温量指数」である。温量指数には二つあって「暖かさの指数」は、毎月の平均気温について5℃（一般に多くの温帯植物の生活現象が止まる温度）を超えた部分のみを足し算した値（一年間の植物の生育に適した期間の暖かさ）を、「寒さの指数」は各月の平均気温について5℃を下回った部分のみを足し算した値（一年間の植物の生育に不適な期間の寒さ）をいう。この指数は、日本の植生帯のみならず、世界の植生帯にも当てはまる。

表1-16　日本の植生帯と温量指数（暖かさの指数）

気候帯	植生帯	優占種	垂直分布	温量指数
亜熱帯	常緑広葉樹林（照葉樹林）	シイ・ヒメツバキ	低地帯	240〜180
暖温帯		シイ・カシ	丘陵帯	180〜85
冷温帯	落葉（夏緑）広葉樹林	ブナ・ミズナラ	山地帯	85〜45
亜寒帯	常緑針葉樹林	シラビソ・オオシラビソ	亜高山帯	45〜15
		ハイマツ		
寒　帯	森林限界	高山植物	高山帯	<15

4）温度要因

温度は、植物の生育にとって重要な要因である。

生きものである植物は、生育に最も適する温度と生育の限界温度をもっている。

植物の体は、ほとんど水からできている。この水は、0℃で凍り100℃で沸騰する。そして、その変化に対応して比重も変化する。また、タンパク質も、植物にとって不可欠な物質である。このタンパク質は、60℃を超えると凝固が始まり、その物理的・化学的性質が変わる。つまり、水の氷点（低温域）とタンパク質の凝固点（高温域）の間の温度環境が、植物の生存を許容する温度範囲である。

①最適温度

光合成や呼吸・水分吸収等の植物体内での物質代謝は、酵素によって触媒される一種の化学反応である。この酵素の活性は、温度により左右されることが大きいため、物質代謝の速度も温度によって大きく影響を受ける。この植物の生理作用は、種類ごとに最低温度と最高温度の温度範囲内で営まれる。個々の生理作用にとって最もよい温度を「最適温度」といい、標準的には25℃前後といわれている。植物の生理活性は、温度とともに変化するが、植物の種類や齢、そのほかの環境条件によっても影響を受ける。通常、酵素の働きが阻害されない限り、温度の上昇とともに生理活性は高まる。また、植物の中には、低温や高温のストレスに耐えられるように自身の性質を変化させる（馴化現象）ことにより、その後の生理機能を維持することができるようになるものがある。

温暖な地域の植物では、20～30℃が最適とされる種が多いが、高山等の寒冷地では10℃前後が最適とされる種もある。一方、呼吸速度は、40～50℃までは上昇する。したがって、高温域では、呼吸量が光合成量を上回るため、貯蔵物質の消費による成長の低下が見られ、長期間高温状態が継続すれば植物は枯死する。

②温度障害

温度障害は、高温域で起こるものと低温域で起こるものがある。

森林を伐採した後に、樹皮の薄い樹木が残されると、直射光が幹の形成層にまで達し、日焼け障害を起こすことがある。これは高温により、形成層の原形質が凝固し、細胞が死ぬために起こる温度障害である。また、温度が上昇すると蒸散速度が増し、高温による障害を回避しようとするが、水分供給が不足した時には水分欠乏が生じ、著しい場合には枯死する。（常緑樹：50～55℃、落葉樹：約50℃）

低温によって生じる害では、細胞内で水が凍る時に原形質から水が失われたり、体積が膨張するために組織が破壊されることである。熱帯産の植物の中には、5℃という植物組織や細胞液が凍結しない温度域でも障害を生じるものもある。植物の種類や器官により、低温障害が起きる温度は異なるが、同じ植物であっても季節によってその現れ方が異なることがある（常緑樹：－6～－15℃、落葉樹：－25～－40℃）。

③植物の生活史と温度

植物の、発芽・開花・展葉・落葉等の生活史にも温度が関係している。

種子が吸水すると、胚乳や子葉内に貯えられたデンプン・タンパク質・脂肪等が代謝されるとともに胚の成長が促され、発芽が起きる。この物質代謝は、生体内での化学反応なので、通常温度が上昇すると活発になるが、高温域では代謝物質に変性が生じて代謝速度が低下する。

種子が発芽する温度範囲や最適温度は、種によって大きく違っている。また、多くの植物では、休眠状態の種子を0℃の低温湿潤条件に置くと、休眠が破られその後適温になると発芽が起きる。時には、低温と高温を組み合わせて与えると、休眠が破られるものもある（変温効果）。これらは、自然条件下で種子

いため、水中では水深が深いほど、また水温が高いほど酸素含有量は減少し、そして淡水よりも海水の方が酸素含有量は少ない。このため、プランクトンや細菌の大発生によって酸素が消費されると、池や潟の内湾などで魚介類が大量死するのが見られる。しかし、ハスやラクウショウ等の湿地性の植物では、通気組織を発達させて、地上部から根に酸素を供給し、低酸素の土壌でも生育を可能にしている。

③風

風（大気の動き）は、その強弱や温度・水等のほかの環境要因との関係から、植物に多様な影響を与えている。風は、普通の風力であれば、植物の葉面での蒸散作用を促進させる効果があるが、強風（15〜17m/secを超す風）では蒸散が過度となり気孔閉鎖が起きて光合成速度が低下し成長が抑制される。そして、土壌水分を蒸発させて土壌を乾燥させる。とくに、夏季と冬季の乾燥時における強風は、植物に大きな被害を及ぼす。また、樹木等にあっては、風が非常に強い時には葉擦れを起こし、枝や幹が折れたり、根がえりを起こす等の物理的な障害が発生する。逆に、極端に風が弱い時には、葉面境界層抵抗の増大によって葉への二酸化炭素の補給が少なくなり、光合成の低下が起きる。中でも、晴天日の日中に無風状態が続けば、葉の周辺での二酸化炭素濃度の著しい低下を招く。一般には、地表に近いほど風速は弱くなるため、植物高が低ければ風の影響は少なくなる。このような風による植物への作用の結果、海岸や山岳地帯等の恒常的に強風が吹く場所では、頂芽（新梢）は風下に曲がっていき木化して固定され、また風上側の側芽も被害を受け枝が風下側にのみ偏ってつく「風衡樹形（偏形樹形）」が形成されている。これらの直接的な作用のほか、風による土壌侵食（風食）や風によって運ばれる砂粒・氷雪片・海水等による間接的な植物への害もある。

写真 1-53　ラクウショウ（ヌマスギ）等は、呼吸根（気根）を出して通気して生育している。

写真 1-54　山岳地や海岸地等の恒常的な強風によって作られる風衡樹形の植生群落

出の頃に最も多くなる。そして、日の出とともに再び蒸散量が増加し、午前中には給水量を上回り、植物体内の水分量は低下する。日中、水分量は、低下し続け最低値となる。土壌に、水が十分に存在する場合でも、真夏の晴れた日の午後には葉の含水量が著しく減少して気孔が閉鎖し、光合成速度が落ちる場合がある。日の入りになると、再び給水量が蒸散量を上回り植物体内の水分量は上昇し始める。

植物は、生育場所の土壌が乾燥していると、水不足を回避するために根を増やす。これは、植物が水不足に対応して根の分布を変化させ、地下水を利用しようとしているのである。

3) 大気要因

地球の大気は、78％が窒素で、酸素は21％である。残りはアルゴンが0.9％、二酸化炭素が0.041％でこのほかごくわずかに水素・オゾン・メタン・一酸化炭素等が含まれている。この中で、特に植物の生命活動に重要なものは、「二酸化炭素」と「酸素」である。

①二酸化炭素

現在の大気中では、二酸化炭素の量は低いが、原始地球では活発な火山活動により、大気中に放出され、その濃度は高かったとされている。その後、サンゴや貝類、プランクトンの生育によって炭酸カルシウムとして固定され、石灰岩を形成したため、大気中の二酸化炭素の減少が起こったと考えられている。ほかの大気の成分は、最適域にある場合が多いが、陸上植物にとって現在の二酸化炭素濃度の約410ppm(0.041％)は不足の状態にあって、500ppm程度まで二酸化炭素濃度が増加すれば光合成も比例して増加する。このため、農業用の温室等では肥料として二酸化炭素ガスの投与も行われる。これは、陸上植物が光合成機能を獲得した頃の、二酸化炭素濃度が現在よりも高かった事情を示唆している。

植物の葉の周辺にある二酸化炭素の濃度は、天候と風速の影響を受ける。風の無い晴天の日中には、植物が盛んに光合成を行って二酸化炭素を吸収するため、葉の付近の二酸化炭素濃度は減少し、光合成速度が低下する。植物は、二酸化炭素を光合成によって有機物へと転換しているが、有機物中の炭素も植物自身や動物の呼吸、及び遺体や排泄物等を分解する細菌・カビ等の微生物の呼吸（土壌中で起きるものを土壌呼吸と呼ぶ）によって、再び二酸化炭素として大気中に戻されている。これに加えて、二酸化炭素は海水中にも大量に溶け込んでいるため、全体として定常状態を保ってきた。ところが、今日の人口の増加と石炭・石油等の化石燃料の燃焼、森林の伐採によって二酸化炭素の増加が、地球温暖化を引き起こす原因として、地球環境問題の一つになっている。

②酸素

地球誕生時には、大気中の酸素分子は極微量であって、現在の酸素分子のほとんどは、植物等の光合成による水の分解の結果作られたとされている。海洋の酸素は、約6億年前に海洋生物が呼吸をするのに十分な量になり、4億年程前にはほぼ現在の大気中の濃度になったとされる。

樹木等の根が、呼吸のために必要な酸素は、土壌水中の溶存酸素である。この土壌水の酸素は、大気から供給される。つまり、雨が降りその雨水が土壌の下方に浸透して、土壌の中に新鮮な酸素が取り込まれるのである。その際、雨水は、土壌中の二酸化炭素を溶かしながら移動する。したがって、土壌が固結しているところや、締め固められているところでは水が浸透せず、酸素が少ないことから植物の根は呼吸できなくなる。

現在では、大気中の酸素は21％と大量に存在するが、土壌中では植物の根や多くの微生物の呼吸によって酸素が消費され、酸素不足の状態に陥る場合がある。とくに、通気性の悪い土壌では酸素濃度は10％以下となり、酸素濃度3％以下では多くの植物が枯死する。また、酸素は、水に溶けにくく拡散速度も遅

2）水要因

　水は、植物にとって細胞内の主要な構成成分であり、かつ光合成反応の素材であるだけでなく土壌中の養分を溶液として植物体内を移動させ枝や葉に運ぶための媒体でもある。中でも水による蒸散は、植物体内の水が水蒸気として主に葉の気孔から発散される現象（水の気化熱）によって太陽光による葉温の上がり過ぎを防いでいる。

　蒸散による水の消費量は莫大で（吸水量の約95％以上といわれている）、植物体が大きくなればなるほど多くなる。蒸散は、根から大量の水を吸収し、葉から水蒸気として排出することで必要な養分を葉に集める。真夏等には蒸散による気化熱によって葉の表面温度を下げ、光合成の最適温度である 25～30℃を維持することに役立っている。

　水は、植物の根から吸収され、葉から水蒸気の形で大気中に放出される。このため、水の吸収量と蒸散量とが釣り合っていれば、植物体内の水分状態はよく、植物は良好な生活を送ることができる。ところが、土壌の乾燥によって、吸水が困難な時に蒸散が盛んであれば、植物の含水量は低下する。この場合、気孔の閉鎖によって蒸散は抑えられるが、葉の表面からのクチクラ蒸散は抑えることができず、植物体は水を失い乾燥枯死する。なお、気孔が閉鎖され、大気中とのガス交換ができなくなると、二酸化炭素欠乏によって光合成が低下し生育に影響が生じる。また、葉緑体内で水が不足すると、炭素固定反応がうまくいかずに光合成速度も低下する。

①植物体内の水の移動

　土壌中の水は、植物の根の根毛により吸収される。そして、根の中の道管や仮道管は、通導組織として直径が大きく水が通りやすくなっている。この通導組織である道管や仮道管に向けて、順次吸水力の高い細胞が配置され、水はこれにしたがって通導組織まで移動する。この根毛による吸水作用は、土壌中の水分量や蒸散量によって変化するとともに、ある範囲内では温度が上昇するほど増大する。

　通導組織内での水の上昇は、根の浸透圧・維管束内の毛細管作用・葉の蒸散による力、水の凝集力（水分子が互いに引き合い、離れまいとする力）が働いている。まず、水は根の浸透圧（細胞内はミネラルや糖などの溶質によって浸透圧が高い）により土壌水分が吸収され、毛細管作用により通導組織内を上昇する。この上昇を連続的に維持させているのが、水の蒸散の際の負圧である。この力は、通導組織である道管や仮道管のような連続した細管で非常に大きくなり、その中の水の柱を水分子の凝集力によって途切れることなく上へと移動させる。これらの水の移動は、湿った土壌から乾いた大気への自然な水の動きである。しかし、土壌から水が十分に得られない状態で、葉からの蒸散が盛んに起こると、道管や仮道管内の水にかかる張力が凝集力を上回り気泡が発生して、道管や仮道管に空気が充満して水ストレスが発生する。植物は、この状態に対応するために葉などの比較的再生が容易な器官を通水経路から切り離したり、樹木の場合は幹の辺材部や葉に水を貯留して、体の重要な部分へのダメージを低減させようとしている。

②植物体内の水分量

　多くの植物の茎（幹）や根には、水が貯えられており、とりわけ、多肉植物や大きな樹木では、土壌が乾燥し給水できなくなっても、茎（幹）に貯えた大量の水でその状況を乗り切ることができる。一方、幼木や低木等の小さな植物では、水をあまり貯えていないため、土壌が乾燥し給水できなくなると乾燥し枯死するものが多い。

　植物体内の水分量の日変化を見てみると、夜間は給水量が蒸散量を上回るため水分量は上昇し、日の

②光合成と呼吸

植物は、葉の中にある葉緑体と呼ばれる小器官において、太陽光のエネルギーを利用して二酸化炭素(CO_2)と水(H_2O)から植物の生活に必要な炭水化物 $C_x(H_2O)_y$ を合成している。これを「光合成」という。

光合成での化学反応は大きく二つの段階に分かれる。最初の段階では、光を捉え捕捉した光エネルギー（光量子）がクロロフィルなどと呼ばれる細胞中に含まれる色素の上で化学反応を誘発し、アデノシン3リン酸(ATP)やニコチンアミドアデニンジヌクレオチド(NADPH)等と呼ぶ高エネルギー物質が作られる。この段階での化学反応は、光エネルギーを化学エネルギーに変換するので、「光化学反応」と呼ばれる。続いて起きる段階での化学反応は、外界の二酸化炭素を固定するために「炭素固定反応」と呼ばれ炭水化物を生産するが、そのために必要なエネルギーとして光科学反応の生じたアデノシン3リン酸(ATP)やニコチンアシドアデニンジヌクレオチド(NADPH)が利用される。植物は、光合成で生産された炭水化物（主に糖やデンプン）を使って、日々の成長や代謝などの生産活動を行っている。それは、酸化燃焼と呼ぶ酸素(O_2)の助けを借りた化学変化（分解）で発生するエネルギーを利用するものである。そして、最終産物としての二酸化炭素と水になる。この化学反応のことを「呼吸」と呼ぶ。それは、光合成によって得た炭水化物を呼吸作用によって分解していく過程で、アデノシン2リン酸(ADP)をアデノシン3リン酸(ATP)の化学エネルギーに変えて利用するものである。アデノシン3リン酸 (ATP)は、植物や動物の生活になくてはならないエネルギーの運搬の役割を担う化学物質である。光合成を行うにはエネルギーが必要であるが、呼吸では逆にエネルギーが発生する。この発生するエネルギーこそが、植物そして植物を食べることであらゆる生物が利用する生命維持のためのエネルギー源となるものである。

なお、このほかに乾燥に強いC_4植物やCAM植物による、CO_2の濃縮・還元を葉肉細胞と維管束細胞とで分け合って行う「C_4型光合成」や、CO_2の取り込みを夜に行い昼に還元する「CAM型光合成」などがある。

③光周性（光の継続時間）

植物が、日長を認識してそれに対応した生命活動を行う性質を「光周性」という。花芽の形成や開花時期の決定は、光要因に反応を示す植物の現象である。樹木の場合、伸長成長や休眠の誘起・落葉等に影響を与える。一般に、春に花が咲く植物は、だんだん日が長くなるにしたがい咲くタイプで長日植物という。秋に花が咲く植物は、日が短くなって咲くタイプで短日植物という。この光周性に無関係なタイプもあり、これを中性植物という。

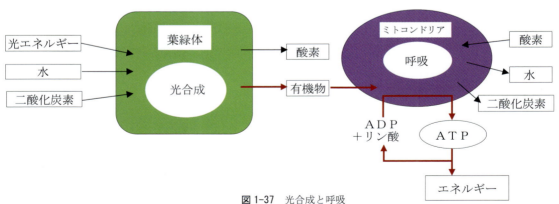

図1-37　光合成と呼吸
（生物の基礎：光合成と呼吸 - 教科の学習を参考として作図）

(1) 無機的環境要因

無機的な環境要因である非生物的環境と植物との関わりは、光要因・水要因、そして大気要因・温度要因・土壌要因との関わりに分けられる。

1) 光要因

植物は、光要因つまり太陽光（太陽光線は、連続した波長の電磁波として地球に入射するためその質は一様ではない。また、地球の自転による変化もある）の強度だけでなく、光の質や周期性によっても影響を受けている。たとえば樹木の葉による樹冠線の形成は、光線射入角に対応して、熱帯（低緯度）地域では真上からの射入角に応じ受光面を増大させるため偏平円蓋形の樹形を形成し、寒地（高緯度）地域では斜めからの射入角に応じ円柱形及び狭円錐形の樹形を形成する。そして植物は、この葉による光合成はもちろんであるが、種子の休眠解除や多くの分化の過程を調節するのに、光を利用している。

表 1-15 光要因が制御している植物の成長過程

成長過程	制御の内容
発芽	光要求性の種子は、短時間の近赤外光の照射で阻害される。暗発芽の可能な種子も、近赤外光の照射で阻害される。
茎の伸長	大部分の植物は、暗所で徒長する。赤色光は、この徒長を停止させ、短時間の近赤外光の照射は、赤色光の影響を打ち消すように作用する。長時間の近赤外光の照射は、赤色光と同様な影響を示す。
胚軸の展開	赤色光、あるいは長時間の近赤外光の照射によって起こる。
葉の展開とクロロフィル合成	完全な展開には、長時間の照射を必要とする。短時間の近赤外光照射は阻害的に作用し、長時間の場合には阻害のおそれもある。
茎の動き	青色光が、最も効果的となる。
葉の動き	青色光と赤色光で活発化、赤色光と近赤外光の可逆的吸収によって影響を受ける。
花芽誘導	短日植物では、赤色光は暗期を打破する。近赤外光は、それと逆に作用する。
芽の休眠	通常、短日によってもたらされ、開花に備える。

（太田他、1988, 植物の環境と生理を参考に作表）

①植物が受容する光の波長域

光要因の植物に対する働きかけは、光の波長によって異なり、光形態形成や光合成には可視部を中心とした赤色光と青色光が使われる。しかし、緑色光は使われずに葉の表面で反射したり、あるいは葉を透過したりする。そのため、人の目には葉は緑色に見える。このように葉の生い茂った樹林下の光は、人にとって刺激的な赤や青の光は葉によって濾過されることから癒し効果があるといわれている。森林浴は、この光の特性を利用している。ＵＶ-Ａ（315～400nm）の光を、植物の青色光受容体の一種が受け取ると、茎の徒長を抑える働きをするといわれている。また、遠赤色光と呼ばれる 700～800nm の領域の光は、植物の発生や形態形成に大きく作用するとされている。この波長域の光は、日長や光の強度と複雑に関係し合って表 1-15 のような植物の生育にさまざまな影響を及ぼしている。

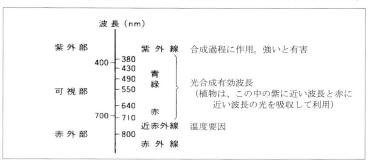

図 1-36 植物に対する光の波長域別作用
（ルンデゴルド、1964 を参考に作図）

環境と生物との相互間の作用も密接に営まれている。

　森の中では、まず植物が太陽の光を活用して生産した炭水化物により、植物自身が成長して、葉や幹そして根などの形態を作り、その体にデンプンやセルロースを貯える。そしてその葉の一部を、小さな昆虫や毛虫などが餌として食し、生活を維持している。大きくなった昆虫などは、小鳥達に餌として食べられ、小鳥はタカなどの大型動物に捕食される。この昆虫や小鳥は捕食により、それぞれの種の個体数が爆発的に増えることはなく、病弱な個体も除かれていくために、生態系内では安定した状態で種の個体数が保たれる（これを生食連鎖という）。その後、最初の生産者である樹木等も、寿命がきて枯れていく。樹木が倒れると、たちまちカミキリムシなどの昆虫が寄ってきて食べ、そのリターフォール（枯死植物体）をミミズやトビムシなどの土壌動物が細かく砕く。また、キノコのような菌類が寄生して木の主成分であるセルロースを分解する。さらに、バクテリアやカビなどの土壌微生物により無機物に分解・吸収・貯蔵され、その微生物が死ぬことにより再び植物に養分として吸収・活用される（これを腐食連鎖という）。

　この生態系が良好に機能するためには、永続的な安定性が重要である。そのためには、「①十分な光合成量を確保するために太陽エネルギーを十分に供給する、②互いに補える豊かな生物相を確保する、③生物相の生物量が適正である、④生物と環境とのバランスが良好である」[13]。このような条件を適正化させることにより、生態系内の物質循環を円滑に活動させることが大切である。

図1-35　森林生態系の模式図
（藤森、2012，森づくりの心得を参考に作図）

2－5．植物の生育環境

　生物は、生育に係る生活史を通じて、生育している環境との関わりを密接に担っている。特に植物は、移動性が無いため、その生育場所の環境に応じて生活しなければならない宿命をもっている。つまり、植物は自己を取巻く外界である環境との関わりの中で、それぞれの種に特有の育ち方をする。そして、その生育環境との適・不適が時にはその個体の生死をも左右する。

　このため、緑化等において植物を選定する場合、対象地の環境要因に適する植物を選ぶか、その植物の生育特性に適するように環境要因の調整が重要となる。

　植物の生育環境としての要因は、「無機的環境要因（非生物的環境）」と「有機的環境要因（生物的環境）」に分けられ、前者としては光・水・温度・大気・土壌等があり、後者としてはほかの植物・動物・人間・微生物等が考えられる。

　これらの環境要因は、それぞれが複雑な関係をもって植物の生活に影響を与えている。

　植物が、光合成を行う二酸化炭素（CO_2）濃度と光量のように、限定要因が複数ある時、一つの要因の不足をほかの要因が増大することで補うことがあり、これを「環境の補完性」という。また、畑の作物の場合、窒素化合物が欠乏している時、リン酸などをいくら与えても作物の収量は欠乏している元素の量で決まる場合もある（リービッヒの最小律－その場にある最も少ない量の必須元素が、その植物の生育を左右するという法則）。

　植物は、一方的に環境から影響を受けるのではなく、植物も環境に大きな影響を与えている。例えば、植物の葉に光が当たることで光合成が行われるが、その結果、葉の周辺の二酸化炭素（CO_2）が減少し、酸素（O_2）が増加する。環境が生物に働きかけることを「作用」というが、逆に、生物が生活して環境に影響を及ぼし、環境を変化させる「反作用」も生じる。すなわち、植物体とその植物の生活の場との関連は、相互的である。作用と反作用とは、常に相互的かつ同時的に作用する。生活の場を構成する諸事物は、その場に生活するものに働きかけて、その生活の内容を与えるとともに、それを制約し拘束する。同時に、生活する主体は、生活の場の個々の事物に働きかけて、その存在の意義を認めるとともに、それを変形し改造する。

　このように植物は、ほかの生物や環境と相互に影響し合って生きている。そこには、一見無関係に見えても、全く無関係な生物や環境は存在しない。それぞれが何かに支えられ、そして何かの役に立っているという、もちつもたれつの社会構造を形成している。

　この植物（生物）と、その周りを取巻くほかの生物と環境と合わせた、その地域の自然の総体を「生態系（エコシステム）」という。生態系は、あるまとまった空間に生活する生物全てと、その生活空間を満たす非生物的環境との間に物質とエネルギーのやり取りがあり、かつ生物間の相互作用によって形成されている系（システム）である。この生物と環境を統括したシステムを、「エコシステム」と名付けたのは英国のタンスレーである。そして、この考えをわが国に紹介し、「生態系」の語を与えたのが今西錦司である。

　生態系は、その立地と扱う対象によって森林生態系、河川生態系、そしてこれらを含めた流域生態系や海洋生態系等にわけることができる。植物特に樹木を主体とするさまざまな生物と、それを取り囲む非生物的環境との間のさまざまなやり取りのプロセスによって形成されている自然の系を、一般には「森林生態系」と呼んでいる。森林生態系は、陸上では最も大規模で典型的な生態系であるといわれる。それは、大型の樹木から微生物まで各種の生物が存在しており、光合成量が大きく、物質循環もスムーズで、

8）水生・湿生植物

　水生植物とは、水生の維管束植物をいい、湿った土地に生育する湿生植物とは区分される。しかし、水辺として「水生」・「湿生」を一体的に扱った方が分かりやすい。水辺の植物は、湿地から水中に至るエコトーン（生態系の移行帯）を水深等により棲み分けている。湿潤な土地に生育するトクサ・ノハナショウブ・ミソハギ等の「湿生植物」、水深0〜1mに生育するヨシ・ガマ・カキツバタ・ハス・コウホネ等の「浮葉植物」、水深2m以上の水中で生育するクロモ・マツモ・コウガイモ・ヒロハノエビモ等の「沈水植物」、水面を浮遊するホテイアオイ・ウキクサ等の「浮遊植物」に分けられる。

写真1-49　水生植物

写真1-50　湿生植物

9）イネ科植物

　イネ科植物とは、平行脈の線状の葉と独特の穂状の花をもつ植物である。ここでは、前記した木本性のタケやササを除いた草本性のイネ科植物をいう。

　イネ科の植物は、緑化的には「匍匐（ほふく）性」の種と「立性」の種に分けて扱う方がわかりやすい。

　匍匐性のイネ科の種は、芝生として用いる夏緑性の在来種としてノシバとコウライシバそしてヒメシバがある。また、ゴルフ場のグリーン等に用いられる常緑性のセイヨウシバと総称する種がある。立性のイネ科の種は、ススキやカンスゲ・ダンチク・パンパスグラス等多様な種があるが、今日では斑入り種や赤や黄色に葉が染まるカラーリーフと呼ばれる栽培種が市場に多く流通している。

写真1-51　イネ科植物（匍匐性）

写真1-52　イネ科植物（立性）

6）多肉植物

　多肉植物とは、アフリカや南・北米等の海岸や砂漠地等が原産であるものが多く、水分を敏速に吸収する力と、体内に貯蔵した水を逃がさない貯水組織が発達した植物の総称である。その形態は、特異なものが多く、その代表的なものが南・北アメリカとその周辺の島々に自生する「サボテン」である。

　主にペイレスキア類・オプンティア類・セレウス類の3群に分けられ、それぞれ異なる亜科とされる。ペイレスキア亜科は、一見すると普通の広葉樹に見え、全縁で網状脈のある革質ないしやや多肉の葉をもっている。オプンティア属とその近縁属は、ウチワサボテンと呼ばれ、茎節が扁平で高木状のものから低木・匍匐（ほふく）性・塊根（かいこん）茎のものまである。セレウス類は、花の美しい葉状のものや、柱状のもの、玉サボテンと呼ばれるものなど多数の種がある。

写真 1-45　多肉植物

写真 1-46　多肉植物

7）特殊樹

　特殊樹とは、緑化材料としての便宜的な区分で、シュロやヤシ類・ソテツ・ユッカ・ニューサイラン・アダン・タコノキ・バショウ等、ほかの分類に当てはまらない植物の総称である。

　これらの種のいずれも、熱帯や乾燥地帯に生育して、高温や乾燥に順応した特異な形態をもつものが多い。個性が強い象徴的な樹形が多いので、ほかの中・高木類と組み合わせずに、それぞれ単独の使用が望ましい。

写真 1-47　特殊樹

写真 1-48　特殊樹

4）シダ植物

　シダ植物とは、花が咲かないことから種子を付けずに、胞子によって繁殖する維管束をもつ雌雄同株の植物を総称したものである。全世界に約1万2000種、日本には約5000種が知られている。

　シダ植物は、生活形によって「地生種」・「着生種」・「湿（水）生種」に大別される。また、それらの種には常緑性と夏緑性があり、そして、日陰に生えるものから陽当たりを好むものまで多様な種が存在する。自生種である地上性のシダは、森林下に生育するものが多く、日差しの強い所では葉焼を起こす。分類学上では、葉などの違いにより、小葉シダ類・大葉シダ類に大別している。

写真1-41　シダ植物

写真1-42　シダ植物

5）コケ植物

　コケ植物とは、タイ類（ゼニゴケ網）・ツノゴケ類（ツノゴケ網）・スギゴケ等のセン類（マゴケ網）に区分される。タイ類とツノゴケ類には、根・茎・葉の区別が無い。セン類では、配偶体で茎と葉に似た構造が見られるが、さく状組織や海綿状組織がなく気孔もない。仮根と呼ばれる根にあたる細胞がある。

　降水量が多く明瞭な四季をもつ日本には、約2,400種のコケ植物が分布している。その多くが雌雄異株で、雄株上にできた精子が雨などの水のある条件の時に雌株の卵に受精して胞子体となりその胞子を散布したり、茎や葉から再生したりして増える。また、多くの種が葉の細胞が一層になっていて、空気中の湿度条件に敏感に反応するなど、一般に空中湿度の高い所を好む。

写真1-43　コケ植物

写真1-44　コケ植物

2) ササ

ササは、一般に小型のものが多く、日本の固有種が多い。また、地下茎から短い稈（かん）を叢生（そうせい）させるものが多く、この稈を包む皮がタケに比べて長い期間付いている。ササは60年程度で開花・枯死する。

「ササは、主軸の途中から枝を出して葉を増やしていく。スズタケやチシマザサのように主軸の上半分で主に枝分かれして成長する種は、枝下の幹と地下茎に養分を蓄え、地上部を刈り取られると養分の大半を失う。しかし、クマザサ・ミヤコザサ・チマキザサなどは、主軸からの枝分かれがかなり下の方にあり、養分の貯えもその多くが地下茎であることや地際に芽が付いているため、地上部を刈り取られても容易に再生できる」12.。なお、ネザサ等は、刈り取りを続けると芝生状になる。

写真 1-37　ササ
（富士竹類植物園）

写真 1-38　ササ
（富士竹類植物園）

3) つる性植物

つる性植物とは、茎が細く植物体を支える支持組織を発達させないため、つる状の茎を伸ばして成長するもので、地表面を這う・下に垂れる・ものに絡まる・巻付く、そして吸着する等の生育行動を示す植物の総称である。藤本（とうほん）ともいう。

このつる性植物は、木本と草本、常緑と落葉、1年草と宿根草など多様な植物がある。

つる性植物は、その多くが耐陰性を有し、支持組織に養分を回さない分だけ成長が早いのが特徴である。

写真 1-39　つる性植物

写真 1-40　つる性植物
（首都高速道路㈱ 大橋ジャンクション、
撮影：（一財）日本緑化センター）

2) 1・2年草

1年草は、発芽・成長・開花・結実・枯死の生活サイクルが、1年間で完了する草本をいう。

春に発芽し、開花・結実して、秋には枯れる植物を「夏1年生植物」という。この植物には、熱帯・亜熱帯に起源する植物が多く、耐乾性が弱い。一方、秋に発芽して越冬し、春に開花して夏には枯死する植物を「冬1年生植物（越年生草本）」という。この植物は、温帯性の地中海沿岸気候地域に起源をもつものが多く、耐乾性に優れ、多くがロゼット型（節間が短く、偏平な花状に葉が展葉した形）で越冬する。

2年草は、発芽してから満1年以上経なければ開花しない草本をいう。一般に、強い耐乾性をもつ。

写真 1-33　1・2年草

写真 1-34　1・2年草

(3) その他の類

1) タケ

タケは、一般に常緑で大型のものが多く、その大半は中国等からもち込まれたものである。このタケは、地上の稈（かん）がまばらに立つ「短軸型」と、稈が株立ち状に固まって生える「連軸型」がある。単軸型（モウソウチク・マダケ・ナリヒラダケなど）は四方に広がって大きな群落を作るが、連軸型（ホウライチク・ダイサンチク・ホウオウチクなど）はその場で大株となる。

タケ類の多くが温帯や熱帯を原産地としていることから、寒地ではあまり育たない。また、その特徴の一つが春に見られる黄葉である。春の4～5月頃に黄葉して、古い葉と新しい葉を入れ替えるのである。タケは、100年程度で開花（モウソウチクは部分開花、マダケは一斉開花）し、その後枯れるが数年で元に復する。なお、個々の稈の寿命は10年程度である。生育には、水（流動水）を要求するものが多い。

写真 1-35　タケ（単軸型）
（富士竹類植物園）

写真 1-36　タケ（連軸型）
（富士竹類植物園）

②常緑多年草

常緑多年草の多く特に在来種は、林地内の日陰や半日陰の樹下等に分布しているものが多いので、強い日差しの下では葉焼けを起こしたり、乾燥に弱いため植栽にあたっては日照条件へ留意が重要である。直射日光に耐える種は、ツワブキのほかは外来の種か、園芸品種が中心となる。

また、環境条件によって変わる半常緑性のものなどもあり、使用時には留意が大切である。

写真 1-29　常緑多年草

写真 1-30　常緑多年草

③球根植物

地上部の茎や葉で作られた養分を、地下または地際にある球根（鱗茎・塊茎・球茎など）に蓄えて休眠するものを、園芸上球根植物という。

球根植物は、休眠及び開葉・開花の時期は種類によって異なる。大きくは、チューリップ・スイセンのように早春から春の終りまでの間緑を保つ「春緑性」、カンナ・グラジオラス等の春植えで温度の高くなる春から夏にかけて葉を展開する「夏緑性」、ヒガンバナなどのように秋に開花して晩秋から春先まで葉を展開させる「冬緑性」に分けられる。そして、それぞれ休眠期に入ると、球根の部分を残してほかは枯れ落ちることにより栄養を温存してそれぞれの育ちやすい季節になると再び発芽・成長をはじめる。

写真 1-31　球根植物（春緑性）
（写真提供：湧別町）

写真 1-32　球根植物（冬緑性）
（巾着田曼珠沙華公園）

（2）草本類

　草本植物は、地上部の生存期間は短く、普通 1 年以内に開花・結実し、形成層が機能を停止して枯死し、二次組織は木化せず肥大成長しない植物である。

　基本的には丈の低いものが多く、地上部の茎や葉は年ごとに入れ替わるものが多い。草本は、種類や形が豊富で、その繊細な変化や花の色で植栽景観に華やかさを加える要素となっている。

　草本類には、2 年以上生き続ける「多年草（宿根草）」と、1～2 年以内に開花・結実・枯死する「1・2 年草」がある。

写真 1-25　草本

写真 1-26　草本

1）多年草（宿根草）

　多年草は、一般に冬季に地上部だけが枯死して休眠し、春に再び発芽・成長するものを「落葉多年草」という（このように、地上部だけが枯れてしまうものを園芸用語で宿根草ともいう）が、高温多湿な気象条件をもつわが国では、冬も葉を付ける「常緑多年草」も多く生育する。

　なお、これらの内地下または地際の器官に養分を蓄え肥大したものを「球根植物」という場合がある。

①落葉多年草

　夏緑性の落葉多年草は、春の芽出し・開葉・開花・結実など移り変わりが多彩で変化に富むものが多く、品種も多様である。一般に、春咲き種は草丈が低く、夏咲き種は草丈が高いものが多い。

写真 1-27　落葉多年草

写真 1-28　落葉多年草

①針葉樹

　針葉樹は、形態的には一般に中心にまっすぐ伸びた幹がありそこから枝が周囲に張り出し、全体的に三角錐の形をしており、針状の細い葉をもつ樹木を指す。具体的には裸子植物のマツ目の樹木をいう。視覚的には、厳しさや緊張感をもった荘厳崇高な景観を形成する。

　針葉樹は、その多くが雌雄同株で、花粉を生じる小胞子嚢（雄花）と胚珠を生じる大胞子嚢（雌花成熟後は松かさになる）の両型の球花が同じ個体に形成される。

写真1-21　針葉樹

写真1-22　針葉樹

②広葉樹

　広葉樹は、幅の広い葉をもつ樹木を指す。一般に広葉樹は、幹が途中から枝分かれしているので、どこまで幹でどこからが枝か、見分けがつかないことが多い。成長すると、全体がこんもりとして丸い形になるものが多い。視覚的には、やさしくくつろぎ感のある安定した景観を形成する。

　日本の国土の多くは、高温多湿の気象条件であることから広葉樹の生育に適し、関東以西の多くの植生学上のクライマックスは、照葉樹林と呼ばれる常緑広葉樹の森林である。人の手があまり入らない奥山の主木は、常緑広葉樹であり、また人里においても神聖な場である神社の鎮守の杜は、常緑広葉樹が主体となっているところが多い。しかし、農耕地の周辺の里山は、落葉による堆肥や薪炭材に適した落葉広葉樹が利用されていたこともあり、里地の周辺には落葉広葉樹が多く植えられている。

写真1-23　広葉樹

写真1-24　広葉樹

②落葉樹

　落葉樹は、四季性の日本の気候下では、夏に葉が茂り、冬に落葉するので夏緑樹とも呼ばれる（乾期に落葉する場合は雨緑樹と呼ばれる）。

　落葉樹の枝葉は優しく色彩や形も変化に富むとともに、新緑・深緑・紅葉・落葉と移り変わり、景観的な四季の変化を演出し人々に季節の移ろいを感じさせる。また、その葉は、面積が小さいものが多く、葉質が薄いため樹下は明るく、柔らかい景観を形成する。一般に、落葉樹は多彩な花や美しい実を付けるものが多く、根の生育も旺盛で成長が早く、やせ地や乾燥・風害に耐え萌芽力や再生力も強いものが多い。

写真1-17　落葉樹（広葉樹）

写真1-18　落葉樹（針葉樹）

3）針葉樹と広葉樹

　針葉樹は、裸子植物の針葉樹類に属する樹木の総称である（イチョウとソテツは、今日の現生種分類では針葉樹類とは別系統のイチョウ網・ソテツ網の単型種である）。針葉樹の大半は、葉が針状であって各葉に中央脈がある。また、果実の多くが球状になるので球果類ともいう。広葉樹は、被子植物の双子葉類に属する樹木の総称である。広葉樹は、普通葉が扁平で広く網状脈を有する。

　針葉樹と広葉樹の違いを樹形の形成の仕方から見ると、針葉樹は梢端が上に伸びて樹冠を主に縦に大きくし、広葉樹は一番下の力枝が横に広がって樹冠を主に横に拡大する。また、土壌中の水の使い方から見ると、一般的に針葉樹は常に水を吸い続けようとする性質をもっているが（アカマツは異なる）、広葉樹は土壌の条件によって水を吸う力を弱めたり強めたり調整する性質をもっている。

写真1-19　針葉樹と広葉樹

写真1-20　針葉樹と広葉樹

2）常緑樹と落葉樹

　気候の寒暖にもとづいて同化器官としての葉が樹体から離れることを「落葉」という。1年の内、寒冷期（冬季）等の生育不適期の前に全葉が落葉して、休眠状態に入るものを「落葉樹」という。これに対して、四季を通じて常に緑葉を保っているものを「常緑樹」という。しかし、常緑樹も、個々の葉が何年間も枯死しないのではなく、クスノキのように1年で全ての葉が入れ替わるものから、モミ等のように長ければ10年も葉が付いているものなど、多様ではあるが基本的には落葉して、次々に葉が入れ替わるので落葉現象が目立たないだけである。

　また、ナンテンやイボタのように通常は落葉するか寒暖条件により一部の葉が残るものや、ラクウショウのように常緑樹であっても北の緯度が高い地方では冬の寒さにより部分的に落葉するもの、ヤマツツジ等のように春に出た葉は落葉するが秋に出た葉が残っているものを半常緑（半落葉）という。

写真 1-13　常緑樹と落葉樹

写真 1-14　常緑樹と落葉樹

①常緑樹

　常緑樹は、1年を通して緑葉が付いているため、年間を通して見た目には変わらない樹姿が保持されるが、色彩的には重厚で変化に乏しい。常緑樹には、広葉樹と針葉樹があり、それぞれの形態特性が異なる。常緑広葉樹の大半は、葉は照り葉で厚く青々と茂って葉面積も大きいことから樹下は暗く多少重苦しい景観を形成する。そして樹冠は、丸くなるものが多い。常緑針葉樹の大半は、針状の葉をもち、特徴のある円錐形の樹冠をもっているものが多い。

　一般に、常緑樹は成長が遅く、やせ地や乾燥そして風害に弱く、萌芽・再生力が乏しいものが多い。

写真 1-15　常緑樹（広葉樹）

写真 1-16　常緑樹（針葉樹）

緑と緑化

①高木（喬木）

　高木とは、幹が通常「単幹」で主軸幹をもち太くなり、樹高が高く伸び、幹枝や樹幹の区別が明らかな樹木をいう。喬木ともいう。樹高については、明確な基準はないが、成長して8〜10m以上、時には50mに達するものもあり、幹の部分がはっきり見分けられる。

　高木は、長い寿命をもつものが多いことから大径木化し、個性的な樹形を形成し、緑量も大きくなるものが多い。また高木は、ランドマークとなるとともに、列植すると空間を取り囲む建築的な影響をもつ場合がある（低木は、空間の中ではオブジェとして見える場合が多い）。

写真 1-9　高木
（世田谷美術館）

写真 1-10　高木
（世田谷美術館）

②低木（灌木）

　低木とは、生育しても高く成長しない樹木で、幹の存在がはっきりせず、地際でよく枝分かれするが、幹と枝の区別のつかないものが多く、下枝は長く存在している。主として「株立状」のものをいい。多くは短命である。灌木ともいう。樹高は、明確な基準はないが、成長しても0.3〜3mのものをいう。

　低木は、光合成で作った養分を主に花や実をつけるのに使うとともに、地下の根に貯える。この「地下部への貯えが大きいため、低木は地上部を失っても大変強い再生力をもっている」[12]ことが、大きな特徴である。

　なお、近年は「中木（亜高木、小高木）」という表現が見られる。一般に、主幹が明瞭で高さが3〜8mに成長する樹木をいい、森林では亜高木層を形成する。

写真 1-11　低木

写真 1-12　低木

2-4. 植物の特徴

植物は、その遺伝子により生育する環境に適した生活様式と形態をもっている。

植物体の地上部の形によって植物を分類・類型化したものを「生育形」という。

ラウンケルの生育形では、休眠芽の地上高によって地上植物・地表植物・地中植物に区分し、木本類が含まれる地上植物はさらに大型地上植物（大高木）・中型地上植物（中高木）・小型地上植物（小高木）・微小型地上植物（低木）に区分している。

ここでは、植物の生育形としての形態による区分を応用して緑化用の植物材料としての植物区分を行い、その形態や生育特性について概説する。

植物を、緑化の観点から区分すると、大きくは「木本類」と「草本類」に区分される。そして、このほかの特殊植物等は主に形態上の特徴により「タケ」・「ササ」・「つる性植物」・「シダ植物」・「コケ植物」・「多肉植物」・「特殊樹」・「水生・湿生植物」・「イネ科植物」に分ける方が使用上わかりやすい。

緑化材料として植物を適切に使用するためには、個々の植物の特性や経年に応じた形状の変化、季節の変化などの特徴を知っておくことが大切である。そして、緑化の目的・目標に対応して、これらの植物を立地との相乗効果に留意して適切に組み合わせて配植を行い、良好な景観形成を図ることが望ましい。

(1) 木本類

木本類とは、①長年生き上長成長をする、②維管束や形成層等をもち肥大成長をする、③茎の細胞壁が木化して硬くなる、つまり通年茎や根を成長させ、そして太らせ「幹」と呼ばれる頑丈な茎やその大きくなった植物体を支える木化した根をもつ植物である。

1) 高木と低木

木本植物は、樹木の高さや幹の形状によって「高木」・「低木」等のグループに便宜的に分けられる。

この高木と低木というのは、高さの違いだけでなく樹形の違い（低木は、はっきりとした幹が無い）に着目した区分でもある。なお、ウバメガシのように背が低いにもかかわらず、はっきりした幹をもつものを「小高木」という。かつては「喬木」・「灌木」と呼んでいた時もあったが、喬や灌の字が常用漢字から外れたため、高・低の呼び方になった。

また、低木を、亜低木（半低木）や矮性低木（匍匐性低木）等に細分するほか、茎がもたれるか匍匐（ほふく）する木本植物を、木本つる性植物あるいはつる性木本植物（藤本）として区分する場合もある。

写真1-7　木本植物

写真1-8　草本植物

（4）植物の増え方

植物の繁殖の仕方を見てみると、さまざまな栄養器官から増える「栄養繁殖（無性繁殖）」を行うものと、花を咲かせ種子を形成する「種子繁殖（有性繁殖）」を行うものがある。

栄養繁殖とは、根（塊根など）や、地下茎（塊茎、根茎、匍匐枝など）、葉（不定芽等）などの組織細胞から増やす方法である。樹林地等を伐採した後で、残された切株や根から、種子を介さずに栄養繁殖によって森林が回復する「萌芽更新」もこれに含まれる。栄養繁殖では、遺伝的な組成が母植物と全く同じもの（クローン）として、新たに植物体が増えていく。植木栽培の、さし木・接ぎ木・とり木そして組織培養は、栄養繁殖を応用したものである。また、このほかに、セイヨウタンポポのように配偶子形成の過程で減数分裂や受精を経ずに行われる無性生殖がある。

被子植物の多くは、種子繁殖を行う。雄ずい（おしべ）の先端にある葯で花粉がつくられ、雌ずい（めしべ）内部の胚珠で受精が行われる。生産された花粉を、柱頭に運んだり付着させたりする過程を「送粉（花粉媒介）」と呼ぶ。受精後、子房が果実に、胚珠が種子となる。裸子植物は、受精にかかわらず胚乳が育つため、受精できなければ無駄になる胚乳もある。被子植物の場合は、柱頭に付着した花粉から素早く伸びた花粉管によりめしべの中心を通り胚珠まで2個の精細胞を運び、一つは卵細胞と受精して胚となり、もう一つは中央細胞と受精して胚乳となる重複受精を行い、受精と同時に胚乳の形成が進むため、裸子植物より効率的な繁殖方法を獲得している。これを、「重複受精」という。

植物は、同一個体の花粉が柱頭に付く「自家受粉」、ほかの個体の花粉が付く「他家受粉」のいずれか、もしくは両方を行う。自家受粉には、一個体で種子生産を行える利点があり、多くの植物種は同一花粉でも受精できる「自家和合性」をもっている。また、他家受粉が行われない時は、同一個体の葯を柱頭に近づける自動的自家受粉が行われることもある。一方で、自家受粉では、有害遺伝子が蓄積しやすく、繰り返し行われることで表現形質の劣化（近交弱勢）が起こり、次世代の生存率や繁殖率などが低下することがある。このような近交弱勢を避けるため、サクラ類のように自家受粉によって種子ができないような「自家不和合性」という機構を備えている植物もある。種子繁殖においては、雌・雄2個体の遺伝情報を合せた、新たな遺伝的組成をもつ子どもの個体がつくられる。このことは、集団の中に遺伝的に多様なものを保持するとともに、新たな遺伝情報を蓄積し、今までより優れた個体が生まれる可能性も含まれる。

植物の性（雄・雌）形態は、極めて多様であり、雄ずいと雌ずいの両方を有する「両性花」と、それぞれが別々に配置された「雌雄異花（単性花）」がある。さらに、植物個体ごとに両性花のみをもつ種や、同じ個体内に雄花と雌花をもつ種（雌雄同株）、雌花と両性花をもつ種（雌性両性同株）、雄花と両性花をもつ種（雄性両性同株）などが見られる。それに、植物種内の各個体が雄もしくは雌の異なる役割をもつこともあり、雄個体と雌個体に分かれる種（雌雄異株）、雌個体と両性個体がある種（雌性両性異株）、雄個体と両性個体が見られる種（雄性両性異株）などがある。また、ウリハダカエデやアカギのように雌雄異株であっても、同一個体が雄株から雌株へと成長に伴って性転換することもある。

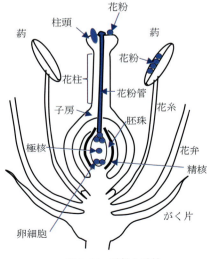

図1-34　受粉と受精
（図鑑植物のくらしを参考に作図）

（3）成長の仕組み

植物の成長は、「細胞の数が増える」・「細胞が大きくなる」ことによって起こる。この細胞は、分裂によって数を増やしている。植物では、ある程度成長が進むと、細胞分裂を行う場所は限られている。すなわち、茎（幹）や、根が伸びるのは、茎（幹）や根の先端近くに「成長点」と呼ばれる、細胞分裂が盛んに行われる部分があり、ここで次から次へと細胞が作られることにより、茎（幹）や根が伸びるのである。これを「伸長成長」という。一方、樹木や双子葉植物の茎（幹）が太くなるのは、茎（幹）の内側を取り囲むように存在する形成層で細胞分裂が行われ、その結果「肥大成長」を行っているからである。

植物の細胞は、セルロース繊維を主成分とする硬い細胞壁をもっていることから、細胞が成長するためには細胞壁の構造をゆるめる必要がある。この働きに関与しているのが、成長ホルモンの「オーキシン」である。オーキシンは、主に成長している植物体の先端部（頂芽）で合成され、茎（幹）の中を基部方向に移動（極性移動）し、下部の組織（根）の細胞にも作用する。このオーキシンの作用により、細胞壁がゆるみ細胞が吸水して成長が可能となる。その際に、細胞壁のセルロース繊維がどのような方向に配列されているかによって、縦方向に伸長成長するか横方向に肥大成長するかが決まる。その方向を調節する成長ホルモンが、ジベレリンやブラシノステロイド（伸長成長の促進）とエチレン（肥大成長の促進）である。

樹木の成長サイクルを1年で見ると、秋の落葉期までに樹体の師部や木部柔細胞の糖分濃度を上げて耐凍性を高めてから休眠に入り、翌春蓄積したエネルギーを使って発芽と枝葉・根の伸長を行い、さらに肥大成長も行う。しかし、この時期に葉で作られる糖分は、蓄積されずすぐに成長に使われるので、春から初夏の期間は樹体内の糖分の濃度は極めて低い状態となっている。

盛夏期となり高温と乾燥が続くようになると、地上部の上長成長はほとんど停止するが、光合成は盛んに行っており、その光合成で作られた糖分は、高温状態での生活による消耗を補うことと、幹及び根を成長させることに充てられる。秋になると見かけの成長は停止し、糖分エネルギーは越冬芽を充実させるとともに体内に蓄積され翌春の成長に備える。

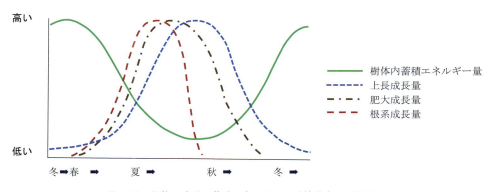

図 1-33　樹体の成長と蓄積エネルギーの季節的変化の模式図
（堀、2015、絵でわかる樹木の育て方を参考に作図）

(2) 植物の成長

　植物は、種子から発芽してしばらくの間は、種子に蓄えられていた養分で成長する。その後、根からの水分や無機物の吸収が始まり、葉で光合成を行い始めると、成長は徐々に早まり、目に見えて大きくなる。これを「栄養成長」という。やがて植物が一定の大きさに達すると、植物体の一部に変化が生じ、花芽ができ開花を始める。これを、「生殖成長」という。生殖成長は、栄養成長に取って代わるのではなく、栄養成長と並行して進む。

　植物、特に樹木の成長は、木を高くする成長と木を太くする成長がある。木を高くする成長は、樹や根の先端部の細胞によって起こる成長で、先端の枝・根を伸ばしたり横に広げることである。木を太くする成長は、年々高くなり枝を広げた樹体を支えるために、幹・枝・根などの木質部の周りを包む形成層の細胞が分裂して太くなっていくことである。

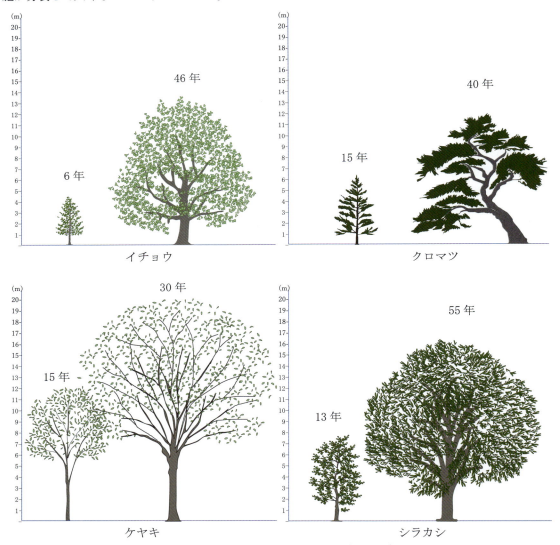

図1-32　植物（樹木）の種の特性による成長の程度
（UR都市機構作成の成長データ資料を参考に作図）

厚く硬くし、細胞を垂直に立て成熟材となり内部の柔らかい未成熟材を外から囲うようになる。次に、『成熟期』になると、樹高の伸びが少しずつ落ち着いてくる。特に広葉樹は、むしろ枝を横に広げるような成長に変わるので、樹高の伸びはほぼ止まることとなる。しかし、着葉量が十分あって健康である限り、成長も盛んで、針葉樹の場合円錐形の樹形を保ち、広葉樹も丸い樹冠を維持している。次に、『老齢期』になると、成長に衰えが出始め、枝の一部が枯れたり、梢端が枯れたり、枝も少しずつ減っていき、樹木1本のもつ葉の量も徐々に減っていき、そして最後には全体が枯れていく」12。

また、この段階になると、樹木は菌に侵されて枯れる、大風で折れて倒れる等、外からの予期せぬ作用で枯れる場合が多くなる。

しかし、「樹木の寿命は、樹種によって全く異なる。例えば、シラカンバの寿命は100年前後、ブナやアカマツは最長で300～400年といわれており、スギやヒノキでは樹齢1,000年を超える個体もあるといわれている。つまり、寿命の異なる樹木は、成熟期や老齢期に達する齢も異なることになる。したがって、樹木の若齢期・成熟期・老齢期を見分けるには、齢よりも樹高の伸び具合（幹直径を用いる場合が多い）と全体の樹形から判断することが基本となる」12。

植物の生育にとって光合成の活動は、生活の根幹となるものである。

樹木の一日の生活サイクルを光合成との対応で見ると、午前中に光合成を活発に行い、午後は光合成が低下し、夜は昼間に作られた光合成産物を使って幹を太らせている。

具体的には、「朝、樹木の体内は根元から上端の葉まで、たっぷりと水で満たされている。そして、陽が差し始めると、水が充填されている葉は光合成を行い、二酸化炭素をどんどん吸収し、酸素を放出する。この光合成の勢いは、午前中にピークを迎える。昼には、光合成により葉で水をどんどん消費することから、根元からの給水が追い付かなくなり、樹体内の水が減っていく。樹木は、葉が乾燥して萎えてしまうことをその前に防ぐため、水がある程度以上減ると葉の表面の気孔を閉じて、水が葉から蒸散しないようにする。しかし、その結果二酸化炭素も吸収できなくなることから、光合成の速度も低下していく。夜に樹木は、昼間に葉で作った光合成産物を幹の方に運ぶ。幹の細胞は、それを使って細胞分裂を行い、幹を太らせ成長する。同時に、樹体内に再び水を満タンにする」12。

この樹木の生活サイクルを一年で見ると、春は芽を伸ばしあるいは花を咲かせ、体内に貯えた光合成産物を少しずつ利用しながら成長活動を活発化していく。そして初夏になると、葉もしっかりと充実し始め、常緑樹であれば古くなった葉を落とす時期でもある。夏は、花木の多くは花芽を作る時期にあたり、種子の育つ時期と重なるものも多い。夏から秋にかけては、光合成産物の貯蔵期で、消費するよりも製造する方が多くなる。また、根も盛んに伸び活動する時期にあたる。秋から冬は、寒さに向かい光合成産物を幹や根の方に送り込み、休眠（仮眠）の形態を整えつつ休眠期に入る。

表1-14 木本植物の生育ステージ

芽生え期	種子から発芽して間もない期間。
稚樹期	成長して少し大きくなるが、立地の光環境により形態が変わる。
若齢期	活発に光合成が行われ、樹高も大きく伸び、葉もたっぷり生い茂ってくる。
成熟期	樹高の伸びが少しずつ落ち着いてきて、個々の樹種特有の樹形を形成する。
老齢期	成長が衰え始め、枝や葉の量が減っていき、最後には枯れていく。

2−3．植物の生活史
（1）生活史とは

植物には、それぞれに決まった一生があり、生まれてから枯死するまでにたどるすべての生育過程を「生活史」という。例えば、草本であるアサガオは、4月下旬〜5月にかけて種子が休眠から覚め、活発な成長を行い、8月には花を咲かせる。アサガオが決まって夏に咲くのは、アサガオには一定の生活リズムが備わっていて、発芽・成長・開花・種子形成を繰り返しながら、間違いなく次世代に生命を伝え続けているからである。しかし、木本であるサクラなどのように、冬も地上部が生き残って毎年成長し続ける植物では、出発はアサガオと同じ種子でありながら、花が咲くまでに数年かかり、その後数十年にわたって花を咲かせ続ける（この生活過程を、生殖法という観点から環状に表したものを生活環という）。

このように、植物の生育期間には数週間で生育を終える植物から、数千年生き続けるものまでかなりの幅が見られる。このため、植物の齢は、暦年よりも発育段階でとらえた方が都合のよい場合が多い。

また、植物の寿命は、動物に比べてあいまいであり、栄養繁殖を行う多年生植物では、厳格な意味での個体の寿命の定義はできない。このため、生活期間の区分のように、個体としての寿命を考える場合もあれば、樹木の幹の寿命や葉の寿命などのように、植物の個々の個体の一部分を対象とする寿命の捉え方もある。

樹木の一生を、発育段階で捉えてみると、「最初は『芽生え期』である。早春から初夏にかけて、森林等には多くの芽生えが新しく生えてくる。植物は、発芽した瞬間から自らの葉で光合成を行い、自立しなければならない。つまり、光合成を十分にできなければ、生命を維持できず枯れていくことになる。芽生えの樹木が、幸運にも生き残り成長して樹高を増すと、『稚樹期』と呼ばれるステージになる。目安としては、樹高1〜3m程度である。この時期の樹木は、なるべくたくさんの光を受け止めようとすることから、立地の光環境により稚樹の姿が変わる。例えば、針葉樹の場合、明るい環境であれば閉じた傘のようなとんがった三角錐の樹形を示し、暗いところであれば広げた傘のような平らな樹形になる。また、暗所に生育している樹木は、幹や根が貧弱なものが多い。これは、暗いからこそ、なるべく葉を多くつけて光を集めるためにほかの部位の成長を犠牲にしているためである。明るい環境で順調に成長した樹木は、『若齢期』に達する。この段階の樹木は、葉がたっぷりと生い茂り、活発に光合成を行い、樹高を大きく伸ばしている。若齢期の中頃以降になると、幹の根元付近の細胞壁を

写真1-6　植物（樹木）の稚樹期

表1-13　種子植物の生育ステージ

種子の休眠期	種子が散布された後、土壌表面や土壌中の環境条件（寒冷・乾燥・光不足など）が生育に適さないため発芽せず、種子のまま過ごしている期間。
実生期	種子が発芽して間もない期間。多くは子葉、第一葉が残っている。
未熟期	実生期よりも大きく成長しているが、開花はしていない期間。この期間は、植物の種類によって著しく異なる。発芽後数日から数週間のものもあれば、森林の下生えのように数十年続くものもある。
成熟期	開花を開始し、果実や種子を作る期間。
過熟期	老齢のため、種子の生産能力を失った期間で、衰弱して枯死するまでの期間。

2）種子（果実）の散布様式

　種子（果実）は、種子植物の最も重要な移動手段であり、胞子も含めて「繁殖用散布体」と呼ばれる。この散布体としての種子（果実）の形態やその特徴は、個々の散布様式や散布者に合せるように進化してきたと考えられている。花の形態の変化が、送粉を担う花粉媒介者の変化につながっていたように、散布体の形態の変化は散布様式や散布者の形態・生態、そして運ばれる環境の変化に結び付いている。種子の散布は、植物の分布や植生遷移（植物群集の時間的な移り変わり）とも密接な関係をもっている。

　それは散布が、植物にとって生活史上の数少ない移動の機会であり、その移動力・散布先が、個体、ひいては種の運命を左右するからである。

　散布の様式には、その散布を利用するものによって、「風散布」・「水散布」・「動物散布」・「重力散布」・「自発散布」等があり、それぞれに適したさまざまな構造や仕組みがみられる。

　一般に、**表 1-12** のような、散布の様式が知られている。

表 1-12　種子の散布様式

風散布種子	風で運ばれる種子は、母樹の周辺にも落下するが、風によって遠方までうまく散布される場合もある。種子に羽毛をもったもの（ガガイモ科）、種子に大きな翼を付けた翼果をもつもの（カエデ属・マツ科・カバノキ科）、果皮と種子が密着した頴果をもつもの（イネ科）や、痩果をもつもの（キク科）、微小な種子で風で飛びやすいもの（ラン科・ケシ科・シャクナゲ属）がある。散布のされ方は、母植物体の高さ・風向き・風速に影響される。この様式をもつ植物には、日当たりのよい場所を好む陽性植物が多く、いっせいに散布され、まとまった集団を作る。また、短期間に分布域を広げられるのもこの散布様式の特徴である。
水散布種子	多くの水生植物や河岸・海岸に生育する植物に多く見られる散布様式である。ココヤシ・サキシマスオウノキのように果肉が繊維質となり空気を含んで水に浮くものや、種子内部に空洞のあるマングローブの胎生種子などがあげられる。
動物散布種子	動物散布種子には、動物摂食散布種子と動物付着散布種子の二つの散布様式が知られている。動物摂食散布種子は、液果など多汁質や多肉質の果実に含まれる種子で、動物に食べられ糞として排出されることで運ばれるものである。食べられることで、発芽を抑制する物質を含んでいた果肉が除去されたり、硬い種皮に傷がつき、発芽可能となるものが多い。森林内の埋土種子を調べると、これらの種子はほぼ均一に播かれていることが多く、鳥等による散布の働きが大きいと考えられている。 動物付着散布種子は、動物の体毛や羽毛に付着することで運ばれるものである。鉤で付着するものには、オナモミ・ヌスビトハギ・キンミズヒキ等が、刺状の冠毛で付着するものには、センダングサ等がある。また、チヂミザサやメナモミのように粘液を分泌するものもある。
重力散布種子	ドングリのように大型の種子をもち、落下するだけの散布様式である。ブナ科・トチノキ科・ツバキ属・チャ属に見られる。これらは遷移後期に現れる植物が多く、母樹の周りに落下しても発芽・生育できる日陰を好む陰性植物に多く見られる。このため、分布域の拡大速度は遅いが、リス・カケス・ホシガラス等の動物に運ばれて長距離移動することが知られている。
自発散布種子	種子が、自らの力で果実からはじき出される散布様式である。フウロソウ科・ツリフネソウ科・スミレ科・カタバミ科・アブラナ科等で見られる。

1) 果実（種子）の種類とその構造

　果実の形態や果皮の性質は、種子を保護するばかりでなく、種子を効率よく散布して定着させるために多様な形へと進化したものである。

　針葉樹の果実（正しくは種子）には、マツ科やスギ科にみられるような「球果」がある。球果は、木質の鱗片（種鱗と包鱗）が、中軸にらせん状に配列している。その種鱗の内側に、種子がくっついている。また、イチイ科やイヌガヤ科のように、肉質のものが種子を包んでいるものもある。

　広葉樹の果実は、花の開花後につくられる種子と、その種子を取巻いているかつては花をつくっていた色々な部分とでできている。これらは、果皮（子房の外壁）の性質や、子房の集合の状態などによって多様な形態がある。バラ科のモモのように、種子とそれを包む子房そのものが発達してできているものを真果という。これに対して、同じバラ科であるがリンゴのように、種子と子房以外の部分（花被・花床・花軸など）を含んでいるものを偽果という。また、果実には、一つの雄ずいから発達した「単果」と、一つの花の複数の雄ずいから発達した「集合果」、そして多数の花に由来する「複合果（多花果）」がある。

　単果には、ナラ類やカエデ類のように果皮が薄くて乾燥した「乾果」や、サクラ類やナンテン等のように果皮が厚くて肉質の「肉質果」や液質の「液果」がある。そして乾果には、マメ科やツバキ科等のように果実が熟すると果皮が破れて種子を散布する「裂開果」と、ニレ科やブナ科等のように果皮が裂開しないで種子が落ちる「閉果」（不裂開花）とがある。

　種子は、胚珠の組織が発達したもので、次世代の植物のもととなる器官である。

　一般に種子は、「胚」・「胚乳」・「種皮」の三種類の器官や組織からなっている。胚は、発芽して次世代の植物（芽生え）となる器官で、通常は子葉・胚軸・幼根の三つの部分からなっている。胚乳は、胚の生存を支え発芽のためのエネルギーを供給する組織であり、澱粉・タンパク質・脂肪などを高密度で含んでいる。植物によっては、胚乳を欠くものがあり、胚乳をもつ種子を「胚乳種子」、もたない種子を「無胚乳種子」と呼ぶ。種皮は、珠皮が発達した組織で、種子を病害や動物による摂食・乾燥などから物理的に保護する働きをしている。

表 1-11　果皮の性質による果実の分類

乾果	裂開果	乾果の内で、果皮が裂けて種子が飛び出すもの。裂果ともいう。	袋果	ヒエンソウ属・シキミ属
			豆果	マメ科
			節果	マメ科の一部（ヌスビトハギ）
			長角果	アブラナ科
			短角果	アブラナ科
			さく果	アヤメ科・スミレ科・カタバミ科
	閉果（不裂開果）	果皮が堅く、乾燥している果実。乾果の内で果皮が裂けないもの。	痩果	センニンソウ属・キク科
			頴果	イネ科
			堅果	ブナ科。穀果ともいう。
			翼果	カエデ属・ニレ属
肉質果		果皮が多肉になった果実。	液果	ブドウ科・ナス科・漿果ともいう。
			石果	ウメ・モモ。核果ともいう。
			ナシ状果	ナシ・リンゴ
			バラ状果	バラ・ハマナス
			ミカン状果	オレンジ
			ウリ状果	キュウリ

（6）果実と種子

　果実とは、種子植物の花が受粉によりオーキシンやジベレリンに促進されて形成される器官の一般的な呼び方で、花を構成しているどの器官から作られても果実という。広義の果実には裸子植物の球果も含まれるが、狭義の果実は被子植物に特有のものである。被子植物では、胚珠が子房に含まれているため、受精後は種子を含む子房壁やその周囲の器官が発達して果実になる。果実の内部には、胚珠が発達して種子ができている。果実の中で、子房だけが発達してできた果実を「真果」といい、子房以外の花托・ガク片等が発達してできたものを含む果実を「偽果」として区別することがある。

　子房を作っていた心皮は、受精後は「果皮」と呼ぶ。熟した時の果皮の性質によって**表1-10**のようにいくつかのタイプに分けられる。

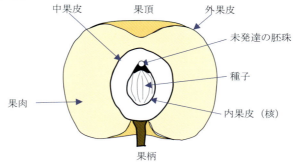

図1-31　果実（モモ）の断面図

表1-10　果実のいろいろ

乾果	裂開花	袋果 （セツブンソウ）	豆果 （インゲンマメ）	節果 （エンジュ）	長角果 （アブラナ）	さく果 （アヤメ）
	不裂開花	痩果 （タンポポ）	痩果 （センニンソウ）	頴果 （コムギ）	堅果 （クリ）	翼果 （ハルニレ）
肉質果		液果 （キィウィフルーツ）	液果 （ブドウ）	石(核)果 （ウメ）	ミカン状果 （オレンジ）	ウリ状果 （キュウリ）

（片山、2013、グリーンセイバーを参考に作表・作図）

れる木部を「原生木部」という。原生木部は、根の中心部から少し外側に形成される。原生木部を形成後、原生木部から中心に向かって、「後生木部」が配置される。この後生木部が、内側に向かって増加するにしたがい、物質の輸送力は大きくなる。そして、「後生師部」も、原生木部の内側に形成される。原生木部と後生木部を合せて、「一次木部」と呼ぶ。このような外側から内側に向かっての木部成長様式を、「外原型」と呼び、根特有のものである。このように、一次維管束が外原型であることによって、中心柱は根の直径を変えることなく維管束を成長させ、物質輸送力を向上させることができる。この一次成長中の根は、物質吸収に特化した根である。後生木部の形成が中心まで達した後、二次維管束の形成が開始され、一次師部の内側を縫って、波状に内側に「二次木部」、外側に「二次師部」を形成して、二次肥大成長を行う。そして、一次師部は、根の中心柱の外側に追いやられ、一次木部は中央に段々と丸い形となって残る。

⑤周皮

樹木等の二次成長中の根では、表皮や皮層が崩壊した後に、師部の外側の内鞘細胞より維管束を保護するための周皮が形成される。この周皮とは、「コルク形成層」と、その外側のスベリンとリグニン等の疎水細胞壁で形成された「コルク細胞層」（死細胞）と、その内側に形成されている「コルク皮層」の3つの層を指す。コルク細胞とコルク形成層は、維管束の肥大成長に合せて裂けて崩壊するが、順次コルク皮層からコルク形成層が生成される。

コルク組織は、基本的に物質を通さないため、皮目等を除いては二次成長後、周皮を形成した根は土壌との物質のやり取りは遮断される。代わりに、肥大した維管束で根軸（地上）方向の輸送力を増加させる。

根は、このように生活史の段階（一次成長、二次成長）に応じて、資源獲得器官から支持・通導組織へと変化していく。

5) 特殊化した根

植物の根の中には、水や養分の吸収という本来の機能のほかに、ほかの特殊な働きをもっているものがある。例えば、貯蔵根として紡錘形や円錐形に肥大して貯蔵物質を蓄えるようになった根や、吸収根として根の一部が地上に露出し空中の酸素を取り込んでいるもの、また、付着根として岩やほかの植物に貼り付きながら成長する植物に見られるものなどがある。

吸水根（モンステラ）

付着根（ツタ）

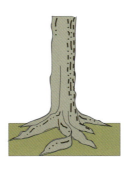
板根

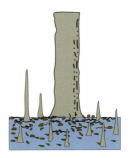
直立根

図 1-30　特殊化した根
（図鑑植物のくらしを参考に作図）

4）根の構造と成長

根は、胚・茎（幹）または根の「根端分裂組織」から発生し、放射方向に組織を分化させる。つまり、根の生育サイクルは、根端分裂組織より直根が発生・伸長した後、側根が放射方向約 45 度の角度で組織を増やし、一次成長を経て、二次成長に移行する。そして多くの根は、この生育サイクルの途中の過程で枯死・脱落する。また、一次成長中の根と、二次成長に移行した根では、組織の構造と機能が大きく異なる。根の先端は、「根冠」で保護され、その後方に位置する根端分裂組織から分化した一次成長中の根には、「中心柱」、「皮層」、「根表皮」の 3 つの組織が発達する。そして、樹木の場合、二次肥大成長後の維管束保護組織として、師部の外側に「周皮」または「コルク層」が形成される。

①根冠

根冠は、根の先端の前部にある根冠始原細胞から根の前方に向かって形成され、根の先端を保護している。根冠細胞は、石礫や土壌粒子とぶつかって絶えず磨り潰されるため、根端分裂組織は根冠を内側から絶えず補充している。

根は、根冠により狭い土壌孔隙への貫入に対する摩擦を軽減し、侵入を容易にしている。脱落した根冠は、粘液として土壌中に供給され、滲出物という形で土壌生物の炭素源として利用されている。また、根冠は、重力や水分を感知するセンサーでもあり、根の屈性など成長の方向を決める役割も果たしている。

②表皮

根の表皮は、根の最外層に位置し、通常一列の細胞の層である。「根毛」は、表皮細胞が突起状に膨れだしたものである。この根毛が、微小な孔隙中に入り込んで水分を吸収する。また、根毛からは、「粘液」が分泌され、根の表面と土壌粒子が密着した「根鞘」を形成する場合がある。

表皮は、根の初期成長の段階における保護機能の役割を担っているが、一次成長の途中で脱落し、粘液や脱落細胞が有機物として土壌中に供給される。そして、表皮の脱落後は、皮層の外皮や、二次成長後に発達する周皮に根の保護機能はかわっていく。

③皮層

皮層は、複数列の生きた柔組織を中心に形成され、表皮直下の最外層に「外皮」、最内層に「内皮」という特別な細胞列を配置する。この内皮及び外皮には、「カスパリー線」と呼ばれるスベリンやリグニンなどの構造物質による疎水性膜が、内皮や外皮を取巻くような帯状の構造として形成されている。このカスパリー線によって、不要な物質や病原菌が植物体や道管に入るのを防いでいる。また、内皮・外皮の間に「皮層柔組織」と呼ぶ柔細胞が何層か配置されている。

④中心柱

内皮に囲まれた内側の円柱状部位が中心柱である。中心柱は、「内鞘」と呼ばれる一層から数層の細胞列に囲まれた維管束を含む部位である。なお、内鞘は、根端分裂組織から発生後、維管束で最も早く分化する細胞層である。根の維管束は、「放射中心柱」といい、「木部」と「師部」が交互に配置される構造をもっている。木部と師部は、それぞれ水分と栄養分を通導する組織である。根の木部のうち、初めに作ら

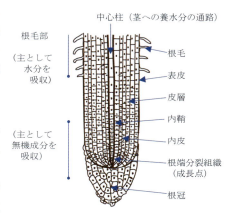

図 1-29 根（細根）の模式図
（図鑑植物のくらしを参考に作図）

3）根の機能とその特性
①支持機能
　樹体支持力は、粗根の重要な役割であり、その支持力は根系型の違いで大きく変わる。一般に、深根型の根系をもつ樹木の方が、浅根型の樹木よりも倒状抵抗力として表される樹体支持力が大きい。また、直根型・斜出根型の根系をもつ樹木は、水平根型の根系をもつ樹木よりも樹体支持力が大きい。

②根の養分の吸収とその移動
　根は、土壌中から水や養分等の資源物質を吸収し、地上部の各器官へ届けている。これらの資源物質は、土壌中から根の表皮・皮層を通過し、中心柱に輸送した後、維管束を通って体の各器官へ運ばれる。
　水は、維管束組織の道管あるいは仮道管を経由して葉に到達し、蒸散や光合成活動に利用される。また水は、成長中の組織にも供給され、養分や植物ホルモンなどの情報物質を各器官に運ぶ役割も果たしている。養分は、「吸肥性」という養分の存在する方に向かっていく根の特性によりイオンの形態（アンモニウムイオン・硝酸イオン・リン酸イオンなど）で植物に吸収される。そしてイオンは、土壌溶液から根の内部を放射方向に通過し、最終的に中心柱内の道管まで移動して、蒸散流に乗って地上部の各器官に輸送される。

③根の成長による機能区分
　細根は、土壌からの養分や水分吸収・輸送の役割を担っている。直径2mm以下を細根とした場合、直径0.5mm以下の根は「微細根」と呼ぶ。この場合、細根よりも微細根の方が、養分吸収機能をよく反映し、さまざまな土壌環境に形態を変化させ適応する等感受性の高い器官である。また、養・水分吸収機能は、根端に近いほど高くなり、分枝元ほど低くなる。
　これらを前提としつつ、細根の成長段階による機能特性から根を区分すると、一時成長期において養・水分吸収の役割を担う皮層細胞の認められる末端根を「吸収根」（寿命は6か月〜2年）とし、皮層細胞が脱落し二次成長後の木部細胞が発達することで養分の輸送や貯蔵を担う根を「輸送根」（寿命は10年程度）と考えることができる。

表1-9　主要な樹木の根の分布型

		水平分布		
		分散型	中間型	集中型
垂直分布	高木 浅根型	トウヒ・ミズキ・ケヤキ カマツカ・ポプラ類	―	ヒノキ・ノグルミ・ヒサカキ ネズミモチ・ツバキ類
	高木 中間型	カラマツ・クワ類 クルミ類・クスノキ	サクラ類・ニワウルシ	アカガシ・ウバメガシ アオギリ・マユミ
	高木 深根型	アカマツ・クロマツ スダジイ・キョウチクトウ	イチョウ・スギ ユリノキ・モクマオウ	クヌギ・カツラ
	低木 浅根型	レンギョウ・コゴメウツギ ハマゴウ・トサミズキ グミ類	シャクナゲ類	イヌツゲ・ツツジ類・ソテツ ドウダンツツジ・タニウツギ ロウバイ・アオキ
	低木 中間型	ネコヤナギ・キハギ・フヨウ ヤツデ	ナンテン・クロモジ	ガマズミ
	低木 深根型	ハイマツ	コウゾ・ウコギ	キャラボク・ウツギ・チャノキ

注）高木 - 3〜5m以上の樹高になるもの、低木 - 成長しても3m以下のもの

（苅住、2010、最新樹木根系図説を参考に作表）

低木類も、同様のタイプに分けられるが、低木の場合地上部の重さが小さいため、根系が地上部を支持する働きは小さく、高木に比べて浅根でその広がりも小さい。

根の分布は、一般的には土壌の硬度も関係する。土層に硬い部分があると深く潜ることができず、地表近くのごく浅い層を横に伸びる傾向がある。また、土壌が乾燥した場所では、地下水を求めて根が深く伸びるとともに、よく枝分かれして耐乾性が高くなる。逆に湿地では、通気性が悪いため根は浅く、分かれ方も少なく根の発達が悪くなる。植物の良好な生育を保つためには、根系特に養・水分吸収機能をもつ細根の分布が広くかつ深くなるように土壌の通気・透水性を改善して、深い層に水や新鮮な空気が十分に届くようにすることが大切である。

根の広がり、つまり根張り（根系幅）の伸長は、一般に枝張り（樹冠幅）の範囲と等しいといわれているが、実際には根系切断や障害物がなければ根系の方がはるかに広く伸びる。また、伸びる方向も、特に偏りがなければあらゆる方向に均等に伸びようとする性質をもっている。

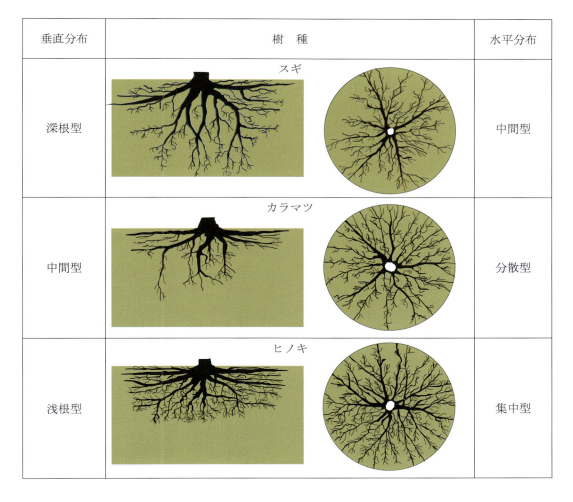

図1-28　樹木の根の分布イメージ
（苅住、2010、最新樹木根系図説を参考に作図）

2）根の形態と分布

　根系の形態は、土壌中の根の分布と深く関係している。土の中の根は、水平・垂直方向に複雑に分布している。根の分布は、基本的には、地上部の枝葉よりも扁平な形で分布しており、特に細根部はその大半が土壌の表層部に集まっている。根の先端には、デンプンが固まったものが細胞の内部にあり、重力センサーとなって下に移動する。これを「重力屈性」といい、デンプンが蓄積して重くなった粒が重力で沈んで細胞の膜に近づき特定のタンパク質が重力の方向に移動する。また、茎の先端で作られたオーキシンが根の先端に届けられて根の成長を促して下に伸びていく。

　樹木の根の分布は、稚樹の時には樹種特性を示しやすいが、成長するにしたがい土壌環境の影響が強くなっていく。また、土壌中の根の分布は、遺伝性の現れ方が時間とともに変化し、同一土壌環境であっても樹齢によって変化する。また、深根性樹種は成長が土壌環境に阻害されやすい性質をもっているが、一般に長命で成長力も大である。根の形を大雑把に表現すると、その樹木の樹形を逆さにした状態で土中に分布しているものとみて差し支えない。

　植栽した樹木は、最初に直根が伸長し、その後側根が伸長する。やがて、樹種本来の形態に樹形が整う頃には、その樹形と同じような根形を示すようになる。なお植栽時に、直根を切断して植えると、樹形は上に伸びるより横に広がる形に変化することが多い（直根を過度に短く切断すると樹上の成長点の枝が枯れたり、片側の側根を切断した場合その根の方向の枝葉に黄化や枯死がでる場合がある）。

　「樹木の根の水平方向への分布の広がりは、基本的には根株付近が最も大きく、根株から離れるにしたがって減少する。ただし、このような分布には種間差があり、例えばスギ・ヒノキの細根は根株の周辺で密度が高く、カラマツは離れたところで高い。クヌギは根株に近いところで多いが、ケヤキは根株から離れたところでも多く分布している。根系は、基本的に樹木の成長にしたがって根株から遠い方に広がっていく。その分布の仕方は樹種間で異なり、シラカシは根株から100cmのところに全根系面積の90%以上が存在する集中型の分布を示すが、アカマツは30%の分散型を示す。ただし、このような分布は、周辺木の存在により影響を受け、隣接木が密に存在する場合には根の広がりは小さくなる」8。

　このほか、斜面地等においては、根の成長や広がりは重力と樹木の支持作用の関係で、「針葉樹は、斜面の上部よりも下部に樹木の根系分布が偏る。同様に、平地でも常に風による力が樹木の地上部に加われば、風下側の根系が発達する。しかし、広葉樹は斜面地では、上部に根系分布が偏り、風下側の根系が発達する」10。　樹木の根の分布は、垂直分布・水平分布ともに大きく表1-8に示す3つのタイプに分けられる。

表1-7　国内主要樹種の根系型

根系型	垂直分布	樹種
直根型	深根型	アカマツ クロマツ モミ イチョウ コナラ カシワ
斜出根型	深根型	スギ
斜出根型	中間型	アラカシ シラカシ ソメイヨシノ
斜出根型	浅根型	ブナ シラカバ ヤブツバキ
水平根型	中間型	カラマツ クスノキ
水平根型	浅根型	ヒノキ トウヒ ケヤキ ミズキ イタヤカエデ

表1-8　根系の分布型

垂直分布	浅根型	大部分の根系が表層にある。
垂直分布	中間型	浅根型と深根型の中間で、中庸の深さに及ぶ。
垂直分布	深根型	緻密で通気不良、貧栄養の心土に多い。
水平分布	分散型	根系が根株付近に集中せず、広い範囲に渡る。
水平分布	中間型	分散型と集中型の中間の型。
水平分布	集中型	根系分布が、根株の近くに集中している。

（苅住、2010、2015、森林の根系を参考に作表）

（5）根

植物の根は、地表より下に成長して根系を形成する。

根は、発生の仕方によって「主根」・「側根」・「不定根」の3つに分けられる。主根は、胚より発生し、側根は根より発生したもの、そして不定根は胚や根ではなく葉や幹から発生した根を指す。

根は、養・水分など地下部にある植物にとって必要な資源の獲得（光合成と呼吸により葉で取り込まれる炭素と酸素を除くすべての必須元素は、根が吸収している）と貯蔵、それら資源の輸送、そして植物体を支持する機能を遂行するための組織である。根は、この機能に対応する仕組みをもつために、個々の機能に関わる組織の成長とともに、多様な機能を適切に配置する分枝形成により、根を適切な形に形成・配置し、変異性のある土壌環境に対応している。

樹木においては、支持機能は主に「粗根（太根）」と呼ばれる太い根が役割を担い、養・水分吸収機能は主に「細根（直径2mm以下）」という細い根がその役割を果たしている。樹木の、粗根と細根を合わせた根全体を「根系」という。

樹木の場合、太い根である粗根の成長様式により、下方へ伸びる主根は「直根（杭根・垂直根）」と呼び、側根は地表面に対して水平に成長する「水平根」、初期に水平方向に成長した根から深さ方向に垂下し成長する「垂下根」、同様に深さの斜め方向に成長するものを「斜出根」と呼ぶ。また、幹との境界から成長した根で、直根や水平根の分岐に区分ができない部分を「根株」として分けることができる。

1）根系型

樹木の場合、その粗根の形態と成長様式により根系のタイプが分類される。

日本のように温帯・亜寒帯に生育する樹木では、直根のよく発達する「直根型（杭根型・垂直根型）」、土壌の深さ方向への成長があまりなく地表と水平方向に広く発達する「水平根型」、そして根株からどの根も同じような大きさで土壌の深さ斜め方向に成長する「斜出根型（心根型・心臓型）」の3つの型に分けることができる。

また、樹木の根系の垂直分布の形態である土壌の深さ方向への発達程度により、多くの根の成長が土壌の表層に限られる「浅根型（浅根性）」と、土壌の表層よりも下深くまで認められる「深根型（深根性）」に分類される。

上記の分類法を樹木に適用してみると、針葉樹ではスギは斜出根型で深根型、ヒノキは水平根型で浅根型、アカマツやクロマツは直根型で深根型である。広葉樹では、コナラは直根型で深根型、ブナは斜出根で浅根型、ケヤキは水平根型で浅根型である。

ただし、これらの根型の適用は、標準タイプとしての適用であり、根系は土壌等の環境条件により変化する。これを「根系の可塑性」という。

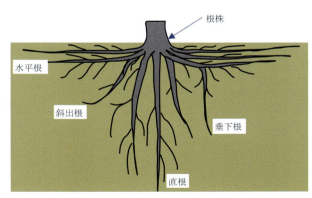

図1-27　根の成長方向による粗根の分類

緑と緑化

一般に、花をもつ植物は、被子植物であると思われている。しかし、木本類の場合には、裸子植物である針葉樹にも花がある。だが、スギやヒノキ・マツ類を見ても、花弁が無いなど花と認めるのが難しいものが多い。

被子植物の広葉樹であるサクラのように、花の4つの基本的な構成要素（がく片・花弁・おしべ・めしべ）をすべて備えている花を「完全花」という。ヤナギ科やヤマモモ科の花には、花弁が無い。このような花弁を欠く構造の花を「不完全花」という。また、サクラはおしべとめしべの両方をもつ「両性花」である。不完全花の花の中には、おしべやめしべの無いものがあり、これを「単性花」といい、めしべの無いものを「雄花」、おしべの無いものを「雌花」という。

単性花の花のつき方は、樹種ごとに異なる。クヌギやコナラなどのように、1個体に雄花と雌花の両方を付けるものを「雌雄同株」という。イチョウやキブシなどのように、別な個体にそれぞれ分かれてつくものを「雌雄異株」という。また、イロハモミジなどのように、両性花と単性花が1個体に混在するものもあり、これを「雑居性」と呼んでいる。

第1章 緑の基礎知識

表1-6 完全花と不完全花

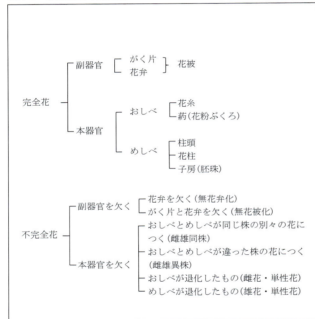

（図鑑植物のくらしを参考に作表）

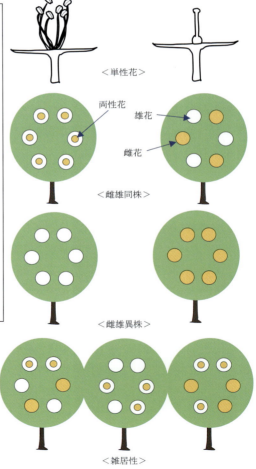

図1-26 花の性

1）花の構成と構造

　花は、茎と葉が形を変えて成長したものである。そのため、花の軸は茎にあたり、花は葉の変形である。花は、基本的には、花の外側に位置するがく片と花弁からなる「花被」と、花の内側に位置して花粉をつくる「おしべ（雄ずい）」、種子になる胚珠を入れる「めしべ（雌ずい）」といった部分でできている。

　花を構成する葉的器官のうち、小苞より上のものが「花葉」である。一つの花あるいは花房を抱く小型の葉を「苞（苞葉）」といい、小苞はそのうち最も花に近く小さな柄で付くものを指す。花葉の内、直接生殖器官を分化しないがく片と花弁を「裸花葉」、生殖に関わるおしべと心皮を「実花葉」という。がくは、花の一番下（外）に付く裸花葉の集まりで、個々の構成葉を「がく片」という。「花冠」は、がくの上（内）に位置する裸花葉の集合で、個々のものを「花弁（花びら）」という。花弁同士が縁の基部全体で癒合している花冠を「合弁花」、離れている花冠を「離弁花」という。この、がくと花冠を合わせて「花被」という。

　おしべは、花粉母細胞により花粉を作り成熟すると放出する「葯」と、葯を支える「花糸」からなり、一般に花冠の内側に輪生する。めしべは、花軸頂に生じる最内側の器官で、1～数個の「心皮」が「子房」をなして「胚珠」を含み、時に花軸の先端も関与する。心皮は、葉の縁の部分に胚珠（受精の後、種子となる器官）をつけた葉と考えられている。この心皮が、二つに折れて胚珠を中に包み込んだものが被子植物、包み込まずに胚珠が心皮に直接付いて露出しているものが裸子植物である。子房の上部は、筒状の「花柱」となり、先端の「柱頭」で受粉する。

　茎から別れて花を付ける小枝の先端部分を「花柄」といい、花柄末端の花葉をつける部分を「花托（花床）」という。多くの場合花托は、節間が著しく短くなって肥大し、花葉はその上に同心円をなして輪生する。

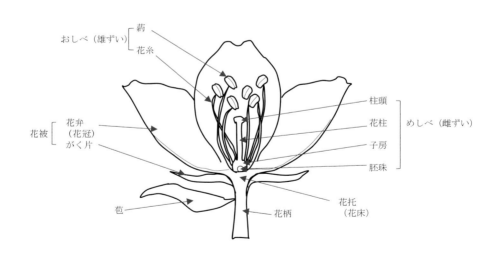

図1-25　花の構造（模式図）
（図鑑植物のくらしを参考に作図）

(4) 花

　裸子植物と被子植物を、花（種子）をつける植物という意味で「顕花植物（種子植物）」と呼ぶ。これに対して、藻類やコケ植物やシダ植物は花をつけない植物として「隠花植物」と呼ばれる。

　私たちが美しいと鑑賞している花は、植物の側に立って考えると、人に喜んでもらうために花を咲かせているわけではない。花は、植物にとって、子孫を残し繁栄させるための種を作る器官である。

　花では、有性生殖（卵細胞や精子などの雌・雄の配偶子の合体を伴う生殖）が行われ、その結果として、種子を含んだ果実が作られる。花は、生殖に直接関わるもの（おしべ・めしべ）と、生殖を助けるもの（がく片・花弁など）から成り立っているひとまとまりの生殖器官である。

　顕花植物の有性生殖では、雄ずい（おしべ）の花粉が雌ずい（めしべ）の桂頭に運ばれる（送粉・受粉）必要がある。この場合、ほかの個体から送粉される場合を「他家受粉」、同一個体の花粉の場合を「自家受粉」という。そして、それぞれによる交配を「他殖・自殖」という。

　花粉は、有性配偶子が乾燥等に耐えて移動するために強固な細胞壁をもつとともに、その形状や大きさは送粉の媒体に応じて異なっている。

　花を、最初につけたマツ類・スギ・ソテツ類の裸子植物の花は、「風媒花」と呼ばれ、花粉が気嚢（きのう）をもつなどして比重を軽くし大気中を浮遊して風に乗って交配する仕組みである。裸子植物の次に出現した被子植物は、昆虫や鳥などに媒介される仕組みである。被子植物の花粉は、媒介動物の体表や口器に付着しやすい表面構造や粘着物質などをもつとともに、タンパク質・デンプン・脂肪などを含むことにより媒介者の食料源として運搬されて交配する「虫媒花」が大部分である。初期（中生代–白亜紀）の被子植物は、カシ・カエデ・クルミなどであり、小さな目立たない花をもった植物たちだったが、白亜紀の終り頃昆虫等の小動物が出現し始めた頃から、美しい花の咲く植物が次々と出現・進化していった。大きな花びらをつけ、色とりどりの色彩をもち、よい香りを発散させ昆虫や鳥たちを誘い、花粉を運搬させるようになった。つまり、美しい花は、昆虫等の動物の進化とともに出現・進化したわけである。

表 1-5　花の受粉（送粉）様式

自家受粉	雌・雄両方がある両性花では、同一の花の中で受粉が行われる同花受粉と、同一の株のほかの花との間で行われる同株他受粉がある。自家受粉の場合、いずれも遺伝子の移入は起こらず、遺伝的な多様性は低下する。自家受粉する植物の花は、小さくまた花の数が多いのが特徴で、低コストで多数の種子を作り出すことができる。イネ・コムギ・ハコベ・タネツケバナ・ツユクサ・オシロイバナ等に見られるが、多くは他家交配もできる。
風媒	風による受粉は、偶然に支配されるため、虫による虫媒花等に比べると、軽い花粉を大量に生産するものが多い。裸子植物や、長い花糸をもったイネ科やカヤツリグサ科、尾状花序をもったコナラ属・ヤマナラシ属・ヤシ科等に見られ、メスの木とオスの木があるような雌・雄異株や、一つの花に雌・雄どちらか一方の性しかない単性花など、他家受粉をするものに多い。
動物媒	多くの被子植物では、花を訪れる動物によって花粉が媒介される。花の色・香り・蜜の分泌により動物を誘引する。最も多いのが、蜜や花粉を求めて訪れる昆虫によるもので、虫媒花（ガ媒花・チョウ媒花・ハチ媒花など）と呼ばれる。ハチドリ（南米）やメジロ（日本）などの鳥類は、花粉や蜜を求めて花に飛来し花粉を媒介する。この鳥媒花には、鮮やかな色の花が多い。
水媒	水が、花粉を媒介するものを水媒花という。マツモやアマモ等のように花粉が水中を移動して受粉するものと、ミズハコベやセキショウモ等のように花粉が水面を移動して受粉するものが知られている。

消えるという変化が起こる。それにより、それまで緑色に隠されて見えなかったカロチノイドの色が表に表れて黄色になる。これが「黄葉（こうよう・おうよう）」現象である。

では、植物の葉が赤く変化する「紅葉（こうよう）」という現象は、どういう作用によるものだろうか。これは、葉柄の基部に離層ができると、光合成で作られた糖分が移動できずに葉内にとどまるためである。この葉にとどまった糖分が、秋の気象条件の変化の中で、葉緑体の周囲にある細胞液の中に強い紫外線から新芽を守るために「アントシアニン（花青素）という色素の中の一つでクリサンテミン」という新しい色素を合成・発現させる。この赤い色素が、葉の細胞の中で生成されるには、温度・光・水分などいろいろな周りの条件が重要な役割をする。それらの条件の差によって、アントシアニンのでき具合が大きく変わってくる。特に、「昼夜の寒暖差が大きい」、「豊かな紫外線を浴びる」、「適当な水気があって葉が乾燥しない」などが美しい紅葉現象が起きるための条件である。日本の紅葉の名所の多くは、小高い山の中腹にある斜面地で、川が流れ、寒暖差が激しく、空気が綺麗で紫外線が良く当たる場所である。アントシアニンは、赤色系として多くの植物が有しているものであるが、ナデシコ目等の植物ではアントシアニンの代わりにベタレイン系の赤色及び黄色の誘導色素を生成する。

秋の葉の色には、もう一つの色の系統がある。それは、褐色系の色彩変化で「褐葉（かつよう）」と呼ばれる。クリ・クヌギ・コナラ等の雑木林の樹木が、黄褐色から褐色へと色を変えるのは、クロロフィルの分解とともにフラボノイドが重合して「フロバフェン」という褐色あるいは赤褐色の色素に変わるためである。葉の中で、元来無色であったカテキン類等の物質が、秋になって酵素の働きで複雑な反応をして、フロバフェンに変化したものである。黄葉や褐葉の色素成分は、量の多少はあるがいずれも紅（黄）葉する植物の葉に含まれている。本来は紅（黄）葉する植物がアントシアニンの生成が少なかったりすると褐葉になる場合もある。

なお、ハンノキ・ヤシャブシのように窒素固定細菌を根に共生させる先駆樹種では、葉の窒素を回収する必要がないため、紅葉せずに緑色の葉をそのまま落葉させる。

葉の変色は、春先にもみられるものもある。カナメモチ・タブノキ・ナンテン・チャンチン・イタドリ等では、春先に若葉が美しく紅葉する。春先の紅葉も秋の紅葉と同じく、アントシアニンという色素によって行われる。何が違うかというと、春先に紅葉するのは若い葉である。これは、若い葉では緑色の基である葉緑素を作る力がまだ弱いため、作りやすく紫外線の害を受けない赤い色素を先に作り、葉が成長して葉緑素をどんどん作れるようになるまで、若い葉を守るためである。

写真 1-4　紅葉する植物

写真 1-5　黄葉する植物

4）葉の色

　植物の葉の色を、私たちは一様に緑といっている。しかし、よく見るとこの緑の葉は、季節の温度等の変化に対応して多様な色調を見せている。とくに、四季の変化が著しい落葉広葉樹の葉は、春は冬芽から開いた黄身を帯びた若々しい新緑の浅い緑に、そして夏になると多くの葉が濃い緑の色へ変わり、秋を迎えるとそれぞれの樹種の特性にしたがって赤・黄・褐色の色彩に変化し、やがて冬になる前に葉を散らしていく。

　植物の葉の緑の色を表現する物質の主役は、クロロフィル（葉緑素）である。

　植物の葉をつくっている細胞の中に、葉緑体という小さい粒が含まれていて、この中に緑色と黄色の色素がそれぞれ2種類ずつあることが分かっている。緑色の色素はクロロフィル a とクロロフィル b であり、黄色の色素はカロチンとキサントフィルである。一般には、クロロフィルのaとbの混合物を「クロロフィル」と呼び、黄色の色素の混合物を「カロチノイド」といっている（カロチノイドは、強すぎる光の強さを調整したり、クロロフィルが吸収できない波長の光を吸収する補助色素として働いている）。クロロフィル a は溶液になると緑青色を示し、クロロフィル b は溶液では緑色となり、葉の緑の色の主体である。カロチンは、ニンジンの根の色の素になる色素で、キサントフィルは黄葉した葉から発見された黄色の色素である。

　葉の緑の色が、植物の種や季節によって違うのは、色素の含有量の差によって生まれたものである。例えば、夏の葉では、一般にクロロフィル 8 に対し、カロチノイド 1 の割合で含まれて混合した色素の結果が、濃い緑色として表現されている。また、日陰に生育する植物に葉の緑の濃いものが多いのは、葉肉の中での細胞組織の構造や葉の表面の細胞膜の状態などにもよるが、暗い場所に生育する陰性植物の方が日当たりのよい場所に生育する陽性植物よりも、少ない日光で同化作用を営むために、クロロフィルの組成や量を変化させているからである。つまり、葉の中の色素の含有量の差によって、緑の色に差が出てくる。このように、緑の葉といっても私たちは、多様な緑の色を見ているのである。

　植物の葉の色、特に落葉広葉樹木の葉の色が大きく変化するのが、秋の季節の「紅（黄）葉」である。

　秋になると、落葉樹木の葉の緑色がだんだんと変化して、黄色にそして赤色・褐色へと変わっていく。これは、秋に太陽の紫外線が少なくなり温度が低下し水分の補給も減少してくると、葉のクロロフィルや光合成のための酵素群などがアミノ酸に分解されて、窒素が茎（幹）へと回収されるとともに、葉柄の基部に葉を切り離す離層が形成される。それにより葉への水の導水が止まり、クロロフィルが破壊され

写真 1-2　春の葉の緑

写真 1-3　夏の葉の緑

3）葉の組織と構造

葉の組織は、光合成等の葉の機能に合わせて「表皮系」、葉肉等の「基本組織系」、そして葉脈である「維管束系」に分化している。

表皮系の主な構成組織は、「表皮」と「気孔」である。表皮は、通常一層である。表皮細胞は、一般に厚い細胞壁である外壁表面のクチン質が連結してクチクラ（角皮）を形成し、保護の役目をしているが、しばしばその表面に蝋皮をもつものもある。また、細胞壁（セルロースからなる）とクチクラとの間に、セルロースとクチンからなる「クチクラ層」をもつものもある。表皮組織が作られる時に、原表皮の一部が特化して気孔ができる。植物の種によって異なるが、一般には一対の孔辺細胞があり、その膨圧が変化して接する面にできるレンズ形の開口を狭義の気孔という。この気孔と、その内側の細胞間隙で、光合成や呼吸に必要な空気の取り入れが行われる。いくつかの副細胞を伴うものもあり、これらの諸細胞も含めて「気孔装置」という。一般に気孔は、葉の表・向日面よりも裏・背日面に多く分布する。

基本組織系とは、上下の表皮の間を占める葉肉細胞を指し、通常の葉では「柵状組織」と「海綿状組織」の二層に分かれ、この中に「維管束（葉脈）」が挟まれている。なお、種によってはこのほかに、厚壁組織・分泌道・下表皮・肉皮、そして特殊細胞をもつものもある。柵状組織は、葉表面に垂直な円柱状の細胞が規則正しく密に並ぶ組織である。その発達の度合は、植物の種類や個々の個体、また、同一個体であっても葉のつく位置により異なる。一般に、陽当たりのよい部位の葉（陽葉）では、よく発達して細胞も長く数も多い（葉緑体も多い）。逆に、陽当たりの悪い葉（陰葉）では、発達が悪い（一般に、樹木では上部や南側の日照のよい部分に形は小さくて厚い陽葉がつき、下部や北側の日陰の部分に形は大きくて薄い陰葉がつく）。陽葉は、光合成の最大値と呼吸量が大きく、光飽和点と光補償点も高い。逆に、陰葉は、光合成の最大値と呼吸量は小さく、光飽和点と光補償点は低い。植物の中には、耐陰性に乏しく陽地に好んで生える植物があり、陽性植物（陽樹）と呼ばれる。これらの植物は、光補償点が高く暗い林内等では生育ができず、主なものは陰葉を生じない。これに対して陰性植物（陰樹）は、耐陰性が強く林内など陰地に育つが、ある光強度以上では生育が難しいものが多い。

海綿状組織は、葉の裏面において部分的に引き伸ばされたような不規則な形をした細胞がまだらに並び（葉緑体も少ない）、細胞間隙に富む組織である。この細胞間隙は、気孔とつながっている。

維管束系として、茎の中心柱から分かれて葉肉中を走る維管束を「葉脈」という。葉脈は、葉柄から葉身内の末端部に移るにつれて細くなり、葉肉内の脈端部で終わる。維管束は、一般に木部が向軸側、師部が背軸側の複並列維管束になっている。

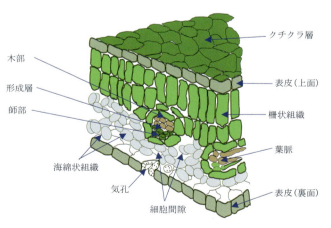

図1-24　葉の横断面
（片山、2013、グリーンセイバーを参考に作図）

2）葉の形

　葉の形は、針葉樹では針形・線形・鱗状のものがほとんどである。

　広葉樹の単葉の形は、樹種ごとにそれぞれが特徴的な形をもっている（一個体の中でもかなり違いが見られる）。基本となる形は、卵形・楕円形・倒卵形である。そして、葉の狭長度（長さ／幅）が2以下の幅の広いものを広楕円形・広卵形、反対に4以上の狭いものは狭卵形・長楕円形といい、さらに細いものは線形・針形、長さと幅が同じで丸くなれば円形となる。

　葉の先端の部分を「葉頭」といい、そのとがり具合で鋭頭・鋭尖頭・尾頭・鈍頭・凹頭・凸頭・円頭・切頭等の形がある。また、葉の基の部分を「葉脚」といい、鋭脚・くさび脚・鈍脚・円脚・心脚・切脚・耳脚等の形がある。

　葉の縁の部分を「葉縁」という。これが完全に滑らかなものは全縁といい、常緑樹に多い形である。葉縁の形は、全縁のほかに鈍鋸歯・鋸歯・歯牙・重鋸歯・波状などがある。また、葉身の切れ込みの程度によって浅裂・中裂・深裂に分けられる。鋸歯をもつ葉縁の葉は、落葉樹に多い。

　葉身の中を走っている維管束を「葉脈」といい、大きくは平行脈と網状脈に分けられる。平行脈は、葉脈が葉の中をほぼ平行に走っているもので、主に単子葉類に見られる。網状脈には、葉の基で3本あるいはそれ以上の大脈が放射状に出る掌状脈と、葉の基から先端に主脈が伸びて、その両側に側脈が羽のように出る羽状脈がある。

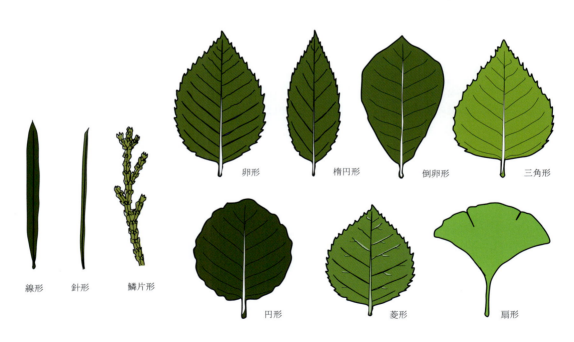

図1-22　針葉樹の代表的な葉の形　　図1-23　広葉樹の代表的な葉の形

（ビジュアル博物館第5巻樹木を参考に作図）

植物の葉身の付き方は、大きく分けると「単葉」と「複葉」に分けられる。

葉身が一つの葉を単葉という。一般に多くの植物の葉は、この単葉である1枚の葉である。

葉身が、複数の小葉からできているものを複葉という。複葉には、その分かれ方によって「羽状複葉」・「掌状複葉」・「三出複葉」等に分けられる。羽状複葉は、中央に葉軸と呼ばれる1本の軸があり、その左右に小葉が並んでいる。そして、葉軸の先端の頂に小葉があるものを奇数羽状複葉、無いものを偶数羽状複葉という。掌状複葉は、葉柄の先端から放射状に小葉が出ているものをいう。三出複葉は、葉柄の先端から3枚の小葉が出ているものをいう。

図1-21 葉の形と葉身の付き方
（図鑑植物のくらしを参考に作図）

1）葉の構成

多くの植物の葉は、扁平な形をしている。通常上面つまり光沢のある表（向軸側）が光合成に適した構造をしており、下面すなわち裏（背軸側）の方が淡色で気孔を有する。これを一般に、「普通葉」という。

植物には、普通葉のほかに、植物体の発生の最初に作られる葉である「子葉」、冬芽を覆うりん片状の「りん片葉」、一つの花や花序を抱く「包葉」、そして花における葉的な器官である「花葉」がある。

普通葉は、「葉身」と呼ばれる薄くて扁平な部分と、「葉柄」という茎（幹）との間の棒状の部分からなり、葉柄の基部に「托葉」と呼ばれる一対の小さな葉状の付属物をつけるものもある。

葉身は、普通緑色で扁平、表皮と葉肉から構成される。葉肉部は、葉緑素を含んで光合成を行う葉緑体に富み、受けた光によって盛んに光合成を行う。葉脈は、葉の中の維管束で、水分や同化産物の通り道となる。葉身の形や脈系、葉脚部・葉先部・葉縁部の形は、植物の特徴を表す重要な形質である。

葉柄は、葉身と茎（幹）をつなぐ部分で、水・無機塩類・同化産物の通路となる。また、葉を光の方向に向ける働きや、葉が重なり合うのを避け、効率よく光合成が行えるようにする役割ももっている。

托葉は、葉柄の茎（幹）との付着点付近についている葉のようなもので、主に双子葉植物に見られるが、托葉をもたないものや早くに落ちてしまうものも多い。

草本等の葉は、付く場所で、「茎（幹）生葉」と「根出葉」に分ける場合がある。茎（幹）生葉は、普通の葉の付き方である。根出葉は、オオバコやタンポポのように、ちょっと見ると根から出ているように見えるもので、根際の茎にかたまって付くものをいう。

枝に対する葉の並び方を「葉序」という。1枚の葉が付いている位置よりも先端にずれたところに次の葉が付くのを「互生」といい、これに対して1節に2枚の葉が向かい合わせに付くのを「対生」という。また、1節に3枚以上の葉が付くのを「輪生」という。さらに、短枝の上に多数の葉が付く「束生」、葉が2列状に配列している「2列生」、らせん状に配列している「らせん生」なども区分される。

表 1-3　葉の種類

普通葉	典型的な葉の形態と機能をもつ普通の葉。葉緑体を含んだ扁平な葉身をもち、光合成を行う。
子葉	種子植物で最初に作られる葉。数や構造や機能は種によって異なる。被子植物では、1枚のもの（単子葉類）と2枚のもの（双子葉類）に分けられる。裸子植物の場合、子葉の数はさまざまで、イチョウの2～3枚やマツの6～12枚などがある。
りん片葉	冬芽を覆うりん片状の葉で、芽を保護する役割をもつ。
包葉	一つの花や花序を抱く小型の葉。
花葉	花における葉的な器官のこと。ガク片・花弁・おしべ・めしべをいう。

表 1-4　葉の並び方（葉序）

互生葉序	一つの節に、1枚の葉が互いに付くものをいう。互生葉序には、上下の葉が反対に付く二列互生葉序と、一定の角度で付くらせん葉序とがある。
対生葉序	一つの節に、2枚の葉が向かい合って付くとき対生というが、上の節と下の節で直角にずれて付くことが多い。したがって、葉が縦に4列に重なり、上から見ると十字型をしているため十字対生と呼ばれる。モクセイ属・アオキ属・アジサイ属・センリョウ科・シソ科・オトギリソウ科・ムクロジ科（カエデ属）・ナデシコ科などに見られる。
輪生葉序	一つの節に、3枚以上の葉が付くものを狭義の輪生という。三輪生葉序は、キョウチクトウのように一つの節に3枚の葉が付くもので、上の節と下の節で60度ずれるため葉は6列に並ぶ。ガンコウランのように5輪生のものもある。これらは全て、上下の節の葉の間で光を受けるのに都合のよい配列をした結果の表れと考えられている。

(3) 葉

葉は、「光合成」・「呼吸」・「蒸散」という植物にとって最も重要な機能を担っている器官である。

葉が緑色をしているのは、表皮の下にある葉肉細胞に、「葉緑体」と呼ぶ緑色の粒が含まれているからである。葉緑体は、植物細胞の色素体の一種で、含まれているのは緑色のクロロフィル（葉緑素）である。葉緑体は、光合成という植物の生理作用に欠くことのできない重要なものである。一般に、葉緑体は、光の無いところでは白色に変わり、光が当たると葉緑体になる。

光合成以外の葉の働きとして、呼吸や蒸散作用がある。いずれも植物体の維持に必要である。

植物は、昼も呼吸をしている。しかし、光があると光合成を行っているため、酸素を多く出すことになる。また、季節の変化の中で、日中の長さや気温を感じて、花芽を作るホルモンや、越冬を容易にするための芽を休眠させる休眠ホルモンを、製造したりする役目も果たしている。

日本のような温帯地域では、樹木等は春になると冬芽が開き、当年枝が伸長しながら展葉する。一般に樹木等の葉は、開芽・展葉とともに加齢が進行し、種によってほぼ定まった期間に同化作用を続けた後に、葉柄の基部に離層と呼ばれるコルク化した細胞群が形成され樹体から離脱し落葉する。葉を保持する期間の長さ（葉の寿命）やその状態によって、「落葉性植物」と「常緑性植物」に区別される。植物特に樹木は、その個体の生活史の中で、すべての成葉が離脱する時期をもつ性質で、開芽後1年以内に冬季や乾季など生育不適な季節にすべての成葉を失い休眠状態に入る樹種を「落葉樹」という。そして、個体がその生活史において1年を通じて常に生きた成葉をつけている性質をもつ樹種を「常緑樹」という（アカマツ・クロマツ2年程度、照葉樹1～3年程度、モミ・トウヒ5年程度で葉を入れ替えている）。

落葉樹では、秋から冬になると当年葉は紅（黄）葉して落葉する。落葉をもたらすのは、地温の低下や乾期のため根が水を吸水しないようになるのが大きな原因である。そして、枝の先端や葉腋に新たに冬芽が作られる。冬芽の中には、「芽鱗」に包まれた「葉原基」が存在しており、これが翌春になると展葉する。一方、常緑樹では、葉を複数年つけ続ける種だけではなく、毎年春に、ほぼすべての葉を入れ替える種（シイ・カシ・クス等の照葉樹、タケ類等）や、春から秋と秋から春で葉を入れ替える種がある。ただし、常緑針葉樹は、落葉樹と同じ秋に色づいて小枝もろとも落ちるものが多い。また、開芽の時期は、樹種により異なる。一般に、同一地域では、常緑樹よりも落葉樹の開芽時期が早い傾向がある。これは春先に、常緑樹では前年葉が光合成を開始するが、落葉樹は展葉してから光合成を始めるため、常緑樹よりも展葉時期を早めることで光合成ができる期間を長く確保するように進化したと考えられる。

ただし、個々の種に着目すると、落葉樹より早く開芽する常緑樹も存在する。

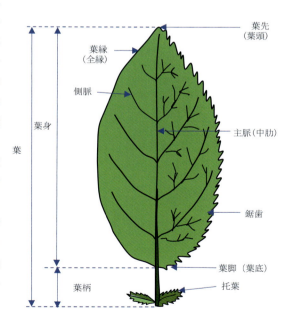

図1-20　普通葉の構成

5）樹幹と樹冠

　植物の地上部は、基本的に茎（幹）と葉からなるが、樹木の場合は空間を有効に利用して、できるだけ多くの枝を立体的に配置させるので、枝・葉からなる「樹冠」とそれを支える「樹幹」により構成される。

　樹幹は、樹冠を支えるとともに、根系と樹冠を結んで通導の機能を果たし、そして個々の種によって直立や屈曲するなど特徴のある生育形を構成する。また、生育する環境にも敏感に反応し変形する。一般に、針葉樹には単一直立幹のものが多く、広葉樹には屈曲し複雑に分枝するものが多い。

　樹冠は、樹木上部の枝・葉からなる部分で、高木では下枝（力枝）以上、低木では全樹体を指す。個々の種の樹形・樹容を表しており、円錐形や半球形、そして積乱雲形や枝垂れ形等がある。また、多くの樹種では、樹齢が加わるほど樹冠が老木特有の形に変わっていく。

　一般的には、針葉樹の樹冠は円錐形で、常緑樹の樹冠は丸く、落葉樹の樹冠は逆円錐形が多い。

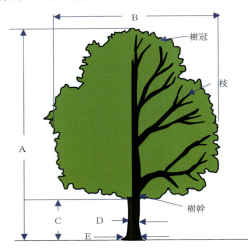

A－樹冠の頂端から根鉢の上端までの高さ：樹高
B－樹冠の直径：枝張（葉張）
C－地面から樹冠までの高さ：枝下
D－根鉢の上端より1.2m上の幹の太さ（周囲の長さ）：幹周
E－根元の幹の太さ（周囲の長さ）：根元周

図 1-17　樹木身体測定

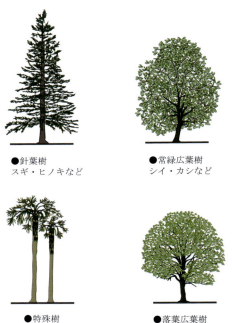

●針葉樹
スギ・ヒノキなど

●常緑広葉樹
シイ・カシなど

●特殊樹
ヤシ類など

●落葉広葉樹
ケヤキ・サクラ類など

図 1-18　種類によって異なる樹冠

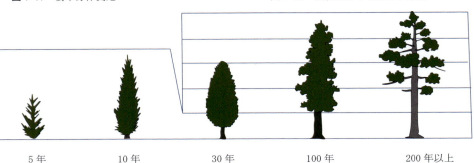

5年　　10年　　30年　　100年　　200年以上

図 1-19　樹齢によって変化する樹冠（スギ）
（埴生、1983、別冊山と渓谷「樹木」を参考に作図）

低木は、主として茎（幹）の株で枝分かれして樹形を作っていくものの総称である。この低木類の、成長の形態を調べてみると大きく二つのタイプが見られる。

　一つは、バラ科（キイチゴ類・ヤマブキ）・マメ科（ハギ類）・ユキノシタ科（ウツギ類）・アジサイ科（アジサイ属）・スイカズラ科（タニウツギ類・ツクバネウツギ類）など、草本も含む植物群で、木質の茎（幹）が2～3年で枯れてしまい、かわりに地面近くから新しい芽が伸びて枯れた茎（幹）と入れ替わる。このような茎（幹）の入れ替えを、毎年続けて株立ちの樹形を形成するものを「再生タイプ（入れ替え性）」という。

　もう一つは、ツツジ科の植物に代表されるもので、地面近くで茎（幹）が枝分かれをして、一見株立のように見えながらも、次々に新しい枝が付け加えられるものを、「株立ちタイプ（付加性）」という。

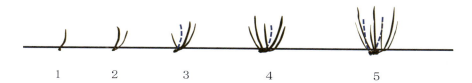

再生タイプ（入れ替え性）は、新しい茎（幹）が地面の付近から再生して伸びる

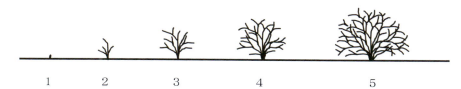

株立ちタイプ（付加性）の茎（幹）は、地際近くで枝分かれして次々に枝を出す

図1-14　低木の樹形タイプ

図1-15　再生タイプの樹形例（アジサイ）

図1-16　株立ちタイプの樹形例（ツツジ）

4）樹形

樹木の幹と枝の全体像をとらえたものが「樹形」である。この樹形は、個々の樹種がもっている遺伝子の働きにより、成長の過程において幹の分枝と伸長の法則によって、樹種に特有の樹形が形成される。

樹形は、同じ樹種でも1本ごとに異なっていて、同じ形をしたものは無いといわれている。しかし、多くの樹木を観察すると、樹種ごとに基本的な樹形のタイプがあることに気づく。つまり、生育している場所などの違いに関わらず、スギは真っ直ぐな「円錐形」を、ケヤキは「盃形」をしている。この樹形のタイプにより、見慣れた樹種だと遠くからでもどの樹種の樹木かを知ることができる。

樹木の樹形（特に高木）は、幹のつくられ方（分枝形成）により大きく二つのタイプに区分される。

一つは、針葉樹の大部分と、広葉樹のハンノキ・ホウノキ・カシ類等の初期成長時のもので、主幹がまっすぐに伸び、その周りに小さな枝が分かれ出て、幹と枝の区分がはっきりしている「単軸タイプ」がある。このタイプは、樹形が主に三角形となり、陽地で急速な初期成長をする樹木に多い。

もう一つは、サクラやモミジ類に代表されるもので、幹よりも側枝の方が成長が盛んで、発芽の時に作られた主軸はやがて水平方向に曲がり、幹の比較的基部に形成された芽から伸びた枝が次の年の主軸のようになる。そのため、前年の主軸は、ちょっと見たのでは側枝のように見える。これを、「仮軸タイプ」といい、形成される樹形は扇形や傘形が多い。

このように樹形形成のタイプは大きく二つ考えられるが、はっきりと区分できるというものではなく、「中間的」なタイプも多い。特に、広葉樹は、成長初期には単軸タイプの樹形をしているが、成長過程のある時期から主軸が分からなくなってしまうものや、単軸的に幹が作られるものでも主幹の先端を切取ると側芽が入れ替わって主軸のように成長するものもある。

また、広葉樹には、仮軸タイプの分枝をしながらも、立派な主幹が作られる種もある。このように、広葉樹は、主軸と枝が相互に変化する可能性を有している。

なお、多くの樹木は1本で単独の状態で成長している時には、その種の本来の樹形を示すが、ほかの樹木と隣接している場合には、その影響を受けその樹種本来の樹形を示さないこともある。

単軸タイプ　　　　　中間タイプ　　　　　仮軸タイプ

図1-13　高木の樹形タイプ

3）芽

茎（幹）の茎（幹）頂分裂組織が、若い葉に囲まれたものが「芽」である。芽は、茎（幹）の先端の頂芽のほかに、葉の付け根と茎（幹）の間にも側芽として存在する。多くの芽は、内部の成長点とその周辺の若い葉を、小さくて堅いりん片葉で覆って保護している。

芽は、その茎（幹）の上での位置や機能の違い等から、表1-2 のように分けられる。

表1-2　芽の種類

頂芽と側芽	茎（幹）の先端部にあって、その茎（幹）の延長として作られた芽を頂芽といい、茎（幹）の途中に生じる芽を側芽という。側芽のうち、特に葉腋（葉の付いているすぐ上の部分）につくものを腋芽という。
定芽と不定芽	頂芽や腋芽のように一定の部位につく芽を定芽といい、茎（幹）の節幹部や葉・根のように通常は芽を出さない部位に作られる芽を不定芽という。 セイロンベンケイ・シュロベンケイでは葉の縁に、コモチシダでは葉面に、チャンチン・ウラン属では根に不定芽がつくられることがある。
葉芽と花芽	芽がほころびるときに、中から葉が現れ新しい枝が作られる場合と、花が咲く場合とがある。前者を葉芽、後者を花芽という。花芽には、ツバキ・サザンカのように一つの芽から一つの花が開く場合と、サクラ類のように複数の花（花序）が開く場合がある。また、トチノキのように、一つの芽の中に葉も花もつくられるものがあり、このようなものを混芽と呼び、これらも花芽に含める場合がある。 葉芽と花芽の分化（新しい器官に分かれ発達すること）の時期は、かなり早くに決定されていて、ツツジ類のように春先に開花する樹木では、前年の夏に分化しているものが多い。このため、芽の完成時には花芽の方が大きく、容易に区別がつく。
伸芽と休眠芽	活発に伸長している芽を伸芽といい、一時的に休眠している芽を休芽もしくは休眠芽という。環境条件が不適な時期に休眠する芽（冬芽）もあれば、光を分け合うため頂芽で作られるオーキシンにより発達を押さえられ、枝分かれを調整するため休眠し続けている側芽もある。後者は、頂芽が失われるなどして頂芽の抑制が無くなった時、休眠が解除され、伸長を開始する。

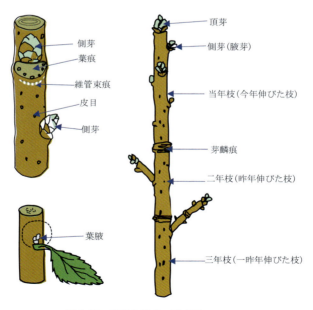

図1-12　頂芽と側芽の模式図
（ビジュアル博物館第5巻樹木を参考に作図）

2) 枝

　枝とは、主軸となる茎（樹幹）から、外生的に分岐した茎を指す。その配列は、「互生」・「対生」・「輪生」等、個々の種により異なる形態をなしており、特に樹形の形成に大きな役割を果たしている。

　枝の主な役割は、光合成を行う葉の光を受けやすい空間への配置である。また、通導のために幹と葉をつなぐことも大切な役割である。そのために、枝にも幹と同じように、根から吸収した水や養分の通路である木部、あるいは光合成で作られた炭水化物から変化した糖が移動する通路である師部がある。

　枝は、「樹枝」と「枝条」に分けられ、幹や主な枝につながった太く強い枝を樹枝といい、葉をつけている細い枝を枝条という。また、枝条の葉が付いている部分を「節」といい、節間が長く伸びた枝を「長枝」、節間が短い枝を「短枝」という。長枝は、その名の通り大きく伸びた長い枝で、葉がまばらについていて主に樹冠の構成を担っている。短枝は、長枝から分かれた短い枝で、葉はほとんど同じところから出ており、多くの葉をつけている。

　主に、長枝の先端部分の細胞には、光を感じる特定のタンパク質が集まっていて太陽の方を向くセンサーの役割を果たしている。そして、もう一つの大きな役割は、「オーキシン」という成長ホルモンと呼ばれる物質を作って、細胞を分裂させて数を増やしたり、膨らませて成長を促している。また、このオーキシンは、根に向かって上から下へと運ばれていき、根の成長にも使われている。

　幹や大枝から出る大小の枝を「分枝」といい、その出方は植物の形を形成するうえで重要な形態である。植物は、その種によって特徴的な枝分かれをする分枝様式をもっている。

　無分枝とは、ヤシの仲間のように生涯を通じて枝分かれせず、1本のシュートで生育するものである。二叉分枝とは、茎の先端が等しく二分され、大きさの等しい2本の枝となる。原始的な分枝様式とされ、シダ植物の中でも原始的とされるマツバランにみられ、等しい大きさの枝を規則的に分枝する。単軸分枝とは、主軸が発達し、そこから横に伸びる側軸が作られる。種子植物の多くがこの分枝様式をとる。仮軸分枝とは、主軸が成長を控え、代わりに側軸が特によく発達することによって主軸にとって代わる分枝様式である。側軸の頂端が枯死するものや花で終わるものもある。

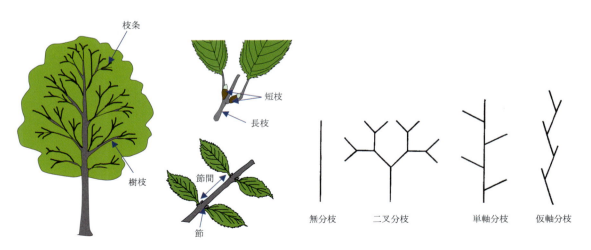

図 1-10　枝の名称　　　　　　　　図 1-11　分枝様式

1）茎（幹）の組織と構造

茎（幹）の組織は、表皮系、基本組織系、維管束系の3つに区分される。

表皮系は、外界に対する植物体の保護を本来の機能とする部分である。この表皮系の大半を占める細胞層が「表皮」である。樹木の場合、表皮の部分を「樹皮」という。樹皮は、周皮という部分を境に、生きている組織の「内樹皮（甘皮）」と、死んでいる組織の「外樹皮（粗皮）」に分けられる。内樹皮に含まれる師部には、葉で合成された炭水化物を下方に運ぶ通路としての重要な役割がある。それ故、内樹皮をはがされれば樹木は死んでしまう。この樹皮の所々に「皮目」があって、空気の通路となっている。また樹皮は、厳しい自然環境から樹木自体を守る役割も担っている。若い幹では、最初皮層と表皮で木部を守っているが、やがてこの皮層の中に分裂組織がつくられ、幹を完全に取り囲んだ周皮（コルク皮層・コルク形成層・コルク組織からなる）がつくられる。とくに、コルク組織は、空気で満たされた細胞が隙間なく並ぶことにより、水や熱の移動を遮り幹を守っている。やがて、周皮より外側の細胞は死んで外樹皮となる。外樹皮は、幹が太るにつれて、さまざまにひび割れたりはがれたりする。そしてその厚さ・裂けめ・剥げあと・色・皮目などは、樹種によって大きな違いがある。また、これらの特徴は、同じ樹種でも生育している環境や樹齢で同じ固体でも幹の高さによっても異なっている。

基本組織系は、表皮の内側の細胞層（皮層）から軸中心（髄）に至るまでの部分（中心柱）がこれにあたり、中間に「維管束」が並んでいる。維管束系は、物質の通導を本来の機能とし、「木部」と「師部」からなる。木部は、管状要素・木部繊維・木部柔細胞などからなる。管状要素には、上下に連絡して「道管」となる道管要素（被子植物のみに見られる中空の細胞）と仮道管があり、水分通導と併せて支持の機能を担っている。師部は、師要素・師部繊維・師部柔細胞などからなる。師要素には、上下に連絡して「師管」（被子植物のみに見られる輸送細胞）になる師管要素と師細胞があり、同化生成物通導の機能をもっている。この管状要素と師要素は、根から茎（幹・枝）そして茎の間を連結しており、主として水分（上方向）と同化生成物（下方向）の物質輸送を担っている。

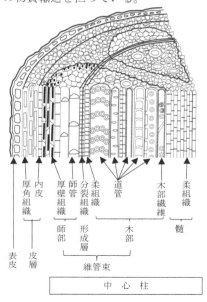

図 1-9 樹木の茎（幹）の構造
（片山、2013、グリーンセイバーを参考に作図）

（2）茎（幹）

茎（幹）は、人間でいえば背骨のようなもので、①葉に日光を当てるための支柱としての働き、②根で吸収した水や養分の上部への運搬（木部・道管・仮道管を通って）、③葉でできた栄養分（主として糖分）の各部への移動（師部・師管を通って）を行っている。なお、木部から師部への横の移動も行われている。

茎（幹）の基本的な構造は、中心から「髄（ずい）」・「木部」・「形成層」・「師部」・「皮層」・「表皮」と呼ばれる形も働きも違う部分で構成されている。この内、木部と呼ばれる部分では根で吸収された水分の通導を、師部と呼ばれる部分では葉で同化した養分の通導の働きを担っている。この茎（幹）の、中心的な働きをしている木部と師部を合せて「維管束」という。

草本と木本とでは、この茎（幹）の内部構造、特に木部の発達の程度が違っている。木本では、髄（道管部細胞の一部が機能を失って死んだもの）の部分が小さく、かわりに木部がよく発達する。草本では、逆で髄がよく発達し、木部はあまり発達しない。この違いは、新しい木部や師部を作る形成層が活発に分裂をして、木部をどんどんつくるか、そうでないかの違いである。言い換えれば、形成層の働きがよいと木部がたくさんつくられて茎（幹）は太くなり木本になり、そうでないと草本になるといえる。

木本のもう一つの大きな特徴は、茎（幹）が1年だけでなく何年も成長を続けて太くなっていく性質である。ところが形成層の活動は、季節によって活発な時と全く止まってしまう時がある。春から夏にかけては、活発な細胞分裂と急速な成長のため大きな細胞が並ぶ柔らかい春材の部分が作られる。しかし、夏になると、成長速度がにぶり、小さな細胞が密に並ぶ秋材がつくられる。そのため、毎年太くなっていく茎（幹）の材の部分には、粗な春材と密な秋材と呼ばれるリングが付け加えられる。このリング、すなわち「年輪」を数えると、茎（幹）の年齢が分かる。

木本の茎（幹）は、形成層の内側の木部が太るだけではなく、外側にも師部が付け加えられていく。若い茎（幹）では、形成層より外側には師部・皮層・表皮といった構成となっているが、やがてこの皮層の中で分裂組織が作られ、だんだん厚くなっていく。この分裂組織は、樹皮のコルク化した細胞を作るので「コルク形成層」と呼ばれる。そして、古い死んだ師部と、このコルク形成層から作られた細胞が木本の樹皮を作っていく。

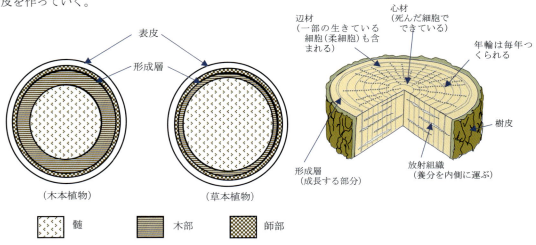

図1-7　木本と草本の茎（幹）の断面　　　図1-8　茎（幹）の断面（木本植物）
（ビジュアル博物館第5巻樹木を参考に作図）

2－2．植物の構造

（1）基本構成

植物の体を構成する基本的な器官は、「茎（幹）」「葉」「根」の3器官である。

骨格となる茎（幹）は光合成器官である葉を支え、そしてその葉を空間的に効率よく配置する。樹木にあっては、多くの枝と葉を支えるために形成層の肥大により幹を作り、そして維管束では根から吸収した水や無機塩類、葉で作られた同化産物の通導の役割を担っている。葉は、茎（幹）の付属器官で、茎（幹）の周りに規則的に配列されている。この葉は、光合成を行うために葉緑体（クロロプラスト）をもち、効率よく光を吸収するために扁平になっている。根は、地上部を支えるため、植物体を地面に固定する役割を負っている。樹木では、根も幹や枝と同様に形成層の働きで材を作り、肥大成長している。

これらの各器官は、茎（幹）と根の先端において細胞の分裂によって作られる。茎（幹）の先端の「茎（幹）頂分裂組織」からは茎（幹）と葉が作られている。根の先端の「根端分裂組織」からは根が作られている。この分裂組織は、植物が種子の段階にすでに「幼芽」・「幼根」として「胚」に形成されており、発芽後これらから植物体の新しい組織が作られていく。この茎（幹）頂分裂組織では、茎（幹）の成長とともに、その周辺部で葉の「原基」が作られ、そこから葉が生じる。植物の地上部は、茎（幹）と葉そしてこれに芽がまとまって一つの単位となっており、この単位が繰り返し積み重なることによって植物体が形成される。

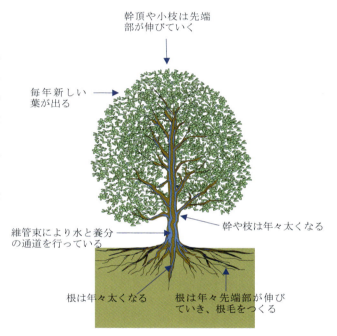

図1-6　樹木の基本構成
（ビジュアル博物館第5巻樹木を参考に作図）

表1-1　樹木の組織と役割

幹の役割	幹の最も大きな役割は、植物体の支持である。幹の心材部は、強度を保ち、枝葉で構成される樹冠を支え、これを維持している。一方、皮部においては、内皮は葉で作られた樹液を根に運び、形成層では細胞の増殖によって木を太らせている。そして、外皮は、外部から加えられる病虫害や、寒さ等の害から内部を保護する役割をもっている。
葉の役割	葉の役割は、光合成や蒸散を行うことである。葉を構成する多くの細胞は、葉緑素をもち、光を受けて光合成を行い、炭水化物を作る。つまり葉は、植物体の生産工場といえる。また、気孔では、植物体と外界との間でガス交換を行ったり、蒸散作用により植物体の温度調整・水分調整を行ったりしている。
根の役割	根は、植物体の支持、土壌からの水分・無機塩類の吸収、葉が生産した炭水化物の貯蔵機能をもっている。幼根は、その根端の分裂活動によって地中に伸長しながら成長して主根となり、また多くの側根を出して根系を形成する。根は、土壌中の水分と肥料分を吸収し、これらを枝葉部へ運ぶ役割ももっている。

このほかの植物の区分として、人為的作用による分散・分布の観点から、「野生植物」と「栽培植物」に大区分できる。つまり、人による栽培・管理下になく、野外に生育するものを野生植物として、その中でもある地域において人為的な営為によらずに、自然に分布・生育している植物を「自生植物（在来植物）」という。そして、直接的・間接的に、人の活動によって国外からもち込まれて野生状態となった植物を「帰化植物（移入植物・導入植物）」としている。

このほかに、人間との関係における植物のカテゴリーの区分がある。野生植物ー人里植物ー雑草（木）あるいは作物という区分である。沼田眞は、「人との付き合いの程度から植物を分けると、人の息のかかったところには住めない野生植物もあるが、これと対照的なのが雑草（草本のみでなく木本も含まれる）で、人間の作り出した田畑や林地という新しい環境の中にしか住めない。つまり、耕して肥料をやり、作物を育てるという特殊な環境の中で、作物と競争してやっていけるグループが雑草である。わが国の水田雑草は 191 種、畑地雑草は 302 種あるといわれるが、極めて限られたものだけが雑草になりうるのである。野生植物と雑草をつなぐ第 3 のカテゴリーが『人里植物』である。このグループは、人間生活と密接にかかわりながら広範囲に分布を示している」[4]。と説明している。

現在、野生植物は、世界に種の単位で数えて約 35 万（種子植物 25 万）といわれる。わが国の野生・野生化した種子植物は約 4,600 種、その他の植物は約 6,000 種が数えられる[30]。その内、木本植物すなわち樹木は、約 1,000 種であるといわれている。これだけの数の種に混乱なく正確な名前を与えるには、一定の規則やルールが必要である。植物の名称には、「学名 Scientific name」と「普通名 Common name」がある。植物学上において、国際規約にそって付けられ世界中に通用する名前が学名である。それぞれの国や地域の言語で表され、日常生活で用いられている名前が普通名である。学名は、ラテン語を命名言語としている。これは、西欧諸国での植物名がギリシャ・ローマ時代のギリシャ語あるいはラテン語の名から引き継がれてきたものが多いことと、欧州では 18 世紀までラテン語が共通の学術用語として用いられてきたことによるものである。学名の二名法（ブルンフェルスが提唱し、E. スチューデルが確立）は、ラテン語のアルファベット文字からなる属名と種形容語（種小名）を組み合わせて種名とするものである（国際藻類・菌類・植物命名規約）。学名のもう一つの特徴は、科や属・種・変種などのランクを用いた階層分類法である。一般に、生物の基本的単位は種とされるが、実際に樹木等では変種ランクの分類別がよく利用されている。なお、栽培植物は、異なる命名規約で扱われている。当初、野生植物と栽培植物も同じ国際植物命名規約で扱われていたが、野生植物の分類において生物学的種の概念が広まり、進化を前提とした系統分類が重視されるようになると、人が人為的に作り出した栽培植物を同じ分類体系の中に位置づけることが困難となった。そこで新たに、国際栽培植物命名規約（1953）が作成され、異なる扱いとなっている。普通名は、それぞれの国や地域あるいは民族の言語で表される一般的な呼称で、日本の場合「和名」といい、片仮名で表記され、方言名や古名などを採用あるいはそれらを組み合わせて作る場合が多い。和名は、特定の学名と一対一の対応があり、学名の代用として用いられている。しかし、和名には学名の命名規約のような明確な規定が無いため、学名との対応が異なる場合や、種と変種など異なるランクで同じ和名が用いられるなど、狭義と広義の異なる概念が併存する例が多く見られる。

一般に緑化の現場においては、普通名である和名を主に使用しているが、同称異種・異種同称や改良種等の呼称の不統一・混同などにより、施工現場に異なる植物が入る場合が多々あるため、使用する植物種の特徴を明記しておくことが望ましい。

2．植物とは

2－1．植物の分類

　植物を、類似性・相違性をもとにして、いくつかに区分したものが植物分類である。分類の基本となる単位は、「種」である。この種同士の中で共通性の大きいものをまとめて「属」に、その上位を「科」・「目」・「網」・「門」というようにその共通性にしたがって段階的にまとめたものが分類群である。

　植物の分類体系は、アドルフ・エングラーが1890年代に発表し、その後改定された「新エングラー大系」が多くの図鑑等で採用されている。これは、花の有無や構造等の形態情報に基づいて系統体系を推定したものであった。その後、DNAの配列決定の容易性や系統解析の発展により、分子系統学的な知見に基づいた被子植物の分類体系の構築が行われ、その成果として「APG分類体系」が1998年に発表され（現在APGIV）、2010年頃から図鑑などで採用され始めている。

　植物界は、花を咲かせて種子で増える「種子植物」と、花を咲かせずに胞子で増える「胞子植物」の大きく二つに分かれる。

　胞子植物には「コケ類」、ワラビやゼンマイなどの「シダ類」がある。種子植物は、種子のもとになる胚珠がむき出しの「裸子植物（門）」と、胚珠が子房に包まれた「被子植物（門）」に分けられる。花粉を受け受精して種子となる胚珠は、心皮という器官に包まれている。この心皮の無い植物を裸子植物といい、心皮のある植物を被子植物という。つまり、裸子植物の裸子とは、胚珠や種子が心皮に包まれないで裸出している（果実をもたない）という意味である。

　裸子植物には、草本性の植物は無い。裸子植物は雌雄異株の種が多く、花は咲くが目立たなく観賞価値が無いものが多い。主なものに針葉樹がある。針葉樹は一般に、葉が針状（マツなど）や鱗片状（ヒノキなど）の木をいう。植物学上は裸子植物の一種であることが第一の条件で、必ずしも葉の形のみの分類ではない。例えば、ナギも針葉樹に分類される。被子植物は、木本性と草本性があり、モクレン類やスイレン類などの初期に分岐した系統と、単子葉類（形成層がない）・真正双子葉類に区分される。

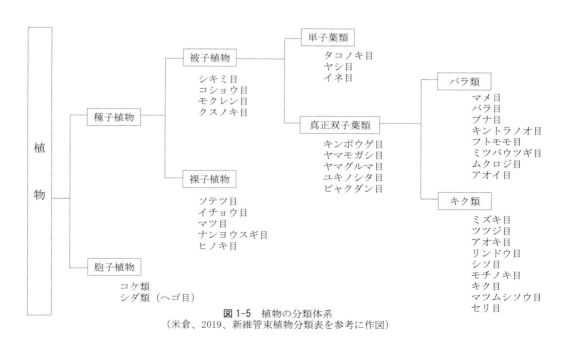

図1-5　植物の分類体系
（米倉、2019、新維管束植物分類表を参考に作図）

1-3. 植物とほかの真核生物（動物・菌類）との共進化

　地球の誕生・変化に伴う植物の進化の過程を概観してわかったのは、植物・動物そして菌類は、真核生物として誕生し、それぞれの特徴を活かした共存の関係を保ちつつ独自の進化をしてきたということである。

　では植物は、動物や菌類と共存するためにどのような戦略をもっていたのだろうか。例えば、花を咲かせて、花の蜜を求める昆虫類や鳥類を誘い、これらの動物が食料としての蜜等を得る行動により知らず知らずのうちに受粉を助けたり、種子を含む果実を動物の食料として提供して自らの遺伝子を拡散させている。それまでの植物は、動物に食べられるだけであったが、花や果実という新しいシステムをもつことによって動物を活用するようになったのである。この生態システムは、従来よりも短い時間で世代交代ができるという利点がある。そして、乾燥にも強い種子をもった植物は、生存の難しい乾燥地帯等の多様な地域へと進出していった。さらに、植物が多様な地域へ広がっていくと、それを食料とする動物も生存域を広げていった。お互いの相互作用を通じて進化することを「共進化」という。植物と動物は、共進化を通して、多様な生物界をつくるようになったのである。

　この動物と同様に、植物の進化や地球の生態系の進化過程に重要な役割を果たしたのは菌類である。とくに、植物と菌類の共生生活（菌根共生）は、植物の陸上化の時から始まったといわれており、植物の生育や進化に不可欠の存在となっている。

　菌根共生とは、菌類の菌糸が植物の細胞内あるいは細胞の隙間に侵入し、菌糸と植物の根の細胞が結合した特有の構造をいう。この両者は、基本的にもちつもたれつの相利共生の関係にあり、菌糸から植物の細胞へ土壌養分や水分が供給され、植物の細胞からは菌糸へ糖類が供給される。このため、菌根を形成する菌類の多くは宿主である植物がいないと増殖ができず、菌根を形成する植物の多くも菌根菌がいないと健全な成長ができないといわれている。

　「菌根を形成する菌種は、約 1 万種を超えると考えられており、宿主である植物もコケ植物から種子植物に至る陸上植物の大多数（全種類の 9 割）が菌根性植物であるといわれている。これは、植物が養分を吸収する土壌が、多様性が高く、不均一な環境構造であり、そのような環境下で安定した養分吸収を行うためには、土壌内の隅々までネットワークを張り巡らせ限られた栄養源を獲得できる菌類との共生関係が重要な役割を担っていることによる」[2]。つまり、菌類も植物との共進化を図ってそれぞれの多様化を促進したのである。

　私たち人類も、自然の生命システムの外にあるのではなく、その構成員としてその中にあり、それぞれの繁栄のためにそれぞれが欠けることなく役割を果たしていることを認識することが大切である。

　植物が誕生して約 5 億年ほどで、植物は動物そして菌類との共進化を達成し、そして生命のシステムを形成して、地球環境を大きく改変させた。その結果、海と陸の両方でさまざまな生態系が誕生して、今日の生命が満ち溢れる地球が出来上がったのである。

　植物は、光合成の働きによって太陽エネルギーを直接的に利用して二酸化炭素と水を酸素と有機物に変換する。動物は、呼吸によって酸素と有機物を消費してそのエネルギーを取り出し二酸化炭素を排出する。菌類は、死んだ生物体を分解してエネルギーを獲得し、二酸化炭素とメタンガスを排出する。そのメタンガスも、残りの酸素と反応してエネルギーを放出し、二酸化炭度と水になる。これらの交換システムは、それぞれの生物相が影響し合って形成された生命のシステムである。

白亜紀（1億4400万年前から6500万年前）は、気候が温暖で湿度も高かった。そのおかげで、生物は劇的な変化を遂げ、植物も胚珠が子房に包まれてより乾燥に強い顕花植物（被子植物）が進化・多様化し分布を広げていた。植物相には、マツ類やモミ類などのより現代風な針葉樹類や、ナラ類・ポプラ類・スズカケ・カエデ・ヤナギ・カバノキなどの顕花植物、そしてモクレン・クスノキ・ガマズミ・モチノキ・ゲッケイジュの茂みもあった。下層部には、ユキノシタ・ユリ・サクラソウ・ヒースなどの草本植物、ブドウ・トケイソウ類のつる性植物などが植物相を形成していた。

　顕花植物すなわち被子植物は、現生の全ての植物の約80％を占める。被子植物が、裸子植物から進化したのか、種子をもつシダ類から進化したのかはまだ不明だが、最も初期の標本は1億3000～1億2000万年前に存在した木質の低木あるいは木である。

　この被子植物の急進歩の原因の一つは、花の進化により重複受精を獲得し、受精が起こるまでのエネルギーがより少なく、より速く繁殖できるようになったことである。もう一つの可能性は、動物特に植物食恐竜類との共進化である。中生代初期は、背の高い植物食恐竜類が背の高い裸子植物を採餌して、植物の進化に影響した。しかし、その後これらの恐竜類の小型化や地上低く採餌する恐竜類と入れ替わった時、裸子植物は衰退し、すばやく繁殖でき栄養価の高い種子をもつ被子植物が分布を広げていった。そしてまた、ハチ類やチョウ類を含む昆虫との新しい共進化により急速に地球上を占有していった。

（4）第三紀（6500万年前から180万年前）（第三紀と第四紀を新生代とする区分もある）

　古第三紀（6500万年前から2400万年前）の前期には、世界の気候は徐々に暖かく均一になり、その結果多くの場所に熱帯林を形成させた。特徴的な植物の化石には、モクレン類・ミカン類・ゲッケイジュ類・アボカド類・サッサフラス類・クスノキ・カシュー類・ピスタチオ類・マンゴー類・熱帯性つる性植物などが含まれる。しかし、後期になると、気候が徐々に涼しくなり植生も開けたサバンナに変わっていくところもあった。

　新第三紀（2400万年前から180万年前）には、地球の寒冷化が始まり乾燥化することにより、森林面積が縮小し、開けた疎林や草原、砂漠の拡大が進行した。そして、草原の拡大に対応して植物も、少ない降水量に耐えて種子を広く分散させることができるイネ科の草本が増えていった。

（5）第四紀（180万年前から現代まで）

　更新世（180万年前から1万年前）の大きな特徴は、巨大な氷床が成長し、北方大陸の3分の1を覆ったりまた後退していくといった、氷河作用と退氷の繰り返しである。

　この氷河サイクルにより、自然の変化やそれにともなう生物の変化が極めて急速に行われた。とくに、北半球の氷床の南に接する部分はツンドラとなった。ツンドラでは、植物が10数cm以上に成長することは稀であり、栄養も少ない。そして、土壌表面の10数cm以下は、永久凍土である。典型的なツンドラ植物は、コケ類・地被類・スゲ類・低木類である。

　完新世（1万年前から現在）の特徴は、気候の変動ではなく、われわれ人間の活動によって引き起こされた環境の急速な変化である。

　最初は、定住農耕のために森林が伐採され、その後産業を支援するために地表上から多くの木々が取り払われた。植生を剥ぎ取られた土地は、土壌が雨に流されて砂漠化が進行していった。

　そして、19世紀以降の大規模な工業化は、地球上の全生態系の汚染にまで進展していった。

これらの植物は、それぞれ森林地の異なる部分に生育しており、カラミテスは水中に、シギラリア・レピドデンドロンは川岸沿いに、シダ類・シダ種子類は森林の下層を形成し、コルダイテスは乾燥した陸地に生育していた。
　ペルム紀（2億9500万年前から2億4800万年前）の植物は、石炭紀後期の石炭湿地を生み出した種類の植生の継続だった。しかしその中でも、針葉樹類は、ソテツ類・イチョウ類などのように種子を作ることにより受精過程が下界から切り離されたためより乾燥に適応・進化していた。
　ペルム紀末は、世界の生物種の96％が絶滅した地球史上で最大の大量絶滅が起こっている。その原因は、激しい火山噴火による気候の寒冷化により、海水面が下がり続けて石炭層が露出し、この石炭が大気中で酸化して酸素を二酸化炭素に変え、温室効果を引き起こしたことが原因だろうといわれている。植物も影響を受け、大森林は姿を消した。だが、地形の侵食の激しい山脈の斜面の麓近くの水がとどまる所にオアシスが発達し、そこには植生が残存して、その周りには動物も生存していた。

（3）中生代（2億4800万年前から6500万年前）

　三畳紀（2億4800万年前から2億500万年前）の気候は、その時の巨大大陸（パンゲア）の広域にわたって暑く乾燥していた。地形は山脈の継続的な侵食や堆積を繰り返していたが、海辺沿いの気候は穏やかで、河岸沿いに森林が繁茂するのに十分な降雨量をもつ縁海地域を形成していた。そこでは、動・植物が大量絶滅からゆっくりとした回復を示していた。植物は、古生代後期に優位を占めたヒカゲノカズラ類・シダ類が、針葉樹類と入れ替わりつつあった。針葉樹の幅の狭い葉は、暑熱条件への対応において温度制御により適していたと思われる。また、三畳紀末に多かった植物は、葉の小孔がほとんど無い植物であった。これは、大気中の二酸化炭素レベルが高く、気候がより暖かかったことを示している。
　ジュラ紀（2億500万年前から1億4400万年前）には、それまで乾燥していた内陸部に湿度の高い熱帯性気候が生み出され、断層地塊の端の崖斜面にはソテツ類・木生シダ類・針葉樹類から成る熱帯性の森林が形成されていた。

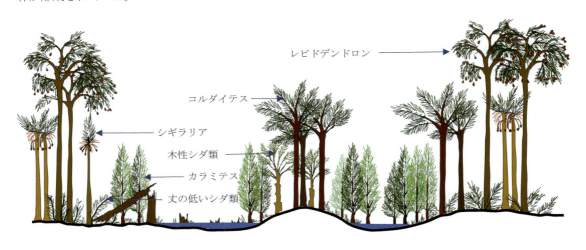

図1-4　石炭紀の森林の植物
（生命と地球の進化アトラスを参考に作図）

リニア類は、スコットランドのライニー・チャートから産出するリニアに似た植物をまとめた呼び名である。リニア類は、枝分かれした植物で枝の先には球形か腎臓形の胞子嚢（胞子を生じる器官）が付いていた。ゾスラロフィルム類（花冠の葉の意味）では、あまり規則正しくない、まさに花冠に見える分枝軸に、棘状の突起と複数の胞子嚢が直接付いていた。サロペラは、ヒカゲノカズラ類のものに似た軸をもっていた。これらの植物は、まだ茎・葉・根の形態に分化していなかった。

こうした初期の陸上植物は、多様ではあったが、概して小型の生物（高さは通常10cm足らず）で、生育地は湿った低地に限られていた。しかし、その後維管束植物として、細長い円筒細胞からなる管状組織をもち、水分を含む基質に接した器官から、水やそのほかの栄養素を植物の先端まで導く形態を手に入れた。この画期的な変化により植物の背丈は高くなり、やがてもっと乾燥した場所に生育域を広げることができるようになった。蝋質の外被に開いた小さな孔（気孔）は、ガス交換を可能にし、蒸散と水蒸気の損失を調整した。そして、大気中から直接窒素を固定できるバクテリアとの共生によって、維管束植物は栄養素供給にはほとんど頼らずに生きていけるようになった。

植物の大地への到来は、植物による大地への落葉・落枝等を生じ、栄養素の流れと排水を変更し、土壌の形成を促して、大気や地球環境のほかの側面に大きな影響を及ぼした。そして植物の根の進化は、地形の機械的破壊や土壌の酸性化によって鉱物の風化作用を増大させ、大気中の二酸化炭素濃度を減らすのに重要な貢献をしてきたと考えられる。また、この維管束植物が、水の蒸発散に果たす役割は、ほかの生物では真似ができず、降雨や平均温度、そして大気の循環を左右する主要因となった。

シルル紀の終り以降、陸上生態系の進化は、植物とりわけ維管束植物によって押し進められてきた。

（2）古生代後期（4億1700万年前から2億4800万年前）

デボン紀（4億1700万年前から3億5400万年前）における植物の急速な発展は、大気中の二酸化炭素の大部分が酸素に変えられたことを意味していた。

新しい植物は、根で地面を安定させ始め、砂が土壌へと置き換わるとともにより洗練された植生の発達を促した。その後の植物は、支えになる木のような強い幹、養分を作り出す特殊化した葉、胞子を生産する球果のような構造等、とても複雑になっていった。

石炭紀前期（3億5400万年前から3億2400万年前）は、海水面が高かったことから、低地を氾濫させ広大な沼沢地と湿地をつくっていた。

陸生植物は、諸大陸で分布を広げつつあった。河川等により水で侵食されつつある山腹では、ヒカゲノカズラ類やシダ類から成る森林が形成されていた。植物相は、デボン紀からほとんど変化していなかったが、石炭紀前期の植物は、石炭紀後期のものに比べ、はるかに多様であった。

石炭紀後期（3億2400万年前から2億9000万年前）には、海水面が下がり、残された湿地はうっそうと茂った森林となり、その森林が後の石炭層を生みだすこととなる。

石炭紀の森林の木々で、最も典型的なものはヒカゲノカズラ類で、高さは30mにも達し直径数mの幹が枝の林冠まで伸びていた。レピドデンドロンは菱形の葉の配列が、シギラリアでは垂直な列に葉が生えていたとされている。そのほかの木々の幹にも単純な葉が生えており、カラミテスと呼ばれる現代のトクサ類も10mに達していた。シダ類は、おそらく森林の下層の大部分を形成していた。これらは全て、種子というより胞子で繁殖する原始的な植物だった。また、コルダイテスと呼ばれる針葉樹類の祖先もあり、太い木質の幹と長く細い葉をもっていた。

1-2. 植物の進化

真核生物（ユーカリア）の中で、光合成を行い独立栄養で生活する緑色の多細胞生物を植物という。本項では、植物の誕生から年代ごとの進化の過程について、『生命と地球の進化アトラスⅠ、Ⅱ、Ⅲ』[1]を基本参考図書として以下にその概要を整理する。

（1）古生代前期（5億4500万年前から4億1700万年前）

オルドビス紀（4億9000万年前から4億4300万年前）は、暖かく湿潤な気候が地球全体に広がった時代である。

一般に認められている陸上植物最古の化石証拠は、オルドビス紀中期の非海域及び沿岸の海生堆積物から発見されたもので、ばらばらの胞子と植物断面である。胞子は、無性生殖を行うための細胞である。胞子細胞には、乾燥したり紫外線を浴びたりしても耐えられる細胞壁がある。胞子を獲得したのは、植物が陸上に定着するための重要な第一歩であった。

最古で最も単純な胞子は、コケ、より正確にいえば苔類（たいるい）に似た植物のものであった。オルドビス紀の後期には、主として現在のシダ類で見られる形の胞子が出現した。

最古の陸上植物の正確な類縁関係は、まだはっきりわかっていない。しかし、緑藻類の一種から進化したように思われる。オルドビス紀の植物断片は、管状構造と蝋質の外被をもち、類縁関係が分からない正体不明の陸上植物ネマトフィラス類（糸状の植物という意味）のものであるらしい。ネマトフィラス類は、病原体もしくは分解者だった可能性があり、菌類か、ひょっとすると地衣類と関係があったのではないかと考えられる。

シルル紀（4億4300万年前から4億1700万年前）には、植物が陸上にしっかり定着していた。

植物本体で最古のものは、陸上植物の胞子が出現してから3000万年ほど後の、シルル紀前期の化石記録で初めて確認された。初期の陸上植物群集は、ヒカゲノカズラ類近縁の初期植物（ゾスラロフィルム類とリニア類）、そのほかサロペラなどである。

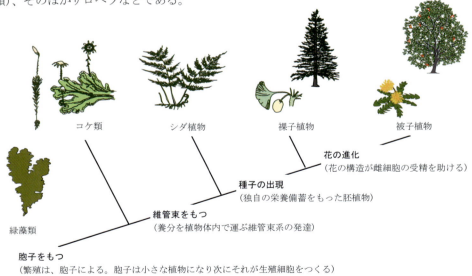

図1-3　陸上植物の系統進化
（大場、2013、はじめての植物学を参考に作図）

性生殖の好機が初めて訪れた」[1]。

　最初の生物といわれる原核生物は、約15〜19億年前の先カンブリア時代に多発した全球凍結等から生命や遺伝子を守るために、膜に囲まれて核をもつ真核生物へと進化した。そして、核が膜に包まれて安定したものになると、多くの遺伝情報を伝えることができるようになり、生物の多様化は爆発的に進んだ。これはおよそ12億年前のことで、真核生物のビッグバンと呼ばれている。真核生物の中には、光合成によって栄養を得るもの（植物―独立栄養生物）、口から食べることによって栄養を得るもの（動物―従属栄養生物）のほかに、安定した栄養を確保するために、宿主となる細胞に寄生して細胞表面から消化酵素を分泌して有機物を分解し、細胞表面から吸収するもの（菌類―従属栄養生物）も現れた。

　菌類とは、カビ・キノコ・酵母などの「真菌類」である。菌類には、植物と同じく細胞に細胞壁という構造があり、細胞の形を固めている。しかし、植物が光合成によって栄養を得て、栄養源としてほかの生物の存在は必要としない（独立栄養）のに対し、菌類は動物と同様に光合成をしないので、ほかの生物の基質を消化酵素を分泌して分解し、細胞内に取り込んで（吸収）栄養を得て（従属栄養）生育している。菌類のこのような栄養の摂取法は、自然界では「生産」をする植物、「消費」をする動物に対し、動物・植物の遺体を「分解」するという立場である。

　この菌類の基本構造は、菌糸である。酵母は単細胞で出芽するものであるが、これは菌糸が二義的に変化してきたものと考えられている。菌類は、微生物（目に見えないような微小な生物を指す言葉―パスツールが最初に用いた）であるため色々な場所にさまざまな形で存在している。これは、菌類の生活がほかの生物の基質を分解・吸収して栄養を得ていることと大きく関係している。「その基本は、遺体を分解して栄養を得て（腐生）いるが、生きた生物にとりついて被害を与えたり（寄生）、栄養のやり取りを助け、互いに共生関係を営む場合もある。菌類は、今日では植物よりもむしろ動物に近い存在であるといわれている。この両者は、おそらく襟鞭毛虫と呼ばれる生物に類似した祖先から枝分かれしたものと考えられている。襟鞭毛虫は、襟と呼ばれるカップ状の構造の中に細胞が収まった構造の単細胞生物で、1本の鞭毛を細胞の後方にもっている。菌類の中で最も原始的なツボカビ類も、後方に1本の鞭毛をもつ点が共通しており、これらの生物が共通祖先から進化したものを表す証拠の一つといわれている」[2]。

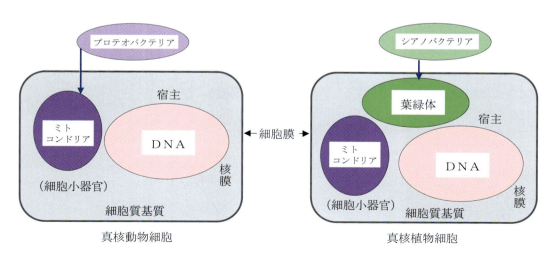

図1-2　真核生物細胞（細胞内共生）
（細胞工学研究室、高等植物ミトコンドリアの構造と進化を参考に作図）

るが、雨は地球に近づくとマグマオーシャンの熱によって温められ再び蒸発した。その後マグマオーシャンの熱は、宇宙空間への放熱によって徐々に冷やされ始め、42億年前頃には全ての地表が固化された。この地表の下部には、溶岩層であるマントル（鉄とマグネシウムに富む岩石）が形成され、そこではマグマの不規則で激しい対流活動が行われている。そして、その深部からの上昇プルームが地表を突き上げることにより地表に隆起帯がつくられた。そこに放射状の割れ目ができ、それに沿って多くの火山が形成され、この火山がマグマを噴出し、そして固まることにより地殻をつくっていった。38億年ほど前に、その地殻の上に原始海洋が誕生した。また、マントルに沈み込んだ海洋地殻は、海水による化学反応により結晶中に水分子を含む鉱物となっていった。この含水鉱物が、ケイ酸に富む酸性のマグマとなり、そのマグマが地表に浮き上がり花崗岩となった。玄武岩より密度の小さい花崗岩は、玄武岩質のマントルに沈み込むことなく地表にとどまり、大陸を形成していった。

地球の温度が冷やされると、大気中の水蒸気は気温の低下とともに水となり、その水が大気中の塩酸ガスを溶かして塩酸溶液となり、この塩酸溶液が岩石中の元素を溶かし出して、陽イオンと陰イオンを含む海水を形成して海となり、その中で生物の誕生を促すこととなった。原始大気の主成分である二酸化炭素は、中和した海水に溶け込み海水中の炭酸イオン・カルシウムイオンと結合して石灰岩をつくった。また、世界を覆っていた深い海洋は、広い浅海となり、堆積物の層が底に固まって堆積岩をつくった。こうした岩石に含まれる化石には、単細胞生物や、より進んだ多細胞の動・植物の進化が記録されている。

最古の化石は、約35億年前の原核生物である。それは、バクテリア（プロテオバクテリア）とシアノバクテリア（藍藻類）、すなわち遺伝物質として膜に囲まれた核をもたない単細胞生物である。次に進化したのが真核生物である。最初は単細胞であったが、膜に囲まれた核を発達させ、またその中に染色体としてDNAを蓄えるようになった。真核生物は、ほかにも細胞小器官と呼ばれる膜に囲まれた構造をもつ。これは、内部共生と呼ばれる過程により、原核細胞に好気性（酸素を利用する）バクテリアを組み込むことで進化したものと思われる。「発端は、バクテリアによる原核生物への侵入である。この侵入者は消化されずに、寄生として共生関係を築き、食物と隠れ家の提供を受けた。このバクテリアは、寄主細胞に頼って生きるようになり、見返りとして寄主にエネルギーを供給した。このバクテリア（プロテオバクテリア）が、ミトコンドリアになり、細胞内で繁殖して次の世代の寄主に対しても同じ機能を果たした。これが現在の真核動物細胞の起源である。同様に、シアノバクテリアも真核生物内の共生者となり、葉緑素を使って太陽光を食物に変える能力を保ち続けた。これが真核植物細胞内の葉緑体に進化した。このようにして、植物界と動物界が構築され、有

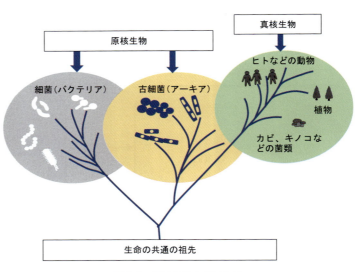

図 1-1　原核生物と真核生物
（海洋研究開発機構の写真を参考に作図）

第1章　緑の基礎知識

　植物という生命体は、いつ生まれ、どのような進化の過程を経てきたのか、そしてこの植物は、どのような特徴をもち、どのような仲間がいて、どのような生活をしているのだろうか。
　この章では、生きものとしての植物を、正しく知るとともに、この植物の生育する立地環境やほかの生きものとの関わりを理解したうえで、私たちはこの植物と今後どのように向き合い、どのように共存していくのかを考えてみたい。

1．植物の起源
1-1．生命の起源

　地球は、太陽を中心とした太陽系の惑星の中で、生命を構成するために不可欠な「水」が液体として存在するハビタブルゾーン（生命生存可能領域）に位置し、生命の維持に適切な温度を有する惑星である（地球の両隣にある金星は熱すぎるし、火星は寒すぎるといわれている）。
　この地球は、太陽系が誕生したころ原始太陽の周りに集まっていたダスト（太陽の付近では岩石や金属が主体の個体の微粒子が多い）が引力によって集まり微惑星となり、この微惑星の衝突・合体によって原始惑星となった。そしてこの原始惑星同士の巨大衝突により合体・成長を繰り返し（10回程度と想定されている）ながら、およそ46億年前に生じたと考えられている。
　誕生したばかりの地球は、原始惑星との衝突・合体、隕石の落下などによって熱せられた地球の表層部分が熔解した原始海洋（マグマオーシャン）で覆われた形態であった。そのため、地球の表層や内部の岩石が溶かされ、重い金属が地球の中心に向かって沈殿していき、この中心に集まった金属が核となりマントルと分離するようになった。こうして、45億5000万年前に、核・マントル・マグマオーシャン・そして地球内部からの火山活動などによる二次的脱ガスにより形成された原始大気という、原始地球の成層構造が形成されたとされている。高温の原始大気層（主として二酸化炭素・水・窒素で構成され、酸素はほとんど含まれていなかった）は、超低温の惑星間空間に接するため大気が冷却され、水蒸気が雨とな

写真1-1　地球は、水の惑星である。その水が、生命を誕生させ、その生命とのコラボレーションにより、現在の地球の環境が形成された。

第1章 緑の基礎知識

第3章　緑化の実践技術

1．修景緑化の基本視点　　　134
2．修景緑化のデザイン要素としての植物の特性　　　135
3．修景緑化のデザイン技法　　　141
　　3－1．緑化における配植デザインの基本形式　　　141
　　3－2．緑化における配植デザインの効果　　　148
　　3－3．緑化における配植デザインの法則と技法　　　154
4．修景緑化による都市景観の形成　　　164
　　4－1．都市景観形成における修景緑化の役割　　　164
　　4－2．都市景観形成における緑のあり方　　　168
　　4－3．都市空間における修景緑化　　　175

第4章　緑の管理

1．緑の管理の基本的考え方　　　208
2．緑の管理計画　　　210
　　2－1．管理計画の考え方　　　210
　　2－2．管理計画における主要検討項目　　　213
3．緑の管理作業　　　217
　　3－1．管理作業の考え方　　　217
　　3－2．巡回・点検　　　218
　　3－3．植栽基盤の管理　　　219
　　3－4．樹木の管理　　　221
　　3－5．既存樹林の管理　　　230
　　3－6．芝生の管理　　　231
　　3－7．地被植物の管理　　　235
　　3－8．草花（花壇）の管理　　　237
　　3－9．のり面植生の管理　　　239
4．緑の管理調査　　　242
　　4－1．管理調査の考え方　　　242
　　4－2．生育診断調査　　　243
　　4－3．追跡調査　　　246
5．市民参加による緑の管理　　　247

目　次

はじめに　2
本書の構成　4

第1章　緑の基礎知識

1．植物の起源　8
　1－1．生命の起源　8
　1－2．植物の進化　11
　1－3．植物とほかの真核生物（動物・菌類）との共進化　15
2．植物とは　16
　2－1．植物の分類　16
　2－2．植物の構造　18
　2－3．植物の生活史　45
　2－4．植物の特徴　50
　2－5．植物の生育環境　62
3．日本の風景を形成する植生　79

第2章　緑化の軌跡と緑の望ましいあり方

1．緑化とは　86
2．緑化の史的変遷　87
　2－1．土地の保全を目的とした緑化の変遷　87
　2－2．生活環境の修景を目的とした緑化の変遷　92
　2－3．自然地の生態系の再生・保全を目的とした緑化の変遷　109
3．緑化運動の史的変遷　115
4．緑化用樹木生産の史的変遷　119
5．緑はなぜ必要か　123
6．緑の望ましいあり方　128

本書の構成

　本書は、学生時代に植物を真摯に学ばなかった著者が、「緑化」の啓発・普及に従事する中で植物の役割やその大切さを痛感し、自身はもちろんですが、緑に関わる仲間や緑を学ぶ学生諸氏に緑の心・緑化の考え方を再認識し、「緑」の語り手になっていただきたいという願望を形にするために、既存の知見を取りまとめたものです。

　この観点から、本書は主として緑化を生業とする方々や緑化を学ぶ学生諸氏を第一の読者と想定して書いています。読者の方々には、本書の知見を確認・吸収して緑の語り手を目指すとともに、緑の専門家としての基盤を確実なものとしていただきたいと思っています。

　また、本書は建築や土木の方々や一般の人たちも読者の対象と考え、写真や図を多く使い、できるだけ平易に書き起こしたつもりです。これらの読者の方々には、緑の大切さや都市における緑の役割を理解していただき、緑のファンになってもらいたいと思っています。

　本書は、下の表にあるように四つの章で構成しています。

　第1章は、植物学等の現時点の研究を基に、緑化を遂行するために必要と思われる植物の特性やその生育環境に関する知見を整理したものです。第2章は、既存の知見を基に、緑化の史的変遷や緑の必要性とそのあり方について整理したものです。この第1章・第2章は、緑化を生業とする方々には、既知の内容ではあると思いますが、ぜひ基礎的知見として再確認をお勧めします。

　第3章は、緑化の実践技術として、今日の緑化の中心となっている修景緑化に係るデザイン手法について既存の知見の再編成を試みるとともに、個々の都市空間への応用の視点を作法として整理したものです。第4章は、緑及び緑地空間の完成とその機能の継続に重要な役割をもつ緑の管理について、その基本的考え方と管理計画の検討方法を整理するとともに、個々の管理の作業における留意するべき事項を整理したものです。この第3章・第4章は、既存知見に私の経験知を加えて整理したものです。都市における緑の役割とそのあり方の確認と、修景緑化のデザイン手法や個々の都市空間における緑化の考え方や作法、そして管理の役割やその必要性を確認したうえで、個々の管理作業の留意事項を緑化の実践において参考としていただきたいと思います。

　なお、引用・参考文献の記述のない図や表は、著者が独自に作成したものであり、これが正解と一般化されたものではないことをお断りしておきます。

□ 本書の構成

第1章	緑の基礎知識として、植物の起源や分類・構造・生活史・特徴そしてその生育環境等について解説している。
第2章	緑化の定義・構成とその史的変遷を整理するとともに、緑の必要性やその望ましいあり方を解説している。
第3章	緑化の実践技術として、修景緑化を取り上げてそのデザイン要素としての植物の特性やそのデザイン手法の解説とともに、修景緑化による都市空間の景観形成の展開に係る作法について解説している。
第4章	緑の管理として、その基本的な考え方を整理するとともに、管理計画・管理作業・管理調査に係る留意事項について解説している。

緑と緑化

　日本人は、自然を愛する国民だといわれます。しかし、日本人が好きなのは花鳥風月で、自然そのものには関心が薄かったのではないかと思われます。日本人は、山（森を山と認識していた）を遠くから自然として眺めるのは好きですが、常緑樹が多く林内が陰鬱な日本の森では、その中に入って草木を身近に楽しむという習慣はあまりなかったかもしれません。日本は木の文化の国といわれるように、私たちは木材としての樹木を多様な用途に使用して暮らしてきました。しかし、植物としての個々の樹木等に関心が薄かったのではないかと思います。例えば、樹木の名前をあまり知りません。自分の家の庭木の名前は一つ二つ知っていても、五つ以上の樹木の名前を答えられる人は少ないといわれています。山で仕事をしている林業家でさえ、有用木であるスギ・ヒノキは知っていてもそのほかの樹木は雑木といっています。そして私たちは、総称して山の木と言っています。これは、日本人の食糧確保の手段が、山の恵みから水田耕作に移り、山から野（平地）へと人々が大移動して山は生活の場でなくなったことも一つの原因であるのかもしれません。日本人は、植物である稲の実を主食に選びました。この稲を育てるために季節の変化に敏感になったのですが、そのほかの植物や森等にはあまり関心を示さなくなっていったのではないかと思います。それでもしばらくの間は、平地や水辺に住むようになっても、自然と一定の距離を置きつつも共存して暮らしてきました。しかし、この自然は、時々自然災害など人間にとって脅威となり、いつしか自然を排除・コントロールすることが生活を維持するうえで大きな課題となりました。近代に入ると、私たちは鉄とコンクリートを手に入れ、自然を排除した人工的な都市づくりに情熱を傾けてきました。そして、今日のような都市風景が出来上がったのです。しかし、今この現代都市に住む私たちは、本当にこのような都市に住みたかったのかと思い始めています。とくに、私たちの心や身体が、人工的な都市空間の中において、自然や植物に接したいと強く希求するようになってきています。

　私たちは、いつしか自然は居住地から離れて遠くの方にあれば良いと思っていました。近年その考え方が変わりつつあります。高度経済成長期の経済性・効率性・利便性を追求していた考え方が、低成長の成熟期になると、家族や人と人との結びつき、自然の中で植物と接する楽しさ・驚き・安心感を大切にする考え方、それぞれの土地の自然的要素や地域の歴史、生業や生活文化、そして人と人との関わりを基本とした暮らしの中で豊かさを実感していく考え方、つまり文明にではなく文化に幸せを求める方向に変わってきています。これは、私たちが生きものとしての人間の生存基盤である自然の中で、多様な人々との交流により生まれる心の豊かさを大切にする考えを強く支持しているからだと思います。特に、超デジタルな社会となる近未来の都市において緑の役割は大きいと思います。元来日本人は、自然の摂理を規範とする行いを安定と繁栄の力と考え、これを生活の原理として暮らしてきました。もう一度謙虚に、日本人の伝統の知恵を再認識し、明日の幸せな生活に活かす発想が望まれています。

　緑化とは、さまざまな人間活動の場に緑を基軸に捉え美しく快適な生活空間を創造していくことです。この緑化の推進により、自然と切り離された都市の中に、人と自然の新たな共存の形を作り出すことができます。生き生きとした緑に包まれた生活空間は、人類にとって最も望ましい環境です。その環境の中で、私たちが野生の本能を呼び覚まし自然との交感能力を高めていくことが大切だと思います。

　自然と共生して、緑と共に新しい文化を育んでいくという永遠の課題への挑戦から、新たな都市像を確立する方途を見いだすため、皆さんと緑の話を進めていきたいと思います。

山田和司

はじめに

　緑の話をしませんか。私たち日本人は、植物はもちろんですが、植物だけでなく水や土それに動物等も含めた自然の環境、つまり緑地や森も「緑」と呼んでいます。

　緑、特に植物は、私たち人間にとって食糧であるとともにかけがえのない友達です。いつも、私たちの傍らに黙って寄り添ってくれており、困った時には慰め、怒った時には気を静めてくれ、楽しい時には一緒に喜び思い出を刻み込むよすがとなるなど、心を癒してくれる存在、それが植物であり緑です。

　植物は、人間が生まれた時から私たちの身近に存在していました。そして私たち動物は、この植物を食糧とし、植物が整えた環境の中で生存してきました。植物は、太陽のエネルギーを取り込み有機物を生産するとともに、生きものの生存に欠かせない酸素を生みだすことができる稀有な生きものです。つまり植物は、人間も含めて多くの生きものの生存を確保する酸素や二酸化炭素を調整し空気を一定の濃度に保ち、エネルギー源となる有機物をつくりだす生産者なのです。このことは、植物が生きものの生存を規定しているように思われますが、実は植物もまた動物によって生存場所の拡大や菌類により生育の安定を図っているのです。つまり、互いにその生命を維持していくうえで相互に連鎖した必要な存在であるといえます。

　私たちは、日常生き生きとした植物や潤いのある緑の風景を見ると、それだけで心身が安らかになります。それは、植物が人間の生命を支えるために不可欠な存在であることを示す本能的な反応なのです。

　草地の草花や風のそよぎ、水の音、そして緑の中で虫や鳥と出会った時に、美しさや感動を覚えて思わず立ち止まります。このように、私たちは植物やその総体である自然と接している時、何ともいえない心の開放感を感じています。これは、人間そのものが生きものであり自然を構成する存在であるからです。

　私たちにとってかけがえのない存在であるこの緑を、私たちはどの程度知っているのでしょうか。

写真　緑と人との交流

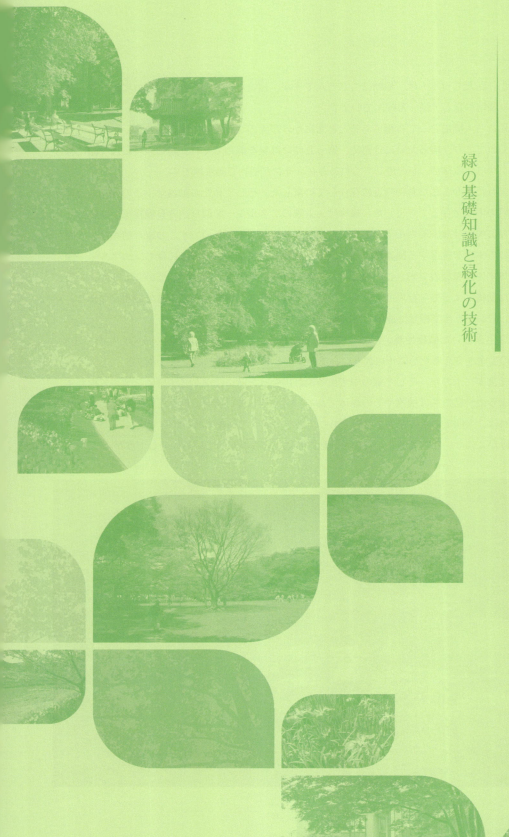

緑と緑化

緑の基礎知識と緑化の技術

山田和司 著